排污单位自行监测技术指南教程
——有色金属工业

生态环境部生态环境监测司
中 国 环 境 监 测 总 站　编著
江苏省南京市环境监测中心

中国环境出版集团·北京

图书在版编目（CIP）数据

排污单位自行监测技术指南教程. 有色金属工业/生态环境部生态环境监测司，中国环境监测总站，江苏省南京市环境监测中心编著. —北京：中国环境出版集团，2023.5

ISBN 978-7-5111-5526-9

Ⅰ. ①排…　Ⅱ. ①生…②中…③江…　Ⅲ. ①有色金属冶金—排污—环境监测—教材　Ⅳ. ①X506②X758

中国国家版本馆 CIP 数据核字（2023）第 097508 号

出 版 人　武德凯
责任编辑　曲　婷
封面设计　宋　瑞

出版发行　中国环境出版集团
　　　　　（100062　北京市东城区广渠门内大街 16 号）
　　　　　网　　　址：http://www.cesp.com.cn
　　　　　电子邮箱：bjgl@cesp.com.cn
　　　　　联系电话：010-67112765（编辑管理部）
　　　　　发行热线：010-67125803，010-67113405（传真）
印　　刷　北京中科印刷有限公司
经　　销　各地新华书店
版　　次　2023 年 5 月第 1 版
印　　次　2023 年 5 月第 1 次印刷
开　　本　787×960　1/16
印　　张　24
字　　数　390 千字
定　　价　98.00 元

序

　　生态环境是关系党的使命宗旨的重大政治问题,也是关系民生的重大社会问题。党中央、国务院高度重视生态环境保护工作,党的十八大将生态文明建设作为中国特色社会主义事业"五位一体"总体布局的重要组成部分,党的十九大报告全面阐述了加快生态文明体制改革、推进绿色发展、建设美丽中国的战略部署。习近平生态文明思想开启了新时代生态环境保护工作的新阶段,习近平总书记在全国生态环境保护大会上指出生态文明建设是关乎中华民族永续发展的根本大计。党的十八大以来,党中央以前所未有的力度抓生态文明建设,全党全国推动绿色发展的自觉性和主动性显著增强,美丽中国建设迈出重大步伐,我国生态环境保护发生历史性、转折性、全局性变化。

　　生态环境部组建以来,统一行使生态和城乡各类污染排放监管与行政执法职责,提高污染排放标准,强化排污者责任,健全环保信用评价、信息强制性披露、严惩重罚等制度,形成了政府为主导、企业为主体、社会组织和公众共同参与的环境治理体系。生态环境监测是生态环境保护工作的重要基础,是环境管理的基本手段。我国相关法律法规中明确要求排污单位对自身排污状况开展监测,排污单位开展自行监测是法定的责任和义务。

为规范和指导排污单位开展自行监测工作,生态环境部发布了一系列排污单位自行监测技术指南。同时,为让各级生态环境管理部门和排污单位更好地应用技术指南,生态环境部生态环境监测司组织中国环境监测总站等单位编写了排污单位自行监测技术指南教程系列图书,将排污单位自行监测技术指南分类解析,既突出理论的解读,又兼顾实践的应用,具有很强的指导意义。本系列图书既可以作为各级生态环境主管部门、研究机构、企事业单位环境监测人员的工作用书和培训教材,还可以作为大众学习的科普图书。

自行监测数据承载了大量污染排放和治理信息,是生态环保大数据重要的信息源,是排污许可证申请与核发等新时期环境管理的有力支撑。随着生态环境质量的不断改善、环境管理的不断深化,排污单位自行监测制度也将不断完善和改进。希望本系列图书的出版能为提高排污单位自行监测管理水平、落实企业自行监测主体责任发挥重要作用,为深入打好污染防治攻坚战做出应有的贡献。

编　者

2022 年 8 月

前　言

　　1972 年以来，我国生态环境保护工作从最初的意识启蒙阶段，经历了环境污染蔓延和加剧期的规模化、综合化治理以及主要污染物总量控制等阶段，逐渐发展到以环境质量改善为核心的环境保护思路上来。为顺应生态环境保护工作的发展趋势，进一步规范企事业单位和其他生产经营者的排污行为，控制污染物排放，2016 年以来，我国实施以排污许可制度为核心的固定污染源管理制度，在政府部门监督/执法监测的基础上，强化了排污单位自行监测要求，排污单位自行监测成为污染源监测的重要组成部分。

　　排污单位自行监测是排污单位依据相关法律法规和技术规范对自身的排污状况开展监测的一系列活动。《中华人民共和国环境保护法》《中华人民共和国大气污染防治法》《中华人民共和国水污染防治法》《中华人民共和国土壤污染防治法》《中华人民共和国固体废物污染环境防治法》《中华人民共和国噪声污染防治法》《中华人民共和国环境保护税法》和《排污许可管理条例》都对排污单位的自行监测提出了明确要求。排污单位开展自行监测是法律赋予的责任和义务，也是排污单位自证守法、自我保护的重要手段和途径。

　　为规范和指导有色金属工业排污单位开展自行监测,2018 年 12 月,生态环境部颁布了《排污单位自行监测技术指南　有色金属工业》(HJ 989—2018)。为进一步规范排污单位的自行监测行为,提高自行监测质量,在生态环境部生态环境监测司的指导下,中国环境监测总站和江苏省南京市环境监测中心、北京矿冶科技集团有限公司共同编写了《排污单位自行监测技术指南教程　有色金属工业》。本书共分 13 章。第 1 章从我国污染源监测的发展历程及管理的框架出发,引出了排污单位自行监测在当前污染源监测管理中的定位及一些管理规定,并理顺了《排污单位自行监测技术指南　总则》(HJ 819—2017)与行业自行监测技术指南的关系。第 2 章主要介绍了排污单位开展自行监测的一般要求,从监测方案、监测设施、开展自行监测的要求、质量保证与质量控制、记录和保存 5 个方面进行了概述。第 3 章在分析目前有色金属冶炼行业概况和发展趋势的基础上对有色金属冶炼的生产工艺及产排污节点进行分析,并简要介绍了有色金属冶炼行业采用的一些常用污染治理技术。第 4 章对有色金属工业自行监测技术指南自行监测方案中监测点位、监测指标、监测频次、监测要求等如何设定进行了解释说明,并选取了 3 个典型案例进行分析,为排污单位制定规范的自行监测方案提供了指导,在附录中给出了参考模板。第 5 章简要介绍了开展监测时,排污口、监测平台、自动监测设施等的设置和维护要求。第 6 章和第 8 章针对有色金属工业自行监测技术指南中废水、废气所涉及的监测指标如何采样、监测分析及注意事项进行了一一介绍。第 7 章和第 9 章对废水、废气自动监测系统从设备安装、调试、验收、运行管理及质量保证 5 个方面进行了介绍。第 10 章简要介绍了根据有色金属工业自行监测技术指南开展厂界环境噪声、地表水、近岸海域海水、地下水和土壤等周边环境质量监测时的基本要求和注意事项。第 11 章从实验室体系管理角度出发，从人—机—料—法—环等环节对监测的质量保证和质量控制进行了简要概述，为提高自行监测数据质量奠定了基础。第 12 章介绍了自行监测信息记录、报告和信息公开方面的相关要求，并就有色金属冶炼企业生产和污染治理设施运行等过程中的记录信息进行了梳理。第 13 章简要介绍了全国污染源监测数据管理与共享系统的总体架构和主要功能，为排污单位自行监测数据报送提供了方便。

本书在附录中列出了与自行监测相关的标准规范，以方便排污单位在使用时查询和索引。另外，书中还给出了一些记录样表和自行监测方案模板，为排污单位提供参考。

编　者

2022 年 8 月

目　录

第 1 章　排污单位自行监测定位与管理要求

污染源监测作为环境监测的重要组成部分，与我国环境保护工作同步发展，40 多年来不断发展壮大，现已基本形成了排污单位自行监测、管理部门监督性监测（执法监测）、社会公众监督的基本框架。排污单位自行监测是国家治理体系和治理能力现代化发展的需要，是排污单位应尽的社会责任，是法律明确要求的责任，也是排污许可制度的重要组成部分。我国关于排污单位自行监测的管理规定有很多，从不同层级和角度对排污单位进行了详细规定。为了保证排污单位自行监测制度的实施，指导和规范排污单位自行监测行为，我国制定了排污单位自行监测技术指南体系。《排污单位自行监测技术指南　有色金属工业》（HJ 989—2018）是其中的一个行业指南，是按照《排污单位自行监测技术指南　总则》（HJ 819—2017）（以下简称《总则》）的要求和管理规定要求制定的，用于指导有色金属工业排污单位开展自行监测活动。

本章围绕排污单位自行监测定位和管理要求，对排污单位自行监测在我国污染源监测管理制度中的定位、排污单位自行监测管理要求、排污单位自行监测技术指南的定位和应用进行介绍。

1.1　我国污染源监测管理框架

1972 年以来,我国环境保护工作经历了环境保护意识启蒙阶段(1972—1978 年)、环境污染蔓延和环境保护制度建设阶段（1979—1992 年）、环境污染加剧和规模化治理阶段（1993—2001 年）、环保综合治理阶段（2002—2012 年）。[①]集中的污染治理，尤其是主要污染物严格的总量控制，有效遏制了环境质量恶化的趋势，但仍未实现环境质量的全面改善。"十三五"以来，我国环境保护思路转向以环境质量改善为核心。

与环境保护工作相适应，我国环境监测大致经历了 3 个阶段：第一阶段是污染调查监测与研究性监测阶段，第二阶段是污染源监测与环境质量监测并重阶段，第三阶段是环境质量监测与污染源监督监测阶段。[②]

根据污染源监测在环境管理中的地位和实施情况，将污染源监测划分为 3 个时期：严格的总量控制制度之前（"十一五"之前），污染源监测主要服务于工业污染源调查和环境管理"八项制度"；严格的总量控制制度时期（"十一五"和"十二五"），污染源监测围绕着总量控制制度开展总量减排监测；以环境质量改善为核心阶段时期（"十三五"以来），污染源监测主要服务于环境保护执法和排污许可制实施。

目前我国已基本形成了排污单位自行监测、生态环境主管部门依法监管、社会公众监督的污染源监测管理框架（图 1-1）。2021 年 3 月 1 日正式实施的《排污许可管理条例》，从法律层面确立了以排污许可制为核心的固定污染源监管制度体系，进一步完善了排污单位自行监测为主线、政府监督监测为抓手、鼓励社会公众广泛参与的污染源监测管理模式。排污单位开展自行监测，按要求向生态环境主管部门报告，向社会公众进行公开，同时接受生态环境主管部门的监管和社会公众的监督。生态环境主管部门向社会公众公布相关信息的同时，受理社会公众针对有关情况的举报。

[①]《中国环境保护四十年回顾及思考（回顾篇）》，曲格平在香港中文大学"中国环境保护四十年"学术论坛上的演讲。
[②] 中国环境监测总站原副总工程师张建辉接受网易北京频道与《环境与生活》杂志采访时的讲话。

图 1-1 污染源监测管理框架

1.1.1 排污单位开展自行监测，并按照要求进行信息公开

近年来，我国大力推进排污单位自行监测和信息公开，《中华人民共和国环境保护法》《中华人民共和国大气污染防治法》《中华人民共和国水污染防治法》《中华人民共和国环境保护税法》《中华人民共和国土壤污染防治法》《中华人民共和国固体废物污染环境防治法》《中华人民共和国噪声污染防治法》等相关法律中均明确了排污单位自行监测和信息公开的责任。

在具体生态环境管理制度上，多项制度将排污单位自行监测和信息公开的责任进行明确和落实。2013 年，环境保护部发布了《国家重点监控企业自行监测及信息公开办法（试行）》，将国家重点监控企业自行监测和信息公开率先作为主要污染物总量减排考核的一项指标。2016 年 11 月，国务院办公厅印发了《控制污染物排放许可制实施方案》（国办发〔2016〕81 号），提出控制污染物排放许可制的一项基本原则为："权责清晰，强化监管。排污许可证是企事业单位在生产运营期接受环境监管和环境保护部门实施监管的主要法律文书。企事业单位依法申领排污许可证，按证排污，自证守法。环境保护部门基于企事业单位守法承诺，依法发放排污许可证，依证强化事中事后监管，对违法排污行为实施严厉打击。"

1.1.2 生态环境主管部门组织开展执法/监督监测，实现测管协同

随着各项法律明确了排污单位自行监测的主体地位，管理部门的监测活动更加聚集于执法和监督。《生态环境监测网络建设方案》（国办发〔2015〕56号）要求："实现生态环境监测与执法同步。各级环境保护部门依法履行对排污单位的环境监管职责，依托污染源监测开展监管执法，建立监测与监管执法联动快速响应机制，根据污染物排放和自动报警信息，实施现场同步监测与执法。"

《生态环境监测规划纲要（2020—2035年）》（环监测〔2019〕86号）提出："构建'国家监督、省级统筹、市县承当、分级管理'格局。落实自行监测制度，强化自行监测数据质量监督检查，督促排污单位规范监测、依证排放，实现自行监测数据真实可靠。建立完善监督制约机制，各级生态环境部门依法开展监督检测和抽查抽测。"为深入落实《生态环境监测规划纲要（2020—2035年）》，生态环境部印发了《"十四五"生态环境监测规划》（环监测〔2021〕117号），提出"全面实行排污许可发证单位自行监测及信息公开制度，加强技术帮扶与监督管理，督促企业依证监测、依法公开"。

另外，各级生态环境管理部门根据生态环境管理需求，按照"双随机、一公开"的原则，组织开展执法监测，并将监测结果应用于执法活动。通过排污单位抽测和自行监测全过程检查，对排污单位自行监测数据质量和污染排放状况进行监督，对排污单位自行监测数据的质量提出意见，对排污单位自行监测工作的开展提出要求，对排污单位自行监测工作的改进进行指导，从而更好地推进排污单位自行监测。

1.1.3 社会公众参与监督，合力提升污染源监测质量

我国污染源量大面广，仅靠生态环境主管部门的监督远远不够，因此只有发动群众、实现全民监督，才能使违法排污行为无处遁形。2014年修订的《中华人民共和国环境保护法》更加明确地赋予了公众环保知情权和监督权："公民、法人

和其他组织依法享有获取环境信息、参与和监督环境保护的权利。各级人民政府环境保护主管部门和其他负有环境保护监督管理职责的部门，应当依法公开环境信息、完善公众参与程序，为公民、法人和其他组织参与和监督环境保护提供便利。"

　　排污单位通过各种方式公开自行监测结果，包括依托排污许可制度及平台、地方污染源监测信息公开渠道、本单位官方网站等。生态环境主管部门执法/监督监测结果也依托排污许可制度及平台、地方污染源监测信息公开渠道等进行公开。社会公众可通过关注各类监测数据对排污单位及管理部门进行监督，督促排污单位和管理部门提高数据质量。

1.2　排污单位自行监测的定位

1.2.1　开展自行监测是构建政府、企业、社会共治的环境治理体系的需要

　　（1）构建现代环境治理体系的重大意义和总体要求

　　生态环境治理体系和治理能力是生态环境保护工作推进的基础支撑。2018 年 5 月，习近平总书记在全国生态环境保护大会上强调，要加快建立健全以治理体系和治理能力现代化为保障的生态文明制度体系，确保到 2035 年，生态环境质量实现根本好转，美丽中国目标基本实现；到本世纪中叶，生态环境领域国家治理体系和治理能力现代化全面实现，建成美丽中国。

　　党的十九大报告中提出构建政府为主导、企业为主体、社会组织和公众共同参与的环境治理体系。党的十九届四中全会将生态文明制度体系建设作为坚持和完善中国特色社会主义制度、推进国家治理体系和治理能力现代化的重要组成部分做出安排部署，强调实行最严格的生态环境保护制度，严明生态环境保护责任制度，要求健全源头预防、过程控制、损害赔偿、责任追究的生态环境保护体系，构建以排污许可制为核心的固定污染源监管制度体系，完善污染防治区域联动机制和陆海统筹的生态环境治理体系。2020 年 3 月，中共中央办公厅、国务院办公

厅印发了《关于构建现代环境治理体系的指导意见》，提出了健全环境治理领导责任体系、企业责任体系、全民行动体系、监管体系、市场体系、信用体系和政策法规体系的具体要求。党的二十大报告提出深入推进环境污染防治，坚持精准治污、科学治污、依法治污，全面实行排污许可制，健全现代环境治理体系。

构建现代环境治理体系，是深入贯彻习近平生态文明思想和全国生态环境保护大会精神的重要举措，是持续加强生态环境保护、满足人民日益增长的优美生态环境需要、建设美丽中国的内在要求，是完善生态文明制度体系、推动国家治理体系和治理能力现代化的重要内容，还将充分展现生态环境治理的中国智慧、中国方案和中国贡献，对全球生态环境治理进程产生重要影响。

坚决落实构建现代环境治理体系，要把握构建现代环境治理体系的总体要求。即以习近平新时代中国特色社会主义思想为指导，深入贯彻习近平生态文明思想，坚定不移地贯彻新发展理念，以坚持党的集中统一领导为统领，以强化政府主导作用为关键，以深化企业主体作用为根本，以更好动员社会组织和公众共同参与为支撑，实现政府治理和社会调节、企业自治良性互动，完善体制机制，强化源头治理，形成工作合力。

（2）对排污单位自行监测的要求

污染源监测是污染防治的重要支撑，需要各方共同参与。为适应环境治理体系变革的需要，自行监测应发挥相应的作用，补齐短板，提供便利，为社会共治提供条件。

应改变传统生态环境治理模式中污染治理主体监测缺位现象。长期以来，污染源监测以政府部门监督性监测为主，尤其在"十一五""十二五"总量减排时期，监督性监测得到快速发展，每年对国家重点监控企业按季度开展主要污染物监测，但排污单位在污染源监测中严重缺位。2013年，为了解决单纯依靠环保部门有限的人力和资源难以全面掌握企业污染源状况的问题，环境保护部组织编制了《国家重点监控企业自行监测及信息公开办法（试行）》，大力推进企业开展自行监测。2014年以来，多部生态环境保护相关法律均明确了排污单位自行监测的责任和要求。但是，自行监测数据的法定地位，以及如何在环境管理中应用并没有明确，自行监测数据在环境管理中的应用更是十分不足，没有从根本上解决排污单位在环境治理体系中监测缺位的现象。新的环境治理体系中，应改变这一现状，使自行监测数据得到充分应用，才能保持多方参与的生命力和活力。

为公众提供便于获取、易于理解的自行监测信息。公众是社会共治环境治理体系的重要主体，公众参与的基础是及时获取信息，自行监测数据是反映排放状况的重要信息。社会的变革为公众参与提供了外在便利条件。为了强化自行监测在环境治理体系中的作用，就要充分利用当前发达的自媒体、社交媒体等各种先进、便利的条件，为公众提供便于获取、易于理解的自行监测数据和基于数据加工的相关信息，为公众高效参与提供重要依据。2022 年 3 月 5 日，生态环境部办公厅发布了《关于环保设施向公众开放小程序正式上线的通知》（环办便函〔2022〕82 号），向公众公开了"环保设施向公众开放"小程序，提高设施开放单位和公众参与积极性，指导督促设施开放单位及时更新信息，为公众了解企业环保设施情况提供了新途径。

1.2.2　开展自行监测是社会责任和法定义务

企业是最主要的生产者，是社会财富的创造者，企业在追求自身利润的同时，向社会提供了产品，满足了人民的日常所需，推动了社会的进步。当然，在当代社会，由于企业是社会中普遍存在的社会组织，其数量众多、类型各异、存在范围广，对社会影响最大。在这种情况下，社会的发展不仅要求企业承担生产经营和创造财富的义务，还要求其承担环境保护、社区建设和消费者权益维护等多方面的责任，这也是企业的社会责任。企业社会责任具有道义责任的属性和法律义务的属性。法律作为一种调整人们行为的规则，其调整作用是通过设置权利义务而实现的。因而，法律义务并非一种道义上的宣示，其有具体的、明确的规则指引人的行为。基于此，企业社会责任一旦进入环境法视域，即被分解为具体的法律义务。

企业开展排污状况自行监测是法定的责任和义务。《中华人民共和国环境保护法》第四十二条明确提出，"重点排污单位应当按照国家有关规定和监测规范安装使用监测设备，保证监测设备正常运行，保存原始监测记录"；第五十五条要求，"重点排污单位应当如实向社会公开其主要污染物的名称、排放方式、排放浓度和总量、超标排放情况，以及防治污染设施的建设和运行情况，接受社会监督"。《中华人民共和国大气污染防治法》《中华人民共和国水污染防治法》《中华人民共和国环境保护税法》《中华人民共和国土壤污染防治法》《中华人民共和国固体废物污染环境防治法》等相关法律中也均有排污单位自行监测的相关要求。

1.2.3 开展自行监测是自证守法和自我保护的重要手段和途径

排污许可制度作为固定污染源核心管理制度，明确了排污单位自证守法的权利和责任，排污单位可以通过以下途径进行"自证"：一是依法开展自行监测，保证数据合法有效，妥善保存原始记录；二是建立准确完整的环境管理台账，记录能够证明其排污状况的相关信息，形成一整套完整的证据链；三是定期、如实向生态环境部门报告排污许可证执行情况。可以看出，自行监测贯穿自证守法的全过程，是自证守法的重要手段和途径。

首先，排污单位被允许在标准限值下排放污染物，排放状况应该透明公开且合规。随着管理模式的改变，管理部门不对企业全面开展监测，仅对企业进行抽查抽测。排污单位需要对自身排放进行说明，这就需要开展自行监测。

其次，一旦出现排污单位对管理部门出具的监测数据或其他证明材料被质疑的情况，或者排污单位对公众举报等相关信息提出异议时，就需要出具自身排污状况的相关材料进行证明，而自行监测数据是非常重要的证明材料。

最后，自行监测可以对自身排污状况定期监控，也可对周边环境质量影响进行监测，及时掌握实际排污状况和对周边环境质量的影响，了解周边环境质量的变化趋势和承受能力，可以及时识别潜在环境风险，以便提前应对，避免引起更大的、无法挽救的环境事故，或对人民群众、生态环境和排污单位自身造成巨大的损害和损失。

1.2.4　开展自行监测是排污许可制度的重要组成部分

《控制污染物排放许可制实施方案》（国办发〔2016〕81 号）明确了排污单位应实行自行监测和定期报告。《排污许可管理条例》第十九条规定："排污单位应当按照排污许可证规定和有关标准规范，依法开展自行监测，并保存原始监测记录。原始监测记录保存期限不得少于 5 年。排污单位应当对自行监测数据的真实性、准确性负责，不得篡改、伪造。"

因此，自行监测既是有明确法律法规要求的一项管理制度，也是固定污染源基础与核心管理制度——排污许可制度的重要组成部分。

1.2.5　开展自行监测是精细化管理与大数据时代信息输入与信息产品输出的需要

随着环境管理向精细化发展，强化数据应用、根据数据分析识别潜在的环境问题，做出更加科学精准的环境管理决策是环境管理面临的重大命题。大数据时代信息化水平的提升，为监测数据的加工分析提供了条件，也对数据输入提出了更高的需求。

自行监测数据承载了大量污染排放和治理信息，然而这些信息长期以来并没有得到充分的收集和利用，这是生态环境大数据中缺失的一项重要信息源。通过收集各类污染源长时间的监测数据，对同类污染源监测数据进行统计分析，可以更全面地判定污染源的实际排放水平，从而为制定排放标准、产排污系数提供科学依据。另外，通过监测数据与其他数据的关联分析，还能获得更多、更有价值的信息，为环境管理提供更有力的支撑。

1.3　排污单位自行监测的管理规定

我国现行法律法规、管理办法中有很多涉及排污单位自行监测的管理规定，具体见表 1-1。

表 1-1 我国现行与排污单位自行监测相关的法律法规和管理规定

名称	颁布机关	实施时间	主要相关内容
《中华人民共和国海洋环境保护法》	全国人民代表大会常务委员会	2000 年 4 月 1 日（2017 年 11 月 4 日修正）	规定了排污单位应当依法公开排污信息
《中华人民共和国水污染防治法》	全国人民代表大会常务委员会	2008 年 6 月 1 日（2017 年 6 月 27 日修正）	规定了实行排污许可管理的企业事业单位和其他生产经营者应当对所排放的水污染物自行监测，并保存原始监测记录，排放有毒有害水污染物的还应开展周边环境监测，上述条款均没有对应罚则
《中华人民共和国环境保护法》	全国人民代表大会常务委员会	2015 年 1 月 1 日	规定了重点排污单位应当安装使用监测设备，保证监测设备正常运行，保存原始监测记录，并进行信息公开
《中华人民共和国大气污染防治法》	全国人民代表大会常务委员会	2016 年 1 月 1 日（2018 年 10 月 26 日修正）	规定了企业事业单位和其他生产经营者应当对大气污染物进行监测，并保存原始监测记录
《中华人民共和国环境保护税法》	全国人民代表大会常务委员会	2018 年 1 月 1 日（2018 年 10 月 26 日修正）	规定了纳税人按季申报缴纳时，向税务机关报送所排放应税污染物浓度值
《中华人民共和国土壤污染防治法》	全国人民代表大会常务委员会	2019 年 1 月 1 日	规定了土壤污染重点监管单位应制定、实施自行监测方案，并将监测数据报生态环境主管部门
《中华人民共和国固体废物污染环境防治法》	全国人民代表大会常务委员会	2020 年 9 月 1 日	规定了产生、收集、贮存、运输、利用、处置固体废物的单位，应当依法及时公开固体废物污染环境防治信息，主动接受社会监督。生活垃圾处理单位应当按照国家有关规定，安装使用监测设备，实时监测污染物的排放情况，将污染排放数据实时公开。监测设备应当与所在地生态环境主管部门的监控设备联网
《中华人民共和国刑法修正案（十一）》	全国人民代表大会常务委员会	2021 年 3 月 1 日	规定了环境监测造假的法律责任
《中华人民共和国噪声污染防治法》	全国人民代表大会常务委员会	2022 年 6 月 5 日	规定了实行排污许可管理的单位应当按照规定，对工业噪声开展自行监测，保存原始监测记录，向社会公开监测结果，对监测数据的真实性和准确性负责。噪声重点排污单位应当按照国家规定，安装、使用、维护噪声自动监测设备，与生态环境主管部门的监控设备联网

名称	颁布机关	实施时间	主要相关内容
《城镇排水与污水处理条例》	国务院	2014 年 1 月 1 日	规定了排水户应按照国家有关规定建设水质、水量检测设施
《畜禽规模养殖污染防治条例》	国务院	2014 年 1 月 1 日	规定了畜禽养殖场、养殖小区应当定期将畜禽养殖废弃物排放情况报县级人民政府环境保护主管部门备案
《中华人民共和国环境保护税法实施条例》	国务院	2018 年 1 月 1 日	规定了未安装自动监测设备的纳税人，自行对污染物进行监测且所获取的监测数据符合国家有关规定和监测规范的，视同监测机构出具的监测数据，可作为计税依据
《排污许可管理条例》	国务院	2021 年 3 月 1 日	规定了持证单位自行监测责任，管理部门依证监管责任
《最高人民法院、最高人民检察院关于办理环境污染刑事案件适用法律若干问题的解释》	最高人民法院、最高人民检察院	2017 年 1 月 1 日	规定了重点排污单位篡改、伪造自动监测数据或者干扰自动监测设施的视为严重污染环境，并依据《刑法》有关规定予以处罚
《环境监测管理办法》	国家环境保护总局	2007 年 9 月 1 日	规定了排污者必须按照国家及技术规范的要求，开展排污状况自我监测；不具备环境监测能力的排污者，应当委托环境保护部门所属环境监测机构或者经省级环境保护部门认定的环境监测机构进行监测
《污染源自动监控设施现场监督检查办法》	环境保护部	2012 年 4 月 1 日	规定了：①排污单位或运营单位应当保证自动监测设备正常运行；②污染源自动监控设施发生故障停运期间，排污单位或者运营单位应当采用手工监测等方式，对污染物排放状况进行监测，并报送监测数据
《关于加强污染源环境监管信息公开工作的通知》	环境保护部	2013 年 7 月 12 日	规定了各级环保部门应积极鼓励引导企业进一步增强社会责任感，主动自愿公开环境信息。同时严格督促超标或者超总量的污染严重企业，以及排放有毒有害物质的企业主动公开相关信息，对不依法主动公布或不按规定公布的要依法严肃查处

名称	颁布机关	实施时间	主要相关内容
《关于印发〈国家重点监控企业自行监测及信息公开办法（试行）〉和〈国家重点监控企业污染源监督性监测及信息公开办法（试行）〉的通知》	环境保护部	2014年1月1日	规定了企业开展自行监测及信息公开的各项要求，包括自行监测内容、自行监测方案，对通过手工监测和自动监测两种方式开展的自行监测分别提出了监测频次要求，自行监测记录内容，自行监测年度报告内容，自行监测信息公开的途径、内容及时间要求等
《环境保护主管部门实施限制生产、停产整治办法》	环境保护部	2015年1月1日	规定了被限制生产的排污者在整改期间按照环境监测技术规范进行监测或者委托有条件的环境监测机构开展监测，保存监测记录，并上报监测报告
《生态环境监测网络建设方案》	国务院办公厅	2015年7月26日	规定了重点排污单位必须落实污染物排放自行监测及信息公开的法定责任，严格执行排放标准和相关法律法规的监测要求
《关于支持环境监测体制改革的实施意见》	财政部、环境保护部	2015年11月2日	规定了落实企业主体责任，企业应依法自行监测或委托社会化检测机构开展监测，及时向环保部门报告排污数据，重点企业还应定期向社会公开监测信息
《关于加强化工企业等重点排污单位特征污染物监测工作的通知》	环境保护部	2016年9月20日	规定了：①化工企业等排污单位应制定自行监测方案，对污染物排放及周边环境开展自行监测，并公开监测信息；②监测内容应包含排放标准的规定项目和涉及的列入污染物名录库的全部项目；③监测频次，自动监测的应全天连续监测，手工监测的，废水特征污染物监测每月开展一次，废气特征污染物监测每季度开展一次，周边环境监测按照环评及其批复执行，可根据实际情况适当增加监测频次
《控制污染物排放许可制实施方案》	国务院办公厅	2016年11月10日	规定了企事业单位应依法开展自行监测，安装或使用的监测设备应符合国家有关环境监测、计量认证规定和技术规范，建立准确完整的环境管理台账，安装在线监测设备的应与环境保护部门联网
《关于实施工业污染源全面达标排放计划的通知》	环境保护部	2016年11月29日	规定了：①各级环保部门应督促、指导企业开展自行监测，并向社会公开排放信息；②对超标排放的企业要督促其开展自行监测，加大对超标因子的监测频次，并及时向环保部门报告；③企业应安装和运行污染源在线监控设备，并与环保部门联网

名称	颁布机关	实施时间	主要相关内容
《关于深化环境监测改革提高环境监测数据质量的意见》	中共中央办公厅、国务院办公厅	2017 年 9 月 21 日	规定了环境保护部要加快完善排污单位自行监测标准规范；排污单位要开展自行监测，并按规定公开相关监测信息，对弄虚作假行为要依法处罚；重点排污单位应当建设污染源自动监测设备，并公开自动监测结果
《企业环境信息依法披露管理办法》	生态环境部	2022 年 2 月 8 日	规定了企业（包括重点排污单位）应当依法披露环境信息，包括企业自行监测信息等
《关于加强排污许可执法监管的指导意见》	生态环境部	2022 年 3 月 28 日	规定了排污单位应当提高自行监测质量。确保申报材料、环境管理台账记录、排污许可证执行报告、自行监测数据的真实、准确和完整，依法如实在全国排污许可证管理信息平台上公开信息，不得弄虚作假，自觉接受监督

注：截至 2022 年 6 月 5 日。

1.4 《排污单位自行监测技术指南》定位

1.4.1 排污许可制度配套的技术支撑文件

排污许可制度是国外普遍采用的控制污染的法律制度。从美国等发达国家实施排污许可制度的经验来看，监督检查是排污许可制度实施效果的重要保障；污染源监测是监督检查的重要组成部分和基础；自行监测是污染源监测的主体形式，其管理备受重视，并作为重要的内容在排污许可证中载明。

我国当前推行的排污许可制度明确了企业应"自证守法"，其中自行监测是排污单位自证守法的重要手段和方法。只有在特定监测方案和要求下的监测数据才能够支撑排污许可"自证"的要求。因此，在排污许可制度中，自行监测要求是必不可少的一部分。

重点排污单位自行监测法律地位得到明确，自行监测制度初步建立，而自行监测的有效实施还需要有配套的技术文件作为支撑，《排污单位自行监测技术指南》是基础而重要的技术指导性文件。因此，制定《排污单位自行监测技术指南》是落实相关法律法规的需要。

1.4.2　对现有标准和管理文件中关于排污单位自行监测规定的补充

对每个排污单位来说，生产工艺产生的污染物、不同监测点位执行排放标准和控制指标、环评报告要求的内容都有不同情况及独特内容。虽然各种监测技术标准与规范已从不同角度对排污单位的监测内容做出了规定，但仍不够全面。

为提高监测效率，应针对不同排放源污染物排放特性确定不同的监测要求。监测是污染排放监管必不可少的技术支撑，具有重要的意义，但是监测是需要成本的，应在监测效果和成本间寻找合理的平衡点。"一刀切"的监测要求，必然会造成部分排放源监测要求过高，从而造成浪费；或者对部分排放源要求过低，从而达不到监管需求。因此，需要专门的技术文件，对排污单位监测要求进行系统分析和设计，使监测更精细化，从而提高监测效率。

1.4.3　对排污单位自行监测行为指导和规范的技术要求

我国自 2014 年以来开始推行《国家重点监控企业自行监测及信息公开办法（试行）》，从实施情况来看存在诸多问题，需要加强对排污单位自行监测行为的指导和规范。

污染源监测与环境质量监测相比，涉及的行业较多，监测内容更复杂。我国目前仅国家污染物排放标准就有近 200 项，且数量还在持续增加；省级人民政府依法制定并报生态环境部备案的地方污染物排放标准总数也有 100 多项，数量也在不断增加。排放标准中的控制项目种类繁杂，水气污染物均在 100 项以上。

国家发布的有关规定必须有普适性和原则性的特点，因此排污单位在开展自行监测过程中如何结合企业具体情况，合理确定监测点位、监测项目和监测频次等实际问题上存在诸多疑问。

　　生态环境部在对全国各地区自行监测及信息公开平台的日常监督检查及现场检查等工作中发现，部分排污单位自行监测方案的内容、监测数据的质量稍差，存在监测点位未包括全部污染源排放口、监测点位设置不合理、监测项目仅涉及主要污染物、随意设置排放标准限值、自行监测数据弄虚作假等问题。为解决排污单位在自行监测过程中遇到的问题，需要进一步加强对排污单位自行监测的工作指导和行为规范，建立和完善排污单位自行监测相关规范内容，因此有必要制定自行监测技术指南，将自行监测要求进一步明确和细化。

1.5　行业技术指南在自行监测技术指南体系中的定位和制定思路

1.5.1　自行监测技术指南体系

　　排污单位自行监测技术指南体系以《总则》为统领，包括一系列重点行业排污单位自行监测技术指南、若干通用工序自行监测技术指南以及 1 个环境要素自行监测技术指南，共同组成排污单位自行监测技术指南体系，见图 1-2。

图 1-2　排污单位自行监测技术指南体系

《总则》在排污单位自行监测技术指南体系中属于纲领性的文件，起到统一思路和要求的作用：第一，对行业技术指南总体性原则进行规定，是行业技术指南的参考性文件；第二，对于行业技术指南中必不可少，但要求比较一致的内容，可以在《总则》中体现，在行业技术指南中加以引用，既保证一致性，也减少重复；第三，对于部分污染差异大、企业数量少的行业，单独制定行业技术指南意义不大，这类行业排污单位可以参照《总则》开展自行监测，行业技术指南未发布的，也应参照《总则》开展自行监测。

1.5.2 行业排污单位自行监测技术指南是对《总则》的细化

行业技术指南是在《总则》的统一原则要求下，考虑该行业企业所有废水、废气、噪声污染源的监测活动，在指南中进行统一规定。行业排污单位自行监测技术指南的核心内容要包括以下两个方面：

（1）明确行业的监测方案。首先明确行业的主要污染源、各污染源的主要污染因子。针对各污染源的污染因子提出监测方案设置的基本要求，包括点位、监测指标、监测频次、监测技术等。

（2）明确数据记录、报告和公开要求。根据行业特点，参照各参数或指标与校核污染物排放的相关性，提出监测相关数据记录要求。

除了行业技术指南中规定的内容，还应执行《总则》的要求。

1.5.3 有色金属工业自行监测技术指南制定的原则与思路

1.5.3.1 以《总则》为指导，根据行业特点进行细化

有色金属工业自行监测技术指南中的主体内容是以《总则》为指导的，根据《总则》中确定的基本原则和方法，在对有色金属工业产排污环节进行分析的基础上，结合有色金属工业企业实际的排污特点，将有色金属工业监测方案、信息记录的内容具体化和明确化。

1.5.3.2　以污染物排放标准为基础，全指标覆盖

污染物排放标准规定的内容是行业自行监测技术指南制定的重要基础。在污染物指标确定时，行业技术指南主要以当前实施的、适用于有色金属工业的污染物排放标准为依据。同时，根据实地调研以及相关数据分析结果，对实际排放的或地方实际进行监管的污染物指标进行适当的考虑，在标准中列明，但标明为选测，或由排污单位根据实际监测结果判定是否排放，若实际生产中排放，则应进行监测。

1.5.3.3　以满足排污许可制度实施为主要目标

有色金属工业自行监测技术指南的制定以能够满足有色金属工业排污许可制度实施为主要目标。

由于有色金属工业不同企业实际存在的废气排放源差异较大，有些类型的废气源仅在少数有色金属工业中存在，有色金属工业排污许可证申请与核发技术规范中将常见的废气排放源纳入管控。有色金属工业自行监测技术指南中对常见废气排放源监测点位、指标、频次进行了规定。

排污许可制度对主要污染物提出排放量许可限值，其他污染物仅有浓度限值要求。为了支撑排污许可制度实施对排放量核算的需求，有排放量许可限值的污染物，监测频次一般高于其他污染物。

第 2 章　自行监测的一般要求

按照开展自行监测活动的一般流程，排污单位应查清本单位的污染源、污染物指标及潜在的环境影响，制定监测方案，设置和维护监测设施，按照监测方案开展自行监测，做好质量保证和质量控制，记录和保存监测数据，依法向社会公开监测结果。

本章围绕排污单位自行监测流程中的关键节点，对其中的关键问题进行介绍。制定监测方案时，应重点保证监测内容、监测指标、监测频次的全面性、科学性，确保监测数据的代表性，这样才能全面反映排污单位的污染物实际排放状况；设置和维护监测设施时，应能够满足监测要求，同时为监测的开展提供便利条件；自行监测开展过程中，应根据本单位实际情况自行监测或者委托有资质的单位开展监测，所有监测活动要严格按照监测技术规范执行；开展监测的过程中，还应该做好质量保证和质量控制，确保监测数据质量；监测信息记录与公开时，应保证监测过程可溯，同时按要求报送和公开监测结果，接受管理部门和公众的监督。

2.1　制定监测方案

2.1.1　自行监测内容

排污单位自行监测不仅限于污染物排放监测，还应该围绕能够说清楚本单位污染物排放状况、污染治理情况、对周边环境质量影响状况来确定监测内容。但考虑到排污单位自行监测的实际情况，排污单位可根据管理要求，逐步开展自行监测。

2.1.1.1　污染物排放监测

污染物排放监测是排污单位自行监测的基本要求，包括废气污染物、废水污染物和噪声污染监测。废气污染物监测，包括对有组织排放废气污染物和无组织排放废气污染物的监测。废水污染物监测可按废水对水环境的影响程度来确定，而废水对水环境的影响程度主要取决于排放去向，即直接排入环境（直接排放）和排入公共污水处理系统（间接排放）两种方式。噪声污染监测一般指厂界环境噪声监测。

2.1.1.2　周边环境质量影响监测

排污单位应根据自身排放状况对周边环境质量的影响，开展周边环境质量影响状况监测，从而掌握自身排放状况对周边环境质量影响的实际情况和变化趋势。

《中华人民共和国大气污染防治法》第七十八条规定，"排放前款名录中所列有毒有害大气污染物的企业事业单位，应当按照国家有关规定建设环境风险预警体系，对排放口和周边环境进行定期监测，评估环境风险，排查环境安全隐患，并采取有效措施防范环境风险。"《中华人民共和国水污染防治法》第三十二条规定，"排放前款名录中所列有毒有害水污染物的企业事业单位和其他生产经营者，应当对排污口和周边环境进行监测，评估环境风险，排查环境安全隐患，并公开有毒有害水污染物信息，采取有效措施防范环境风险"。《工矿用地土壤环境管理办法（试行）》（生态环境部部令　第 3 号）第十二条规定，"重点排污单位应当按照相关技术规范要求，自行或者委托第三方定期开展土壤和地下水监测"。

目前我国已发布第一批有毒有害大气污染物名录和有毒有害水污染物名录。第一批有毒有害大气污染物包括二氯甲烷、甲醛、三氯甲烷、三氯乙烯、四氯乙烯、乙醛、镉及其化合物、铬及其化合物、汞及其化合物、铅及其化合物、砷及其化合物。第一批有毒有害水污染物包括二氯甲烷、三氯甲烷、三氯乙烯、四氯乙烯、甲醛、镉及镉化合物、汞及汞化合物、六价铬化合物、铅及铅化合物、砷及砷化合物。因此，排污单位可根据本单位实际情况，自行确定监测指标和内容。

对于污染物排放标准、环境影响评价文件及其批复或其他环境管理制度有明确要求的，排污单位应按照要求对其周边相应的空气、地表水、地下水、土壤等环境质量开展监测。对于相关管理制度没有明确要求的，排污单位应依据《中华人民共和国大气污染防治法》《中华人民共和国水污染防治法》的要求，根据实际情况确定是否开展周边环境质量影响监测。

2.1.1.3　关键工艺参数监测

污染物排放监测需要专门的仪器设备、人力物力，经济成本较高。污染物排放状况与生产工艺、设备参数等相关指标具有一定的关联性，而对这些工艺或设备相关参数的监测，有些是生产过程中所必须开展的，有些虽然不是生产过程中必须开展监测的指标，但开展监测相对容易，成本较低。因此，在部分排放源或污染物指标监测成本相对较高、难以实现高频次监测的情况下，可以对与污染物产生和排放密切相关的关键工艺参数进行测试以补充污染物排放监测。

2.1.1.4　污染治理设施处理效果监测

有些排放标准等文件对污染治理设施处理效果有限值要求，这就需要通过监测结果进行处理效果的评价。另外，有些情况下，排污单位需要掌握污染处理设施的处理效果，从而可以更好地调试生产和污染治理设施。因此，若污染物排放标准等环境管理文件对污染治理设施有特别要求，或排污单位认为有必要，应对污染治理设施处理效果进行监测。

2.1.2　自行监测方案内容

排污单位应当对本单位污染源排放状况进行全面梳理，分析潜在的环境风险，制定能够反映本单位实际排放状况的监测方案，以此作为开展自行监测的依据。

监测方案内容包括单位基本情况、监测点位及示意图、监测指标、执行标准及其限值、监测频次、采样和样品保存方法、监测分析方法和仪器、质量保证与质量控制等。

所有按照规定应开展自行监测的排污单位，在投入生产或使用并产生实际排污行为之前完成自行监测方案的编制及相关准备工作，一旦发生实际排污行为，就应当按照监测方案开展监测活动。

当有以下情况发生时，应变更监测方案：执行的排放标准发生变化；排放口位置、监测点位、监测指标、监测频次、监测技术中的任意一项内容发生变化；污染源、生产工艺或处理设施发生变化。

2.2　设置和维护监测设施

开展监测必须有相应的监测设施。为了保证监测活动的正常开展，排污单位应按照规定设置满足监测需要的监测设施。

2.2.1　监测设施应符合监测规范要求

开展废水、废气污染物排放监测，应保证现场设施条件符合相关监测方法或技术规范的要求，确保监测数据的代表性。因此，废水排放口、废气监测断面及监测孔的设置都有相应的要求，要保证水流、气流不受干扰且混合均匀，采样点位的监测数据能够反映监测时点污染物排放的实际情况。

我国废水、废气监测相关标准规范中规定了监测设施必须满足的条件，排污单位可根据具体的监测项目，对照监测方法标准和技术规范确定监测设施的具体设置要求。国家环境保护局发布的《排污口规范化整治技术要求（试行）》（1996 年 5 月20 日，国家环保局　环监〔1996〕470 号）对排污口规范化整治技术提出了总体要求，部分省市也对其辖区排污口的规范化管理发布了技术规定、标准，对排污单位监测设施设置要求予以明确。如北京市出台的《固定污染源监测点位设置技术规范》（DB 11/1195—2015）、山东省出台的《固定污染源废气监测点位设置技术规范》（DB 37/T3535—2019）。中国环境保护产业协会发布的《固定污染源废气排口监测点位设置技术规范》（T/CAEPI 46—2022），对固定污染源监测点位监测设施设置规范进行了全面规定，这也可以作为排污单位设置监测设施的重要参考。总体来说，相关标准规范对监测设施的规定还比较零散、不够系统。

2.2.2   监测平台应便于开展监测活动

开展监测活动时需要一定的空间，有时还需要可供仪器设备使用的直流供电，因此排污单位应设置方便开展监测活动的平台。包括以下要求：一是到达监测平台要方便，可以随时开展监测活动；二是监测平台空间要足够大，能够保证各类监测设备的摆放和人员活动；三是监测平台要备有需要的电源等辅助设施，确保监测活动开展所必需的各类仪器设备和辅助设备能够正常工作。

2.2.3   监测平台应能保证监测人员的安全

开展监测活动，必须保证监测人员的人身安全，因此监测平台要设有必要的防护设施：一是高空监测平台，周边要有足够保障人员安全的围栏，监测平台底部的空隙不应过大；二是监测平台附近有造成人体机械伤害、灼烫、腐蚀、触电等的危险源的，应在平台相应位置设置防护装置；三是监测平台上方有坠落物体隐患时，应在监测平台上方设置防护装置；四是排放剧毒、致癌物及对人体有严重危害物质的监测点位，应储备相应的安全防护装备。所有围栏、底板、防护装置使用的材料要符合相关质量要求，能够承受预估的最大冲击力，从而保障人员的安全。

2.2.4   废水排放量大于 100 t/d 的，应安装自动测流设施并开展流量自动监测

废水流量监测是废水污染物监测的重要内容。从某种程度上来说，流量监测

比污染物浓度监测更重要。流量监测易受环境影响，监测结果存在一定的不确定性是国际上普遍的技术问题，但总体来看，流量监测技术日趋成熟，能够满足各种流量监测的需要，也能满足自动测流的需要。废水流量的监测方法有多种，根据废水排放形式，分为电磁流量计和明渠流量计两种。其中，电磁流量计适用于管道排放，对流量范围适用性较广。明渠流量计中，三角堰适用于流量较小的情况，监测范围低至 1.08 m^3/h，能够满足 30 m^3/d 排放水平企业的需要。根据环境统计数据，全国废水排放量大于 30 m^3/d 的企业为 7.5 万家，约占企业总数的 79%；废水排放量大于 50 m^3/d 的企业为 6.7 万家，约占企业总数的 71%；废水排放量大于 100 m^3/d 的企业为 5.7 万家，约占企业总数的 60%。从监测技术稳定性方面和当前的基础来看，建议废水排放量大于 100 m^3/d 的企业采取自动测流的方式。

2.3　开展自行监测

2.3.1　自行监测开展方式

在监测的组织方式上，开展监测活动时可以选择依托自有人员、设备、场地自行开展监测，也可以委托有资质的社会化检测机构开展监测。在监测技术手段上，无论是自行监测还是委托监测，都可以采用手工监测和自动监测的方式。排污单位自行监测活动开展方式选择流程见图 2-1。

排污单位首先根据自行监测方案明确需要开展监测的点位、监测项目、监测频次，在此基础上根据不同监测项目的监测要求分析本单位是否具备开展自行监测的条件。具备监测条件的项目，可选择自行监测或委托监测；不具备监测条件的项目，排污单位可根据自身实际情况，决定是否提升自身监测能力，以满足自行监测的条件。如果通过筹建实验室、购买仪器、聘用人员等方式满足自行开展监测条件的，可以选择自行监测。若排污单位委托社会化检测机构开展监测，需要按照不同监测项目检查拟委托的社会化检测机构是否具备承担委托监测任务的条件。若拟委托的社会化检测机构符合条件,则可委托社会化检测机构开展委托监测;若不符合条件,则应更换具备条件的社会化检测机构承担相应的监测任务。由此来说,排污单位自行监测有3种方式:全部自行监测、全部委托监测、部分自行监测部分委托监测。同一排污单位针对不同监测项目,可委托多家社会化检测机构开展监测。

图 2-1 排污单位自行监测活动开展方式选择流程

无论是自行开展监测还是委托监测,都应当按照自行监测方案要求,确定各监测点位、监测项目的监测技术手段。对于明确要求开展自动监测的点位及项目,应采用自动监测的方式。其他点位和项目可根据排污单位实际情况,确定是否采用自动监测的方式。若采用自动监测的方式,应该按照相应技术规范的要求,定期采用手工监测方式进行校验。不采用自动监测的项目,应采用手工监测方式开展监测。

2.3.2　监测活动开展一般要求

监测活动开展的技术依据是监测技术规范。除了监测方法中的规定，我国还有一些系统性的监测技术规范对监测全过程或者专门针对监测的某个方面进行了规定。为了保证监测数据准确可靠，能够客观反映实际情况，无论是自行开展监测，还是委托其他社会化检测机构，都应该按照国家发布的环境监测标准、技术规范来开展。

开展监测活动的机构和人员由排污单位根据实际情况决定。排污单位可根据自身条件和能力，利用自有人员、场所和设备自行监测。排污单位自行开展监测时不需要通过国家的实验室资质认定，因为目前国家层面不要求检测报告必须加盖中国质量认证（CMA）印章。个别或者全部项目不具备自行监测能力时，也可委托其他有资质的社会化检测机构代其开展。

无论是排污单位自行监测，还是委托社会化检测机构开展监测，排污单位都应对自行监测数据的真实性负责。如果社会化检测机构未按照相应环境监测标准、技术规范开展监测，或者存在造假等行为，排污单位可以依据相关法律法规和委托合同条款追究所委托的社会化检测机构的责任。

2.3.3　监测活动开展应具备的条件

2.3.3.1　自行监测应具备的条件

自行开展监测活动的排污单位，应具备开展相应监测项目的能力，主要从以下几个方面考虑。

（1）人员

监测人员是指与开展生态环境监测工作相关的技术管理人员、质量管理人员、现场测试人员、采样人员、样品管理人员、实验室分析人员（包括样品前处理等辅助岗位人员）、数据处理人员、报告审核人员和授权签字人等各类专业技术人员的总称。

排污单位应设置承担环境监测职责的机构，落实环境监测经费，赋予相应的工作定位和职能，配备相应能力水平的生态环境监测技术人员。排污单位中开展自行监测工作人员的数量、专业技术背景、工作经历、监测能力要与所开展的监测活动相匹配。建议中级及以上专业技术职称或同等能力的人员数量不少于总数的15%。

排污单位应与其监测人员建立固定的劳动关系，明确岗位职责、任职要求和工作关系，使其满足岗位要求并具有所需的权力和资源，履行建立、实施、保持和持续改进管理体系的职责。

排污单位监测机构最高管理者应组织和负责管理体系的建立和有效运行。排污单位应对操作设备、监测、签发监测报告等人员进行能力确认，由熟悉监测目的、程序、方法和结果评价的人员对监测人员进行质量监督。排污单位应制订人员培训计划，明确培训需求和实施人员培训，并评价培训活动的有效性。排污单位应保留技术人员的相关资质、能力确认、授权、教育、培训和监督的记录。

开展自行监测的相关人员应结合岗位设定，熟悉和掌握环境保护基础知识、法律法规、相关质量标准和排放标准、监测技术规范及有关化学安全和防护等知识。

（2）场所环境

排污单位应按照监测标准或技术规范，对现场监测或采样时的环境条件和安全保障条件予以关注，如监测或采样位置、电力供应、安全性等是否能保证监测人员安全和监测过程的规范性。

实验室宜集中布置，做到功能分区明确、布局合理、互不干扰，对于有温湿度控制要求的实验室，建筑设计应采取相应技术措施；实验室应有相应的安全消防保障措施。实验室设计必须执行国家现行有关安全、卫生及环境保护法规和规定，对限制人员进入的实验区域应在其显著区域设置警告装置或标志。

凡是空间内含有对人体有害的气体、蒸汽、气味、烟雾、挥发性物质的实验室，应设置通风柜，实验室需维持负压，向室外排风时必须经特殊过滤；凡是经常使用强酸、强碱，有化学品烧伤风险的实验室，应在出口就近设置应急喷淋器和应急洗眼器等装置。

实验室用房一般照明的照度均匀，其最低照度与平均照度之比不宜小于 0.7。微生物实验室宜设置紫外灭菌灯，其控制开关应设在门外并与一般照明灯具的控制开关分开安装。

对影响监测结果的设施和环境条件，应制定相应的标准文件。如果规范、方法和程序有要求，或对结果的质量有影响，实验室应监测、控制和记录环境条件。当环境条件影响监测结果时，应停止监测。应将不相容活动的相邻区域进行有效隔离。对进入和使用影响监测质量的区域，应加以控制。应采取措施确保实验室的良好内务，必要时应制定专门的程序。

（3）设备设施

排污单位配备的设备种类和数量应满足监测标准规范的要求，包括现场监测设备、采样设备、制样设备、样品保存设备、前处理设备、实验室分析设备和其他辅助设备。现场监测设备主要包括便携式现场监测分析仪、气象参数监测设备等；采样设备主要有水质采样器、大气采样器、固定污染源采样器等；样品保存设备主要指样品采集后和运输过程中可供低温、冷冻或避光保存的设备；前处理设备主要指加热、烘干、研磨、消解、蒸馏、震荡、过滤、浸提等所需的设备；实验室分析设备主要有气相色谱仪、液相色谱仪、离子色谱仪、原子吸收光谱仪、原子荧光光谱仪、红外测油仪、分光光度计、万分之一天平等。设备在投入工作前应进行校准或核查，以保证其满足使用要求。

大型仪器设备应配有仪器设备操作规程和仪器设备运行与保养记录；每台仪器设备及其软件应有唯一性标识；应保存对监测具有重要影响的每台仪器设备及软件的相关记录，并存档。

（4）管理体系

排污单位应根据自行监测活动的范围，建立与之相匹配的管理体系。管理体系应覆盖自行监测活动的全部场所。应将点位布设、样品采集、样品管理、现场监测、样品运输和保存、样品制备、实验分析、数据传输、记录、报告编制和档案管理等监测活动纳入管理体系。应编制并执行质量手册、程序文件、作业指导书、质量和技术记录表格等，采取质量保证和质量控制措施，确保自行监测数据可靠。

2.3.3.2　委托单位相关要求

排污单位委托社会化检测机构开展自行监测的，也应对自行监测数据的真实性负责，因此排污单位应重视对被委托单位的监督管理。其中，具备监测资质是被委托单位承接监测活动的前提和基本要求。

接受自行监测任务的单位应具备监测相应项目的资质，即所出具的监测报告必须能够加盖 CMA 印章。排污单位除应对资质进行检查外，还应该加强对被委托单位的事前、事中、事后监督管理。

选择拟委托的社会化检测机构前，应对其既往业绩、实验室条件、人员条件等进行检查，重点考虑社会化检测机构是否具备承担委托项目的能力及经验，是否存在弄虚作假行为的不良记录等。

被委托单位开展监测活动过程中，排污单位应定期或不定期抽检被委托单位的监测记录、监测报告和原始记录等，若有存疑的地方，可现场检查。

每年报送全年监测报告前，排污单位应对被委托单位的监测数据进行全面检查，包括监测的全面性、记录的规范性、监测数据的可靠性等，确保被委托单位能够按照要求开展监测。

2.4　监测质量保证与质量控制

无论是自行开展监测还是委托社会化检测机构开展监测，都应该根据相关监测技术规范、监测方法标准等要求做好质量保证与质量控制。

自行开展监测的排污单位应根据本单位自行监测的工作需求，设置监测机构，梳理制定监测方案、样品采集、样品分析、出具监测结果、样品留存、相关记录的保存等各个环节，制定工作流程、管理措施与监督措施，建立自行监测质量体系，确保监测工作质量。质量体系应包括对以下内容的具体描述：监测机构、人员、出具监测数据所需仪器设备、监测辅助设施和实验室环境、监测方法技术能力验证、监测活动质量控制与质量保证等。

委托其他有资质的社会化检测机构代其开展自行监测的，排污单位不用建立监测质量体系，但应对社会化检测机构的资质进行确认。

2.5　记录和保存监测数据

记录监测数据与监测期间的工况信息，整理成台账资料，以备管理部门检查。手工监测时应保留全部原始记录信息，全过程留痕。自动监测时除了通过仪器全面记录监测数据外，还应有运行维护记录。另外，为了更好地说清污染物排放状况、了解监测数据的代表性、对监测数据进行交叉印证、形成完整的证据链，还应详细记录监测期间的生产和污染治理状况。

排污单位应将自行监测数据接入全国污染源监测信息管理与共享平台，公开监测信息。此外，可以采取以下一种或者几种方式让公众更便捷地获取监测信息：公告或者公开发行的信息专刊，广播、电视等新闻媒体，信息公开服务、监督热线电话，本单位的资料索取点、信息公开栏、信息亭、电子屏幕、电子触摸屏等场所或者设施，其他便于公众及时、准确获得信息的方式。

第3章 有色金属工业发展及污染排放状况

有色金属产业是我国国民经济重要的基础产业，也是我国国民经济和社会实现可持续发展必不可少的重要组成部分。有色金属是国民经济发展的基础材料，航空、航天、汽车、机械制造、电力、通信、建筑、家电等绝大部分行业都以有色金属材料为生产基础，它不仅是世界上重要的战略物资、生产资料，也是人类生活中不可缺少的消费资料的重要材料。本章主要就铝、铅、锌、铜、镍、钴、镁、钛、锡、锑、汞等11种常用有色金属冶炼工业的生产工艺过程及其产排污情况进行分析，为后文排污单位自行监测方案的制定提供基础依据。

3.1 行业概况及发展趋势

3.1.1 行业概况

有色金属是国民经济、人们的日常生活及国防工业、科学技术发展必不可少的基础材料和重要的战略物资，是实现制造强国的重要支撑。改革开放以来，我国有色金属产业规模大幅提升，1949年10种常用有色金属产量仅有1.33万t；1950—2018年，年均增长达到12.9%；2018年产量达到5760万t，是1949年的4331倍，有色金属产量超过紧排其后的9个国家产量合计数。经过多年的发展，我国有色金属总产量居世界第一位，主要品种产量也为世界第一。自2002年以来，我国已连续 17 年 10 种有色金属产量居世界第一，其中铜、铝、铅、锌产量分别占全球总产量的 38%、55%、44%、43%。民营主营业务收入占全行业的 60%，投资和利润占全行业的 80%。

"十三五"期间，我国 10 种有色金属产量总体保持平稳增长的态势，年均增长 3.6%，2020 年首次超过 6 000 万 t，达到 6 377.5 万 t，同比增长 4.6%，其中铝产量 3 708.0 万 t，铜产量 1 002.5 万 t。进入"十四五"后，我国有色金属生产保持平稳增长，2021 年，有色金属行业规模以上企业约 9 031 家，实现利润总额 3 644.8 亿元，比上年增长 101.9%。铜、铝、铅、锌等 10 种常用有色金属产量 6 477.1 万 t，同比增长 4.66%，其中，精炼铜产量 1 048.7 万 t，同比增长 4.61%；原铝产量 3 850.3 万 t，同比增长 3.84%；铅、锌产量分别为 736.5 万 t、656.1 万 t，同比增长 11.2%、1.7%。电解铝占有色金属产量一半以上，铜、铝、铅、锌 4 个主要品种产量合计占有色金属总量的 97% 以上。虽然我国有色金属产量巨大，但大金属品种原料对外依存度较高，其中铝对外依存度超过 60%，铜、镍超过 70%。2021 年铜精矿进口 2 340.4 万 t，同比增长 7.6%；铅精矿、锌精矿、精锌（实物量）分别进口 120.3 万 t、364.4 万 t、43.4 万 t，同比下降 9.9%、4.7%、19.8%；铝土矿、氧化铝（实物量）分别进口 10 737 万 t、333 万 t，同比下降 3.8%、12.6%。

进入 21 世纪后，我国有色金属工业企业经济效益大幅提高。我国有色金属工业产品销售收入 1950 年仅有 2 614 万元，1978 年为 84.3 亿元，2018 年为 44 905 亿元；实现利润 1950 年仅有 844 万元，1978 年为 12.2 亿元，2018 年与 2017 年相比虽回落，但是仍达到 1 644 亿元。有色金属进出口贸易大幅增加，尤其是加入世界贸易组织后，进出口总额出现快速增长。我国有色金属产品进出口总额 1950 年为 2.9 亿美元，1978 年为 8.1 亿美元，2018 年为 1 605 亿美元。其中，出口额 1950 年为 1.6 亿美元，1978 年为 3.0 亿美元，2018 年为 454 亿美元；进口额 1950 年为 1.3 亿美元，1978 年为 5.1 亿美元，2018 年为 1 151 亿美元。

3.1.2 行业污染物排放及环保现状

有色金属行业遵循源头预防、清洁生产、末端治理的全过程综合防控原则，针对汞、铅、镉、砷等重金属污染物产生的关键工序和环节，以重金属冶炼生产过程控制为重点，实施了清洁生产技术改造，从源头削减汞、铅、镉、砷、铊等污染物的产生量，降低了末端治理难度和压力，污染防治和综合利用水平上了一个新台阶。

根据《中国生态环境统计年报》（2016—2020 年），2016—2020 年各年有色金属冶炼和压延加工业废气二氧化硫排放量分别为 734 870.0 t、630 122.3 t、578 393.2 t、531 236.7 t、334 917.5 t，占当年各行业排放总量的 9.5%、11.9%、12.9%、13.4%、13.2%；废水重金属排放量分别为 27 451.2 t、24 253.4 t、19 723.2 t、21 122.2 t、8 133.8 t，占当年各行业排放总量的 16.9%、13.8%、15.7%、18.0%、12.1%，其他污染物排放情况见表 3-1。

表 3-1　2016—2020 年有色金属冶炼和压延加工业废气和废水污染物排放量　　单位：t

年份	行业	废气主要污染物			废水主要污染物		
		二氧化硫	氮氧化物	颗粒物	化学需氧量	氨氮	重金属
2016	有色金属冶炼和压延加工业	734 870.0	339 579.0	468 663.0	22 793.0	2 107.0	27 451.2
	各行业排放总量	7 704 689	8 091 004	13 761 577	1 228 259	64 502	162 646.2
	占比/%	9.5	4.2	3.4	1.8	3.3	16.9
2017	有色金属冶炼和压延加工业	630 122.3	297 983.3	334 886.9	11 735.0	1 365.0	24 253.4
	各行业排放总量	5 298 69.5	6 464 926.5	10 669 965.8	909 630.7	44 499.9	176 383.6
	占比/%	11.9	4.6	3.1	1.3	3.1	13.8
2018	有色金属冶炼和压延加工业	578 393.2	265 898.3	383 788.4	14 615.9	1 421.2	19 723.2
	各行业排放总量	4 467 324.1	5 887 366.4	9 489 036.9	813 893.9	39 862.6	125 421.2
	占比/%	12.9	4.5	4.0	1.8	3.6	15.7

年份	行业	废气主要污染物			废水主要污染物		
		二氧化硫	氮氧化物	颗粒物	化学需氧量	氨氮	重金属
2019	有色金属冶炼和压延加工业	531 236.7	241 478.2	310 876.1	12 900.5	1 260.7	21 122.2
	各行业排放总量	3 953 669.5	5 480 735.1	9 259 286.9	771 610.7	34 911.2	117 649.8
	占比/%	13.4	4.4	3.4	1.7	3.6	18.0
2020	有色金属冶炼和压延加工业	334 917.5	250 268.8	126 098.8	3 821.7	506.3	8 133.8
	各行业排放总量	2 531 511.3	4 174 959.2	4 009 412.9	433 606.1	18 860.8	67 490.4
	占比/%	13.2	6.0	3.1	0.88	2.7	12.1

资料来源:《中国生态环境统计年报》(2016—2020 年)。

根据《中国生态环境统计年报》(2016—2020 年),2016—2020 年有色金属冶炼和压延加工业一般工业固体废物产生量分别为 1.67 亿 t、1.83 亿 t、2.04 亿 t、2.10 亿 t、1.84 亿 t,分别占总排放总量的 4.5%、4.7%、5.0%、4.8%、5.0%;危险废物产生量分别为 785 万 t、1 127 万 t、1 277 万 t、1 418 万 t、1 222 万 t,分别占排放总量的 15.0%、17.1%、17.1%、17.5%、16.8%,固体废物产生情况见表 3-2。

表 3-2　2016—2020 年有色金属冶炼和压延加工业一般工业固体废物产生量和危险废物产生量

年份	2016	2017	2018	2019	2020
有色金属冶炼和压延加工业一般工业固体废物产生量/亿 t	1.67	1.83	2.04	2.10	1.84
各行业一般工业固体废物产生总量/亿 t	37.12	38.67	40.78	44.08	36.75
占比/%	4.5	4.7	5.0	4.8	5.0
有色金属冶炼和压延加工业危险废物产生量/万 t	785	1 127	1 277	1 418	1 222
各行业危险废物产生总量/万 t	5 219	6 581	7 469	8 125	7 282
占比/%	15.0	17.1	17.1	17.5	16.8

资料来源:《中国生态环境统计年报》(2016—2020 年)。

3.1.3 行业发展趋势

（1）优化产业布局

依法推动落后产能退出，根据《产业结构调整指导目录》《限期淘汰产生严重污染环境的工业固体废物的落后生产工艺设备名录》等要求，推动依法淘汰涉重金属落后产能和化解过剩产能。严格执行生态环境保护等相关法规标准，推动经整改仍达不到要求的产能依法依规关闭退出。优化重点行业企业布局，引导现有布局不合理产能向具有资源能源优势及环境承载力的地区有序转移，利用境外资源的氧化铝等粗加工项目在沿海地区布局；对不符合所在城市发展需求、改造难度大、竞争力弱的冶炼企业，要实施转型转产或退出；具备搬迁条件的企业，支持其退城入园，并在搬迁中实施环保升级改造。推进城市矿山开发利用，支持有实力的企业按照优化存量、引导增量、主动减量，化解结构性过剩产能，促进行业技术进步等要求，在珠三角、长三角、环渤海等区域建设绿色化、规模化、高值化再生金属利用示范基地。鼓励各地制定更加严格的环保标准，进一步促进产业结构调整，对效率低下、敞开未封闭，装置简易落后、自动化程度低，无组织排放突出，以及无治理设施或治理设施工艺落后等严重污染环境的工业炉窑，依法责令停业关闭。

（2）严控冶炼产能扩张

考虑到我国原料对外依存度不断上升，在我国有色金属需求增速下降和能源环保压力不断增大的情况下，要从严控制铜、电解铝、铅、锌、镁等新建冶炼项目，鼓励对落后铅锌冶炼进行技术改造。坚决落实《中共中央　国务院关于深入打好污染防治攻坚战的意见》等有关规定，重点区域严禁新增钢铁、焦化、水泥熟料、平板玻璃、电解铝、氧化铝、煤化工产能。

（3）加快传统产业向绿色产业转变

充分发挥技术改造对传统产业转型升级的促进作用，瞄准国际同行业标杆，引导企业运用先进适用技术及智能化技术，加快技术进步，推广应用新工艺、新技术、新装备。坚决淘汰鼓风炉炼铜，对现有转炉实施清洁化改造；逐步淘汰富氧熔炼—鼓风炉还原炼铅工艺，鼓励采用先进连续熔炼炼铅工艺；对锌冶炼企业竖罐炼锌装备进行升级改造；对 ISP 铅锌冶炼工艺实施清洁化改造，减少无组织排放；坚决淘汰"散乱污"的小再生铅、锌、铝冶炼企业；引导达不到环保、能耗、质量、安全等标准的产能有序退出。

（4）强化源头预防和过程控制

加强源头管控和生产过程防控，进口矿产品应严格执行《重金属精矿产品中有害元素的限量规范》（GB 20424—2006）的要求，适时提高有关矿产品有害元素限量的标准，减少使用高镉、高砷或高铊的矿石原料，从源头削减有害元素。从严控制废旧金属进口，杜绝以矿产品名义进口固体废物，规范进口市场。加大有色金属冶炼行业企业生产工艺设备清洁生产改造力度，积极推动竖罐炼锌设备替代改造和铜冶炼转炉吹炼工艺提升改造，加强生产过程控制，鼓励采用最先进的清洁生产技术，实施清洁化改造，有效减少污染物产生量。

（5）实施污染深度治理

大气污染防治重点区域的电解铝、铝用炭素生产，铜铅锌冶炼、再生金属冶炼升级污染治理设施，应达到大气污染特别排放限值的要求。自 2023 年起，重点区域铅锌冶炼和铜冶炼行业企业，执行颗粒物和重点重金属污染物特别排放限值。鼓励非重点大气防控区域有色金属冶炼企业积极采取有效措施，削减污染物排放量；对江西、云南、湖南等重点矿产开发的重点区域，新建企业重点重金属污染物应达到特别排放限值，现有企业积极改造，逐步达到特别排放限值的要求。加强无组织排放控制，对生产车间低空逸散烟气进行收集处理，对原料堆场、物料运输、加料口、排渣口等关键位置、环节采取有效措施，减少逸散。

（6）推动固废综合利用

加强涉重金属固体废物环境管理，完善企业废渣场防渗漏、防流失、防扬散等措施。推动锌湿法冶炼工艺按有关规定配套建设浸出渣无害化处理系统及硫渣处理设施。严格冶炼灰渣等含重金属固体废物的收集、贮存、转移、利用处置过程的环境管理，防止二次污染。对于企业产生的危险废物，应严格按照危险废物管理的要求进行处理处置，严禁随意处置和倾倒，杜绝向不具备处置能力的企业转移；研究确定电解铝大修渣、铝灰、钨冶炼废渣、砷滤饼、砷碱渣、酸泥等一批危险废物资源化无害化途径，鼓励在企业内部消纳，减少环境风险；研发尾矿、赤泥等大宗固体废物低成本大规模利用的技术，提高固体废物资源利用率。

（7）加大科研攻关力度

开展锌湿法冶炼、铜连续熔炼、废旧锂电池回收等一批清洁生产技术，提升行业整体清洁化冶炼水平；鼓励高校科研院所联合生产企业，针对低温低浓度脱硝技术、高效除尘技术、低浓度脱硫技术、废水重金属深度处理技术和危险废物处置技术等行业共性关键问题进行专项研究，提出合理可行的技术路径，解决企业生产面临的实际问题。

3.2　工艺过程及产排污节点

3.2.1　铝工业

3.2.1.1　生产工艺及产排污节点

铝工业指以铝土矿为原料生产氧化铝，以及以氧化铝为原料生产电解铝的工业企业。

（1）氧化铝

国内工业生产氧化铝的技术主要有拜耳法、烧结法和联合法 3 种。由于烧结法和联合法能耗高，绝大多数企业采用拜耳法生产工艺。拜耳法生产工艺主要由溶出、分解和焙烧 3 个阶段组成，全流程主要工序为矿石破碎、均化及湿磨、高温高压溶出、赤泥分离洗涤、叶滤、种子分解、母液蒸发、氢氧化铝焙烧。具体工艺介绍如下。

　　铝土矿按比例与蒸发母液、液碱和石灰等同时送入矿浆磨中，磨制成原矿浆，原矿浆经预脱硅后送至溶出工序，高压溶出是拜耳法的核心环节，矿石中的氧化铝与碱作用生成铝酸钠进入溶液，矿石中的不溶杂质和反应生成的沉淀物进入残渣（赤泥），赤泥经反向多次洗涤回收其中的碱液后送赤泥堆场，铝酸钠溶液经稀释和赤泥分离后经叶滤除去溶液中的残留固体物形成精液，在精液中加入氢氧化铝晶种进行搅拌分解，析出氢氧化铝结晶，晶体送氢氧化铝焙烧炉得到成品氧化铝。

　　拜耳法氧化铝生产工艺流程及产排污节点见图 3-1。

图 3-1　拜耳法氧化铝生产工艺流程及产排污节点

（2）电解铝

电解铝生产通用工艺为氟化盐—氟化铝熔盐电解工艺，主要生产原料是氧化铝、氟化盐（冰晶石、氟化铝等）、炭素阳极。将氧化铝、冰晶石、氟化铝等生产原料加入预焙阳极电解槽中，通入强大的直流电，在 945～965℃下，以上原料变为熔融状态的电解质并发生电化学反应，氧化铝不断被电解，在阴极（电解槽底部）析出液态金属铝，定期用真空抬包抽出。在电化学反应过程中，炭素阳极与析出的氧气反应生成以二氧化碳为主的阳极气体，炭素阳极不断被消耗，定期更换进行补充。

电解铝生产工艺流程及产排污节点见图 3-2。

图 3-2　电解铝生产工艺流程及产排污节点

3.2.1.2　污染物排放状况分析

（1）废气

氧化铝生产主要的大气污染源包括熟料烧成窑、氢氧化铝焙烧炉、熔盐加热炉（采用熔盐溶出技术）、石灰窑、自备电厂等，主要污染物是颗粒物、二氧化硫和氮氧化物。

电解铝生产主要的大气污染源是电解槽，电解烟气主要污染物为颗粒物、氟化物和二氧化硫。此外，电解槽大修、残极处理、原辅料破碎、筛分、储运过程中会产生颗粒物。

（2）废水

氧化铝生产工业废水主要来源于精液降温、氢氧化铝过滤洗涤、赤泥洗涤、管道设备洗涤、循环冷却水排水及赤泥库回水，主要污染物为化学需氧量、氨氮、总磷、总氮、氟化物，通常情况下工艺废水在系统中循环使用，循环冷却水排水以及管道设备洗涤废水经处理后回用于氧化铝生产系统，赤泥库回水一般回用于矿浆磨制。

电解铝生产工业废水主要为循环冷却水排水，主要污染物为化学需氧量、悬浮物，冷却水循环使用，少量补充。

（3）噪声

铝工业生产机械噪声源包括矿物破碎、筛分、磨粉、运输设备，空气动力噪声源主要包括风机、空压机等，噪声级为 80～110 dB（A），需采取设置隔声罩、消声器措施。

（4）固体废物

氧化铝生产过程中产生的主要固体废物为赤泥，为一般工业固体废物，通常送赤泥场堆存。电解铝生产过程中产生的固体废物主要包括电解槽阴极内衬维修更换产生的废渣（大修渣），电解产生的炭渣、残阳极，烟气治理收尘装置收集的铝灰，铝液转移、精炼、合金化、铸造过程熔体表面产生的铝灰渣，回收铝过程产生的盐渣和二次铝灰。大修渣、炭渣、铝灰为危险废物，应按危险废物管理要求进行处理处置。

3.2.2　铅、锌工业

3.2.2.1　铅冶炼生产工艺及产排污节点

铅冶炼指以铅精矿或铅锌混合精矿等为原料，生产金属铅的过程。铅冶炼主要生产工序包括粗铅熔炼和粗铅精炼。

（1）粗铅熔炼

粗铅熔炼是将铅精矿中的硫化铅氧化为氧化铅，再利用碳质还原剂在高温下将氧化铅还原为粗铅的过程。我国目前应用广泛的粗铅熔炼工艺包括氧气底吹熔炼—鼓风炉还原炼铅工艺（SKS 法）、氧气底吹熔炼—液态高铅渣直接还原法、顶吹浸没熔炼法、闪速熔炼法（基夫赛特法等）和侧吹熔铅法。

氧气底吹熔炼—鼓风炉还原炼铅工艺（SKS 法）即水口山炼铅法，是我国具有自主知识产权的先进工艺，炉料在底吹炉内氧化熔炼，生成粗铅及含铅较高的炉渣（高铅渣），将高铅渣铸成块，加入鼓风炉内进一步还原熔炼。

将高铅渣铸块后再投入鼓风炉熔炼，存在热能损失、能耗高的缺点，针对这一缺点开发出底吹还原与侧吹还原两种热渣还原新技术，即液态高铅渣直接还原法。与鼓风炉还原工艺相比，省去了铸渣工序，充分利用了热渣潜热，减少了二次污染，大大降低了综合能耗。

顶吹浸没熔炼法是通过垂直插入渣层的喷枪向熔池中直接吹入富氧空气和燃料，浸没喷射产生湍动熔池，使氧化反应或还原反应激烈地进行，完成熔化、硫化、氧化、还原、造渣等物理化学过程，它是一种连续的熔炼过程。根据熔炼炉型不同，富氧顶吹炉包括艾萨炉和奥斯麦特炉两种。奥斯麦特炉可通过调整气氛实现单炉氧化还原，流程短、投资低，但其烟气二氧化硫浓度波动较大，后续稳定制酸技术要求更高。艾萨炉往往需要配套还原炉，原料适用性强，可以处理含铅锌渣料。但该法一般能耗高，投资大，烟尘率高。

闪速熔炼法是充分利用细磨物料巨大的活性表面，强化冶炼反应过程的熔炼方法。将精矿细粉和熔剂一起喷入炽热的闪速炉膛内，制造良好的传热、传质条件，使化学反应以极高的速度进行。闪速熔炼脱硫率高，烟气中二氧化硫浓度高，有利于二氧化硫的回收，并可通过控制入炉的氧量，在较大范围内控制熔炼过程的脱硫率，适于处理含硫高的浮选精矿。闪速熔炼的主要缺点是渣含主金属较多，须经贫化处理，加以回收。

（2）粗铅精炼

粗铅精炼是对粗铅的进一步除杂提纯，分为火法和电解两种工艺。国内粗铅精炼以电解精炼为主。无论采用火法精炼还是电解精炼，均可获得 99.94% 的精铅，同时可从精炼的半产品中回收铜、金、银、铋、锡、锑、硒、碲等有价金属。

火法精炼的主要工序有：①除铜，先熔析或凝析除铜，再加硫深度除铜；②加苛性钠除碲；③用氧化法或碱性精炼法除砷、锑、锡；④加锌回收银；⑤除锌；⑥加钙镁除铋；⑦最终精炼铸锭得到最后产品。火法精炼投资少，生产周期短，占用资金少，生产成本较低，特别适宜于处理含铋较低的粗铅，但是工序多，铅直收率较低，劳动条件较差。

电解精炼以纯铅板作为阴极始极片，以粗铅作为阳极板，以硅氟酸和硅氟酸铅的水溶液为电解液，在电流的作用下，铅自阳极溶解进入电解液，并在阴极放电析出，得到精铅，适用于粗铅初步火法精炼后的进一步精炼提纯。与火法精炼相比，电解精炼流程简单，中间产物少，铅的产品质量和回收率都比较高。阳极中的杂质（铋等大部分有价金属和贵金属）绝大部分进入阳极泥，有利于有价金属和贵金属综合回收。因此，电解精炼特别适合于处理含铋和贵金属较高的粗铅。主要缺点是基建投资较大、生产周期长，同时电解精炼前仍需采用火法初步精炼除铜等。

典型铅冶炼生产工艺流程及产排污节点见图 3-3。

铅精矿　熔剂

G ◄- - - 原料制备 ◄--------------------┐

熔炼炉 ──────► 烟气

炉渣　粗铅

余热回收 ──► 烟尘 ──┐

高压蒸汽利用　烟气

G ◄- - - 精炼

精铅　精炼渣

除尘器 ──► 烟尘 ──┘

制酸 ──► 污酸、污水

尾气　废水处理

G ——废气
W ——废水
S ——固体废物

脱硫　W、S

G、S

图 3-3　铅冶炼生产工艺流程及产排污节点

3.2.2.2　锌冶炼生产工艺及产排污节点

锌冶炼指以锌精矿、铅锌混合精矿等为原料，生产金属锌的过程，包括湿法和火法两种工艺。湿法炼锌由于资源综合利用好、单位能耗相对较低、对环境友好程度高，是锌冶金技术发展的主流。目前，湿法炼锌产量占世界锌总产量的比例超过 80%。

（1）湿法炼锌

湿法炼锌包括传统的湿法炼锌和全湿法炼锌两类。传统的湿法炼锌实际上是火法与湿法的联合流程，湿法工序前需要对精矿进行焙烧，使硫化锌变成易被稀硫酸溶解的氧化锌，氧化锌焙砂送湿法炼锌系统生产电锌。全湿法炼锌是在硫化锌精矿直接加压浸出的技术基础上形成的，于20世纪90年代开始应用于工业生产。该工艺省去了传统湿法炼锌工艺中的焙烧工序，锌精矿中的硫在浸出底流中富集、收回。

1）焙烧

硫化锌精矿在高温有氧存在的条件下进行流态化焙烧，精矿中的硫化锌被氧化成氧化锌，同时，精矿中的铅、镉、砷和锑等杂质氧化合物直接挥发而从精矿中分离，产出有足够浓度的二氧化硫烟气，以便制取硫酸。

2）浸出

浸出过程在整个湿法炼锌的生产过程中起着重要的作用。湿法炼锌浸出过程是以稀硫酸溶液（主要是锌电解过程产生的废电解液）作溶剂，将含锌原料中的有价金属溶解进入溶液的过程，原料中除锌外，一般还含有铁、铜、镉、钴、镍、砷、锑及稀有金属等元素。常见的浸出方法有常规浸出、热酸浸出（黄钾铁矾法、针铁矿法、喷淋除铁法、赤铁矿法）、氧压浸出、富氧常压浸出。

3）净化

净化的目的是将浸出液中的铜、镉、钴、镍等杂质除至电积过程的允许含量范围之内，确保电积过程的正常进行并生产出较高等级的锌片。同时，使原料中的有价伴生元素等得到富集，便于从净化渣中进一步回收有价金属成分。净化方法按其净化原理可分为加锌粉置换除杂质金属和加有机试剂形成难溶化合物除杂质金属。

4）电积

将已经净化好的硫酸锌溶液送入电解槽内，通以直流电，在阴极析出金属锌，在阳极则放出氧气，电积一定时间后，提出阴极板，剥下阴极板上的析出锌片送往熔铸工序。随着电积过程的不断进行，电解液含锌量逐渐减少，而硫酸含量则逐渐增多。为保证电积条件的稳定，必须不断地补充新液以维持电解液成分稳定不变。

5）熔铸

阴极锌熔铸过程是在熔化设备中将阴极锌片加热熔化成锌液，加入少量氯化铵，搅拌，扒出浮渣，锌液铸成锌锭。熔锌所用设备主要有反射炉及感应电炉两种，由于感应电炉不用燃料，炉内锌氧化少，锌直收率高，因而被广泛采用。

传统湿法炼锌生产工艺流程及产排污节点见图3-4。

图 3-4 传统湿法炼锌生产工艺流程及产排污节点

（2）火法炼锌

火法炼锌是在高温条件下，用碳做还原剂从氧化锌物料中还原提取金属锌的过程，有竖罐炼锌、密闭鼓风炉炼锌（ISP法）、电炉炼锌等不同技术。竖罐炼锌生产工艺落后，环境污染严重。工业和信息化部发布的《限期淘汰产生严重污染环境的工业固体废物的落后生产工艺设备名录》（2021 年公告 第 25 号），将其列为 2025 年 12 月 31 日前限期淘汰工艺。密闭鼓风炉炼锌（ISP 法）最适宜于处理难以选矿分离的铅锌共生精矿，能有效回收物料中伴生的金银等贵金属。韶关冶炼厂是世界上屈指可数的大型鼓风炉炼锌厂，总体技术处于世界同类企业的中等水准。电炉炼锌生产规模一般较小，我国已建成十几套，主要分布在河北、云南、甘肃、四川、贵州等省。

3.2.2.3 污染物排放状况分析

（1）废气

铅冶炼在精矿装卸、输送、配料和给料等过程中，会在贮矿仓、配料仓下料口、皮带输送转运处受料点产生粉尘。在精矿熔炼、铅渣还原、粗铅火法精炼、铸锭、鼓风炉渣烟化处理、各类中间产物（如铜浮渣）的处理等工序会产生冶炼烟气，主要污染物为颗粒物、二氧化硫、氮氧化物、铅、砷、镉、汞等重金属，冶炼烟气二氧化硫浓度较高，经除尘后进入制酸系统生产硫酸，制酸尾气经进一步脱硫后排放，其他二氧化硫浓度较低的烟气净化后排放。湿法工序中电解精炼电解液挥发产生氢氟酸等酸性气体。

锌冶炼湿法工艺中，在精矿装卸、输送、配料和给料等过程中，会在贮矿仓、配料仓下料口、皮带输送转运处受料点产生粉尘。锌精矿焙烧炉产生的冶炼烟气主要污染物是颗粒物、二氧化硫、氮氧化物、铅、砷、镉、汞等重金属。冶炼烟气二氧化硫浓度较高，经除尘后进入制酸系统生产硫酸，制酸尾气经进一步脱硫后排放，其他二氧化硫浓度较低的烟气净化后排放。锌焙砂在浸出、净化等工序会产生硫酸雾等酸性气体，锌熔铸时氯化铵分解会产生少量氨气。

锌冶炼火法工艺中，锌精矿在烧结、熔炼过程中产生的烟气进制酸系统生产硫酸，制酸尾气脱硫处理后排放。密闭鼓风炉产生的炉渣进入烟化炉处理，产生的烟气经处理后排放，鼓风炉、电炉还原出的粗锌进一步精馏得到精锌，精馏过程中会产生精馏废气。

（2）废水

铅锌冶炼过程中产生的废水按照水质可分为污酸、酸性废水、一般生产废水和初期雨水。污酸来自冶炼烟气制酸中的净化工段，冶炼烟气中的三氧化硫以及尘、砷、重金属等杂质进入制酸系统净化工序被洗涤去除，污酸一般单独处理。酸性废水包括制酸区地面冲洗水、电解精炼地面冲洗水、实验室排水和污酸处理后液；一般 pH 为 2～5，含有少量重金属离子。一般生产废水指受轻微污染，通过简单处理即可达标排放的废水，主要包括循环水排污水、锅炉排废水、化学水处理站排水。初期雨水含有重金属，一般进酸性废水处理站或单独处理。

（3）噪声

生产系统的主要噪声源为各类风机、制氧机、空压机、破碎机、振动筛等，产生的噪声属空气动力性噪声和机械性噪声，一般均大于 85 dB（A）。

（4）固体废物

铅冶炼产生的固体废物主要包括烟化炉渣、反射炉炉渣、污酸处理产生的含砷废渣、废水处理产生的污泥、烟气脱硫产生的脱硫石膏、制酸转化工序产生的废触媒等。烟化炉渣、反射炉炉渣、污酸处理产生的含砷废渣、酸性废水处理产生的污泥均明确为危险废物，应按危险废物管理要求进行处理处置。对于属性不明确的固体废物，应按相关要求及标准规范进行属性鉴别。

锌冶炼产生的固体废物主要包括鼓风炉炼锌锌蒸气冷凝分离产生的鼓风炉炉渣、锌精馏产生的精馏渣、浸出工序产生的浸出渣（包括常规浸出产生的浸出渣，热酸浸出产生的铅银渣、铁钒渣、针铁矿渣等）、净化工序产生的净化渣（包括铜镉渣、钴渣等）、熔铸工序产生的熔铸浮渣、污酸处理产生的含砷废渣、烟气净化产生的酸泥、烟气净化废水处理产生的污泥、烟气脱硫产生的脱硫石膏、制酸转化工序产生的废触媒等。鼓风炉炉渣、精馏渣、各类浸出渣（常规浸出渣、铅银渣、铁钒渣、针铁矿渣）、净化渣（包括铜镉渣、钴渣等）、熔铸浮渣、污酸处理产生的含砷废渣、烟气净化产生的酸泥、烟气净化废水处理产生的污泥均属于危险废物。

3.2.3　铜工业

3.2.3.1　生产工艺及产排污节点

铜冶炼是指以原生矿或铜精矿为主要原料生产金属铜的生产活动，生产工艺包括火法和湿法两种。火法工艺为目前的主流工艺，据统计，精铜产量的 85%由火法工艺从硫化铜精矿和再生铜中提取、回收得到。

（1）火法炼铜

火法炼铜是指高温条件下将铜精矿中脉石分离，脱除各种杂质元素提取金属铜的方法。火法炼铜工艺一般分为 3 段：第一段是造锍熔炼，由铜精矿炼成含铜30%～70%的铜锍（亦称冰铜）；第二段是铜锍吹炼，将铜锍冶炼成含铜 98.5%以上的粗铜；第三段是粗铜精炼，将粗铜精炼成为含铜 99.5%的阳极铜，再通过电解精炼生成含铜 99.99%的阴极铜。

熔炼工艺和熔炼设备是火法炼铜的核心。现代炼铜方法主要分为两大类，即闪速熔炼法和熔池熔炼法。闪速熔炼亦称悬浮熔炼，将干燥的精矿与空气或富氧空气一起喷入炉内，使硫化矿物在飘浮状态下进行氧化反应，可充分利用粉状物料的表面，加速完成初步造锍和造渣过程。此熔炼方法强度大，节能效果好，产出烟气二氧化硫浓度高，国内生产规模在 30 万 t/a 以上的企业一般采用此类工艺。熔池熔炼是将炉料直接加入鼓风翻腾的熔池中迅速完成气、液、固相间主要反应的熔炼方法，这种强化熔炼的冶金方法适用于有色金属原料熔化、硫化、氧化、还原、造锍和烟化等冶金过程。

火法炼铜典型生产工艺流程及产排污节点见图 3-5。

图 3-5　火法炼铜典型生产工艺流程及产排污节点

（2）湿法炼铜

湿法炼铜是在常温、常压或高压下用溶剂将铜从矿石中浸出，然后再用萃取-反萃-电积法将铜从浸出液中提取出来的生产工艺。目前世界上约有 15%的铜产量由湿法工艺制得。对于氧化铜矿和自然铜矿，大多数可用溶剂直接浸出，而硫化铜矿直接用溶剂浸出比较困难，一般先经焙烧后再浸出。

湿法炼铜典型生产工艺流程及产排污节点见图 3-6。

图 3-6　湿法炼铜生产工艺流程及产排污节点

3.2.3.2　污染物排放状况分析

（1）废气

铜冶炼废气主要来源于原辅料制备、焙烧、熔炼、电解工序。原辅料制备、储运过程中会产生含尘废气；铜矿焙烧、精矿熔炼闪速炉、熔池熔炼炉、铜锍吹炼炉、火法精炼炉产生烟气，精矿熔炼和铜锍吹炼产生的烟气中二氧化硫含量高，除尘后送至制酸工序，制酸尾气进一步脱硫净化后排放，主要污染物为颗粒物、二氧化硫、氮氧化物、重金属；粗铜精炼产生的烟气净化后排放；各炉窑进料口、出渣口、出铜口的逸散烟气通过环境集烟将无组织排放转变为有组织排放；湿法工艺部分如阳极铜电解、电积工序等电解液挥发会产生硫酸雾等酸性废气。

（2）废水

铜冶炼工业废水主要包括烟气净化产生的污酸及酸性废水、冲渣水、车间及厂区地面冲洗水、化学水处理站废水、循环冷却排污水等。污酸及酸性废水主要污染物为铅、砷、镉等重金属类。

（3）噪声

铜冶炼主要噪声源包括破碎机、引风机、送风机和循环冷却的冷却塔等，配套渣选矿的企业噪声源还包括球磨机或棒磨机等，各类噪声源声功率级较大，一般均大于 85 dB（A）。

（4）固体废物

铜冶炼生产过程中产生的固体废物主要为烟气处理集（除）尘装置收集的粉尘、烟气净化产生的酸泥（铅滤饼）、烟气脱硫产生的脱硫石膏、冶炼水淬渣、渣选矿尾矿、浸出渣、制酸系统铅渣、污酸处理产生的砷渣、污水处理产生的污泥。其中烟气处理集（除）尘装置收集的粉尘、烟气净化产生的酸泥（铅滤饼）、污酸处理过程产生的砷渣等均为危险废物，水淬渣、渣选矿尾矿为一般固体废物，其他固体废物属性如需鉴别的，应按相关标准规范进行鉴别，并按鉴别属性管理要求进行处理处置。

3.2.4　镍工业

3.2.4.1　生产工艺及产排污节点

镍冶炼工艺根据矿山成分，可分为硫化镍精矿冶炼和红土矿（氧化镍矿）冶炼两大类。硫化矿冶炼是利用硫化镍矿资源，采用火法冶炼—电解精炼工艺生产电解镍，这是目前我国最主流的电解镍生产方式；氧化镍矿冶炼主要包括火法冶炼和湿法冶炼两类方法。

（1）硫化镍精矿冶炼

硫化镍精矿由于含铜钴及贵金属，大部分用火法冶金工艺，基本流程为备料

（焙烧）、熔炼、吹炼、精炼（电解）。硫化镍精矿炼成低镍锍，再用转炉将低镍锍吹炼成高镍锍。处理高镍锍（铜镍分离）方法主要包括分层熔炼法、浮磨法、选择浸出法、羰基法。分层熔炼法和磨浮法分铜后的硫化镍进一步电解精炼获得电镍，浸出法分铜后的浸出液可电积或氢还原生产金属镍，羰基法则可直接产出还原镍粉。硫化镍精矿冶炼生产金属镍主要生产工艺流程及产排污节点见图 3-7。

图 3-7　硫化镍精矿冶炼工艺流程及产排污节点

（2）氧化镍矿冶炼

氧化镍矿有两种类型：一种是含镁高的硅酸盐镍矿，即以残积层矿或腐殖土为主的矿床下部硅、镁含量高，铁、钴含量低的矿石，这种类型的氧化镍矿适合火法工艺，主要工艺流程：焙烧预还原→电炉熔炼→精炼（或吹炼）；另一种是含铁高的褐铁矿型氧化镍矿，宜于湿法工艺冶炼。

3.2.4.2　污染物排放状况分析

（1）废气

镍冶炼废气有组织排放主要来源于原辅料制备、熔炼、精炼、浸出、萃取、电解、电积等工序。对于硫化镍矿，精矿熔炼、低镍锍吹炼、渣贫化工序产生的烟气制酸后废气进一步脱硫净化后排放；原辅料制备、硫化镍熔铸产生的烟气净化后排放；电解、浸出、电积工序会产生硫酸雾和氯气。对于氧化镍矿火法工艺，焙烧、电炉熔炼、钢包精炼工序产生的烟气经净化处理后排放。对于氧化镍矿湿法工艺，主要污染来源于浸出、萃取、电积工序挥发产生的硫酸雾。

（2）废水

硫化镍矿冶炼产生的废水主要包括烟气制酸工段产生的污酸及酸性污水、冷却循环水的排污水、化学水处理车间排出的酸碱废水、余热锅炉排污水、电解车间排水、初期雨水等。氧化镍矿湿法冶炼产生的废水主要为高压酸浸尾气洗涤酸性废水、浸出渣洗涤后挟带的废水、浸出液经镍钴沉淀后排放的酸性废液，萃取、电积过程产生的排水，工业冷却循环水的排污水、化学水处理站排放的浓盐水等。

（3）噪声

镍冶炼主要噪声源包括熔炼炉、吹炼炉、余热锅炉、鼓风机、空压机、氧压机、各种泵类等。在采取控制措施前，锅炉安全阀排气装置间歇噪声达到 120 dB（A），其他噪声源强通常为 85～110 dB（A）。

（4）固体废物

镍冶炼排放的固体废物主要包括冶炼水碎渣、污水处理污泥、脱硫副产物、湿法炼镍浸出渣、沉铁铝渣等。水碎渣为一般固体废物，其他各种固体废物的属性根据管理要求如需鉴别，须按相关标准规范进行属性鉴别，并按鉴别属性进行处理处置。

3.2.5　钴工业

3.2.5.1　生产工艺及产排污节点

钴矿物的赋存状态复杂，自然界中的钴矿很少单独存在，主要伴生于镍矿、铜矿、黄铁矿和砷矿床中且含量少，提取工艺相对复杂。钴的制备一般先用火法将钴富集或转化为可溶状态，再用湿法工艺提取钴，再用化学沉淀或萃取工艺进一步富集和提纯，得到金属钴或钴化合物。

钴的冶炼工艺，根据其原料类型、所需的最终产品、技术和经济条件来选择，主要包括从铜钴矿中提取钴、从钴硫精矿中提取钴、从镍冶炼钴渣中回收钴、从锌冶炼钴渣中回收钴等不同生产工艺。

（1）从铜钴矿中提取钴

铜钴原矿（或铜钴合金）经两段浸出、两段萃取工艺分离铜，含钴溶液再经过净化、萃取、沉淀或电积工艺生产钴盐制品或电钴。从铜钴矿中提取钴生产工艺流程及产排污节点见图 3-8。

（2）从钴硫精矿中提取钴

钴硫精矿（含钴黄铁矿）提钴的工艺流程：硫精矿焙烧脱去硫元素，焙砂用硫酸浸出各种金属，浸出液净化除去铁、铝等金属，净化后液通过溶剂萃取进一步除去杂质并使镍钴分离，最后采用沉钴工艺生产钴盐制品或通过电积工艺生产电钴。

图 3-8 从铜钴矿中提取钴生产工艺流程及产排污节点

（3）从镍冶炼钴渣中回收钴

镍电解精炼过程中阳极液净化产出的钴渣是重要的提钴原料。钴渣经还原硫酸浸出使钴呈硫酸钴进入溶液，溶液用黄钠铁矾法除铁，萃取法除去铜、锌、锰等杂质，镍钴分离获得纯净的氯化钴溶液，由此可生产氧化钴产品，或经电积获取金属钴产品。

（4）从锌冶炼钴渣中回收钴

锌冶炼得到的富钴渣为有机盐，回收钴过程中先通过焙烧分解有机物，焙砂经浸出、除铁、萃取提纯，生产钴盐产品。

3.2.5.2　污染物排放状况分析

（1）废气

钴精矿、钴渣熔炼、焙烧产生含尘烟气；钴硫精矿焙烧产生含尘、二氧化硫烟气；浸出槽浸出液挥发产生硫酸雾；除铁槽有少量酸雾、氯气逸出；萃取槽有有机物气体、酸雾逸出；氯化钴电积阳极室产生大量酸雾和氯气；草酸钴煅烧产生二氧化碳及粉尘。

（2）废水

钴冶炼生产废水包括萃取剂、皂化剂皂化产生的含钠废水，萃取除杂工段反萃、沉钴工序产生的含重金属废水，生产车间产生的地面冲洗水，设备循环冷却排污水、初期雨水等。

（3）噪声

钴冶炼噪声源主要包括球磨机、各类风机、水泵等。

（4）固体废物

钴冶炼产生的固体废物包括浸出渣、铁矾渣、电炉熔炼渣、烟气脱硫副产物、污水处理污泥等。电炉熔炼渣为一般固体废物，其他各种固体废物的属性根据管理要求如需鉴别，须按相关标准规范进行属性鉴别，并按鉴别属性进行处理。

3.2.6 镁工业

3.2.6.1 生产工艺及产排污节点

镁冶炼方法包括热还原法和氯化熔盐电解法两种。热还原法指用还原剂对从碳酸盐矿石中经煅烧产生的氧化镁进行热还原得到金属镁，根据使用的还原剂不同分为硅热法和碳热还原法，硅热法在我国工业生产中应用比较广泛，其中应用最多的是皮江法工艺。氯化熔盐电解法指从尖晶石、卤水或海水中将含氯化镁的溶液经脱水或熔融氯化镁熔体，之后进行电解得到金属镁。电解法炼镁的原理是在高温条件下电解熔融的无水氯化镁，使之分解成金属镁和氯气。该工艺生产成本高、排放有毒有害物质、环境风险大，我国已基本不采用。

皮江法以白云石为原料、硅铁为还原剂、萤石为催化剂，进行镁冶炼的生产工艺。主要工艺流程为：白云石在回转窑中煅烧产生煅白（$MgO \cdot CaO$），煅白与硅铁、萤石按比例配比后压成球团送往还原炉，在还原炉内氧化镁被硅铁还原剂还原成镁蒸气，镁蒸气在结晶器内冷凝成固态结晶镁环，送精炼车间。结晶镁的精炼在用煤气加热的蓄热式坩埚炉中进行，精镁采用连续铸造机浇铸成锭。

皮江法生产工艺及产排污节点见图3-9。

3.2.6.2 污染物排放状况分析

（1）废气

镁冶炼产生废气包括原辅料制备过程含尘废气，白云石煅烧、氧化镁还原、粗镁精炼、铸锭时产生的高温含尘烟气，主要污染物为颗粒物、二氧化硫、氮氧化物等，以及电解法炼镁的氯化炉和镁电解槽排放的含氯气和氯化氢废气。

（2）废水

镁冶炼生产废水主要包括炉窑烟气湿法脱硫废水、循环水，如有镁锭表面、镀膜处理还会有酸洗废水、含铬废水产生。

白云石

```
        ┌──────┐ ┄┄┄> G
        │ 煅烧 │
        └──────┘
                      硅铁
                        │
┌────────┐  ┄┄> G        ▼
│        │        ┌──────┐
萤石 ──> │ 制团 │ <── │ 粉磨 │
        └──────┘    └──────┘
            │           ┄┄> G、S
            ▼
        ┌──────┐
        │ 还原 │ ┄┄> G、S
        └──────┘
精炼剂      │
    │      ▼
    └──> ┌──────┐
        │ 精炼 │ ┄┄> G、S
        └──────┘
            │
            ▼
        ┌──────┐
        │ 浇铸 │ ┄┄> G
        └──────┘
            │        G——废气
            ▼        S——固体废物
          镁锭
```

图 3-9　皮江法生产工艺及产排污节点

（3）噪声

主要噪声设备有破碎机、球磨机、压球机、风机、空压机等，声值在 85～100 dB（A）。

（4）固体废物

镁冶炼产生的主要固体废物为还原车间还原渣、精炼渣，为一般工业固体废物，通常外售处理。

3.2.7　钛工业

3.2.7.1　生产工艺及产排污节点

自然界中钛主要以氧化物形态存在于金红石（TiO_2）和钛铁矿（$FeTiO_3$）矿石中，金属钛通常以"高钛渣"以及四氯化钛等为原料，通过金属热还原法制备，通常呈海绵状，故名"海绵钛"，高钛渣制备以钛精矿（钛铁矿）与还原剂（无烟煤、兰炭、石油焦等）按比例加入钛渣熔炼电炉中，经高温还原熔炼、破碎、磁选、筛分得到。海绵钛金属热还原法工艺以镁还原真空蒸馏法为主流工艺，基本工艺过程包括氯化精制、镁电解、还原蒸馏和精整处理4道基本工序。

（1）氯化精制

钛精矿等富钛料、石油焦、氯气在氯化炉进行沸腾氯化反应，生成粗四氯化钛，粗四氯化钛液体通过精制系统除去杂质后与植物油加入一级精制蒸馏塔中，通过对精制塔温度与压力的控制，以及对植物油加入量的控制，使粗四氯化钛中杂质与植物油发生化学反应后絮凝沉淀，实现与四氯化钛的分离，得到精制四氯化钛。

（2）镁电解

高温条件下电解熔融的无水氯化镁，使之分解成金属镁和氯气。来自还原蒸馏车间的高温液态氯化镁被送至镁电解槽中，液态氯化镁被电解为液态金属镁和氯气，分别在槽内的阴极和阳极表面上生成汇集，镁被送至还原蒸馏车间作为生产海绵钛的还原剂，氯气则送至氯化工序作为四氯化钛的制备原料。

（3）还原蒸馏

从精制四氯化钛中制取金属钛，可分为还原和蒸馏两个步骤。来自氯化工段的四氯化钛与来自镁电解工序的液态镁在反应器内进行还原反应，生成海绵状的金属钛和副产品氯化镁。用真空蒸馏除去海绵钛中的氯化镁和过剩的镁，从而获得纯钛。

（4）精整处理

来自还原蒸馏工序的海绵钛在精整车间进行精整、切割、分选、包装。

海绵钛的生产工艺流程及产排污节点见图3-10。

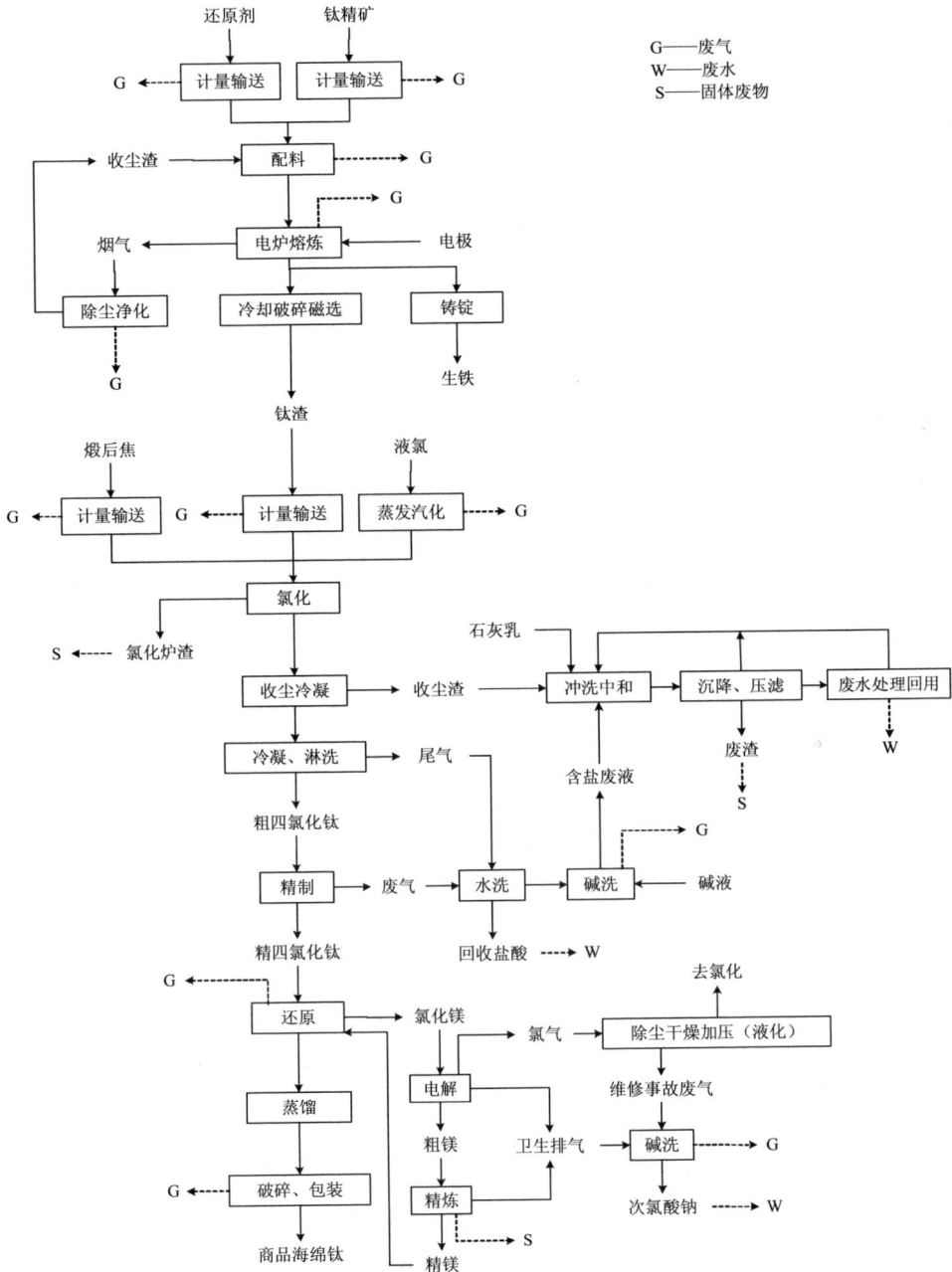

图 3-10　海绵钛的生产工艺流程及产排污节点

3.2.7.2 污染物排放状况分析

（1）废气

原料制备、高钛渣制备、钛渣破碎、氯化精制、镁电解、还原蒸馏以及产品精整工序皆有大气污染物产生。原料制备、高钛渣制备、钛渣破碎、产品精整会产生含尘废气，氯化与精制生产过程中排出的尾气含有一定量的微量粉尘、低沸点氯化物（$SiCl_4$、HCl、$COCl_2$ 等）和氯气。电解氯气液化后经气液分离器分离后的不凝气进入尾气，还原过程中定期从反应器内排出的废气和初始蒸馏阶段抽出的废气含有少量的粉尘和氯化氢。

（2）废水

钛冶炼生产过程中产生的污水主要为氯化炉尾气洗涤、四氯化钛精制尾气洗涤、还原蒸馏车间设备清洗、氯化炉冲渣等过程产生的酸性废水。

（3）噪声

主要噪声设备有破碎机、球磨机、压球机、风机、空压机等，声值在 85～100 dB（A）。

（4）固体废物

海绵钛生产过程产生的固体废物主要包括氯化渣、除钒渣、收尘渣、镁电解升华渣、精炼渣等。

3.2.8 锡工业

3.2.8.1 生产工艺及产排污节点

锡冶炼指以锡精矿、锡中矿等为主要原料生产粗锡、精锡和焊锡的生产活动，主要生产单元包括炼前处理、还原熔炼、挥发熔炼和精炼四部分。

（1）炼前处理

锡精矿在进入还原熔炼工序之前，一般采用回转窑、沸腾炉等生产装置焙烧除去杂质硫、砷等，进一步提高入炉品位，同时回收铋、钨等有价金属，高品位锡精矿也可不经炼前处理。

（2）还原熔炼

锡精矿中锡主要以氧化物的形态存在，氧化锡在还原炉中被还原剂（主要是无烟煤和焦炭）还原成粗锡，粗锡进入精炼工序进一步除杂精炼，精矿中铁的高价氧化物三氧化二铁被还原成氧化亚铁，与精矿中的脉石成分及配入的熔剂等生成以硅酸铁为主体的炉渣，炉渣中通常含有较高含量的锡，称为含锡富渣。

（3）挥发熔炼

含锡富渣在烟化炉中进行挥发熔炼进一步回收锡，产出贫锡渣和硬头（锡铁合金）。

（4）精炼

精炼主要是对粗锡进一步除杂的过程，主要除去铁、铜、砷、锑、铅等杂质，有火法精炼和电解精炼两种不同工艺。电解精炼因生产周期长、耗电量大，应用不广泛，世界上约90%的精锡产量采用火法工艺。

锡冶炼通常根据入炉锡矿品位，可选择不同的生产单元组成不同的生产工艺。高品位锡精矿一般采取两段熔炼工艺，锡精矿先在较低温度和弱还原条件下进行一次还原熔炼，得到较纯的粗锡和含锡较高的富渣，粗锡进一步精炼得到精锡，富渣在较高温度和强还原条件下进行二次还原熔炼，产出硬头返回一次熔炼。

中等品位精矿一般采用还原熔炼—烟化挥发工艺，同两段熔炼工艺不同的是富渣采用烟化炉硫化挥发代替两段熔炼中的二次还原熔炼，烟化挥发产出的不是硬头，而是含锡较高的挥发烟尘，烟尘返回还原熔炼。

低品位锡精矿一般采用烟化富集—还原熔炼工艺，锡矿首先经过烟化炉挥发熔炼，烟化富集能使低锡矿料中的锡和多种有价元素富集于挥发烟尘中，再经过还原熔炼、精炼得到精锡及有价伴生金属。

锡冶炼典型生产工艺流程及产排污节点见图3-11。

G——废气
W——废水
S——固体废物

图 3-11 锡冶炼生产工艺流程及产排污节点

3.2.8.2 污染物排放状况分析

（1）废气

锡冶炼过程中的废气污染物主要为矿石粉碎、粉煤制备、熔剂配料等原辅料制备过程及转运过程中产生的粉尘；炼前处理、还原熔炼、挥发熔炼、火法精炼等产生的含烟尘、二氧化硫烟气；电解精炼产生的酸雾。

（2）废水

锡冶炼过程中产生的废水主要包括熔炼单元高浓度二氧化硫制酸尾气经净化产生的酸性废水、烟气脱硫废水、车间及厂区地面冲洗水、冲渣水、设备冷却水等生产性废水以及初期雨水、生活污水。

（3）噪声

噪声源主要包括冶炼炉窑自鼓风机、空气压缩机、制氧站鼓风机、各种泵类等设备。

（4）固体废物

固体废物主要为炼前工序产生的高砷烟尘、烟化炉水淬渣、污水处理产生的砷污泥渣等，其中数量最大的是烟化炉水淬渣。

3.2.9　锑工业

3.2.9.1　生产工艺及产排污节点

锑冶炼指以锑精矿为主要原料生产锑金属及以锑金属为原料生产氧化锑的生产活动。锑冶炼工艺包括火法和湿法两种，我国 95%以上的锑冶炼采用火法工艺，最具代表性的是硫化锑精矿和脆硫锑铅矿的火法冶炼。

（1）硫化锑精矿火法冶炼

在我国主要产锑地区，以硫化锑精矿（或硫氧混合矿）为原料的锑冶炼主要采用火法工艺，锑精矿先经挥发熔炼，锑在烟尘中得以富集，得到锑氧（含 Sb_2O_3 80%左右），锑氧再经还原熔炼、精炼后产出金属锑产品或锑白原料。

（2）脆硫锑铅矿火法冶炼

广西河池地区处理脆硫锑铅精矿的主要方法仍然是火法工艺，即沸腾炉焙烧脱硫—鼓风炉还原熔炼—反射炉氧化吹炼再还原熔炼工艺。脆硫锑铅精矿经沸腾炉焙烧脱硫，焙砂配料二次烧结，而后经鼓风炉还原熔炼，产出铅锑合金；铅锑合金经反射炉氧化吹炼，得到锑氧粉和底铅，使铅锑分离；锑氧粉再经反射炉还原、精炼生产精锑；底铅经氟硅酸铅电解生产电铅，银被富集在阳极泥回收。

硫化锑矿火法冶炼生产工艺流程及产排污节点见图 3-12。

硫化锑精矿

G ◄---- 制粒 ----► G、W

锑块矿 ----► 鼓风炉挥发熔炼

炉渣　　　烟气　　　锑锍

水淬　　　冷凝收尘 ----► 吸收脱硫

S　　　粗锑氧　　　G、W

G

反射炉还原熔炼及精炼

次锑氧　烟气　　精锑　　砷碱渣　　泡渣

冷却收尘　锑白原料　　　商品精锑

G

锑白炉氧化挥发 ----► G、S

冷凝收尘后处理 ----► G

G——废气
W——废水
S——固体废物

锑白

图 3-12　硫化锑矿火法冶炼生产工艺流程及产排污节点

3.2.9.2　污染物排放状况分析

（1）废气

锑冶炼过程中的废气污染物主要为矿石粉碎、粉煤制备、熔剂配料等原辅料制备过程及转运产生的含尘废气；各熔炼、精炼、贵金属炼制等工序产生的烟气，主要污染物为颗粒物、二氧化硫、氮氧化物、重金属等；锑白炉产生含尘烟气；

电解精炼产生的酸雾。

（2）废水

锑冶炼过程中产生的废水主要包括熔炼单元脱硫废水、车间及厂区地面冲洗水、冲渣水、设备冷却水等生产性废水以及初期雨水及生活污水。

（3）噪声

锑冶炼噪声来源主要包括冶炼炉窑自鼓风机、空气压缩机、制氧站鼓风机、各种泵类等设备运转。

（4）固体废物

固体废物主要为挥发熔炼产生的炉渣，还原熔炼、精炼产生的碱砷渣，脱硫副产物，污水处理产生的污泥等。

3.2.10　汞工业

3.2.10.1　主要生产工艺及产排污节点

汞冶炼是指以含汞矿物为主要原料生产汞金属的生产活动。汞冶炼生产工艺较为简单，将汞精矿在流动的空气中加热蒸馏，矿物中的汞经过还原得到汞蒸气，对其蒸气进行冷凝收集，得到汞金属。主要生产设备包括蒸馏釜、马弗炉、打汞机、锅炉等。汞冶炼生产工艺流程及产排污节点见图 3-13。

3.2.10.2　污染物排放状况分析

（1）废气

汞冶炼废气主要来源于蒸馏炉、马弗炉加热产生的烟气，主要污染物是颗粒物、二氧化硫、氮氧化物、重金属等。

（2）废水

汞冶炼废水主要来源于汞蒸气的冷凝水、冲渣水、烟气脱硫废水、汞氩水封水、初期雨水和生活污水。

汞精矿　　　石灰

G——废气
W——废水
S——固体废物

马弗炉蒸馏

渣　　　　　汞蒸气　　　　G

S

冷凝　→　废水　----→　W

汞㲽　　　汞　　　尾气

汞㲽处理　　　　　　G

W、S

图 3-13　汞冶炼生产工艺流程及产排污节点

（3）噪声

汞冶炼设备噪声主要来自破碎机、冶炼炉窑自鼓风机、空气压缩机、各种泵类等设备运转。

（4）固体废物

汞冶炼产生的固体废物主要为蒸馏过程产生的汞㲽处理后的废渣、烟气脱硫副产物、污水处理产生的污泥等。

3.3　污染治理技术

有色金属工业鼓励从源头治理、精细管理的模式，发展"专、精、特、新"的集约化规模企业，采用先进高效的生产工艺和设备等清洁生产与末端治理相结合、综合利用与无害化处置相结合的原则，通过废水分类收集、分质处理，采用先进、成熟的污染防治技术减少废气、废水污染物排放，提高废物综合利用水平等措施进行污染防治和治理。

3.3.1　废气污染治理技术

3.3.1.1　废气有组织排放污染治理技术

有色金属冶炼废气污染物主要包括原辅料制备、储运工序产生的颗粒物，冶炼工序（熔炼、焙烧、烧结、精炼、渣处理等）及环境集烟产生的烟尘、二氧化硫、氮氧化物、重金属等，配套锅炉、熔炉燃料燃烧产生的烟尘、二氧化硫、氮氧化物等。如有湿法工艺的，如电解、电积、萃取工艺等，还会有电解液、萃取液、电积液等挥发产生的酸雾及其他特征污染物。

（1）颗粒物污染治理技术

颗粒物及铅、砷、镉、铬、锑、铊等重金属固态污染物，一般采用袋式除尘、静电除尘、旋风除尘、湿法除尘、电袋复合除尘等工艺。烟气中汞通常采用冷凝+多级吸收或吸附的方法进行处理。

袋式除尘技术是利用纤维织物的过滤作用对含尘气体进行净化。该技术除尘效率高，可达 99.5%以上，适用范围广，不受颗粒物理化性质影响，但对烟气温度、湿度、腐蚀性等要求较高，系统阻力大，维护费用高。

电除尘技术是含尘气体在通过高压电场电离使粉尘荷电，在电场力的作用下粉尘沉积于电极上，从而使粉尘从含尘气体中分离出来的一种除尘技术。电除尘技术除尘效率高，可达99.0%～99.8%，可应用于高温、高压环境，系统阻力小，处理烟气量大，自动化程度高，运行维护费用低于袋式除尘器，但一次性投资大。

旋风除尘是利用离心力的作用，使烟气在重力和离心力的共同作用下从烟气中分离而加以捕集。旋风除尘设备构造简单，投资成本低，可用于高温、含尘量高的烟气，但除尘效率较低，一般用于烟气预处理。

湿法除尘利用液滴或液膜黏附烟尘净化烟气，包括动力波除尘、水膜除尘、文丘里除尘、冲击式除尘等。湿法除尘操作简单、运行稳定、维护费用低，可适用于烟气量变化较大的工况，如制酸系统尾气处理。

电袋复合式除尘器技术将电除尘器与袋式除尘器相结合，电除尘器与袋式除尘器的优点互相补充，解决了布袋除尘器尺寸大、静电除尘器受粉尘比电阻制约的问题，除尘效率可以达到99.99%。

（2）二氧化硫污染治理技术

有色金属冶炼矿物中硫含量决定了烟气中二氧化硫含量，通常情况下矿物中含硫量较高的烟气中的二氧化硫需先制硫酸，制酸尾气烟气再进一步净化，如铅、锌、铜、镍等行业，既可有效回收二氧化硫，获得硫酸副产品，提高了企业经济效益，又可有效降低烟气中二氧化硫含量，便于常规烟气脱硫技术实施。

有色金属冶炼烟气制酸工艺包括湿法硫酸技术、单接触+尾气脱硫技术、双接触技术等，一般二氧化硫转化率不低于99%，可有效回收烟气中的大部分二氧化硫。湿法硫酸技术是烟气经湿法净化后不经干燥直接进行催化氧化，再经水合、冷却，生成液态浓硫酸，该技术适于处于低浓度二氧化硫烟气（1.75%～3.5%），冷凝后尾气二氧化硫浓度≤300 mg/m³。单接触技术是指二氧化硫只经过一次转化和一次吸收制酸，二氧化硫转化率相对较低，需要配置尾气脱硫装置，与单接触技术联合使用，适用于烟气中二氧化硫浓度为 3.5%～6%的烟气制酸。双接触技术是二氧化硫先经一次转化，转化生成的三氧化硫在吸收塔被吸收生成硫酸，未转化的二氧化硫再次返回转化器进行二次转化，根据烟气条件可选择多次转化，通常采用四段转化，二氧化硫转化率不低于 99.5%。该技术适用于二氧化硫含量为 5%～14%的烟气制酸。

低浓度二氧化硫脱除技术有多种，包括氨法脱硫、石灰石-石膏湿法脱硫、钠碱法、有机溶液循环吸收、金属氧化物吸收法、活性焦吸附法等处理技术，不同行业根据烟气中二氧化硫含量、烟气特性等不同采取不同的处理工艺。

氨法脱硫利用氨水、氨液作为吸收剂吸收去除烟气中的二氧化硫。氨法脱硫技术脱硫效率大于 95%，工艺简单，占地面积小，在脱除二氧化硫的同时具有部分脱硝功能，但氨法脱硫存在氨逃逸问题，同时有含氯离子酸性废水排放，造成二次污染。

石灰石-石膏法脱硫技术用石灰石或石灰石母液为脱硫剂，副产物为脱硫石膏。该技术脱硫效率大于 95%，适用性较强，在满足低浓度二氧化硫治理的同时，还可以部分去除烟气中的三氧化硫、重金属离子、氟离子、氯离子等；但该技术占地大、吸收剂运输量较大、运输成本较高、副产物脱硫石膏处置困难。

钠碱法脱硫技术是采用碳酸钠或氢氧化钠作为吸收剂，吸收烟气中二氧化硫，得到亚硫酸钠作为产品出售。该技术工艺流程简单，占地面积小，脱硫效率高，吸收剂消耗量少，副产物有一定的回收价值，但运行成本较高。

金属氧化物吸收脱硫技术利用部分金属氧化物（如氧化镁、氧化锌、氧化锰等）对二氧化硫具有较好吸收能力的原理，将氧化物制成浆液洗涤气体，对含二氧化硫废气进行吸收处理。该工艺脱硫效率大于 90%，运行成本较低，脱硫副产物可与冶炼工艺相结合，但存在管道及阀门堵塞问题，影响系统稳定运行，国内已有工业装置的氧化锌、氧化镁和氧化锰法。

有机溶液循环吸收脱硫技术采用离子液体或有机胺类物质，吸收尾气中二氧化硫。该吸收剂对二氧化硫气体具有良好的吸收和解析能力，在低温下吸收二氧化硫，高温下将吸收剂中二氧化硫解析出来，从而脱除和回收烟气中二氧化硫，可得到纯度为 99% 以上的二氧化硫气体送制酸工艺。该技术一次性投资大，再生蒸气能耗较高，运行维护成本低，适用于烟气二氧化硫浓度较高、波动较大，副产物二氧化硫可回收利用的冶炼企业。

活性焦吸附脱硫技术是活性焦通过物理吸附和化学吸附作用吸附二氧化硫。该技术脱硫效率大于 95%，工艺流程简单，且兼具除尘、脱硝、除汞等功能。活性焦廉价易得，再生过程中副反应少，但吸附容量有限，需要在低气速（0.3～1.2 m/s）下运行，因而吸附体积较大。

（3）氮氧化物污染治理技术

有色金属冶炼烟气中氮氧化物治理工作处于起步阶段，相关标准和规范仍在不断更新和完善。2010 年制定的《铝工业污染物排放标准》（GB 25465—2010）、《铅锌工业污染物排放标准》（GB 25466—2010）、《铜镍钴工业污染物排放标准》（GB 25467—2010）、《镁钛工业污染物排放标准》（GB 25468—2010）及修改单对空气质量敏感区域规定了 100 mg/m³ 的特别排放限值，2014 年制定的《锡、锑、汞工业污染物排放标准》（GB 30770—2014）对全行业氮氧化物提出了 200 mg/m³ 的控制要求，空气质量敏感区域执行 100 mg/m³ 的特别排放限值。2019 年，生态环境部、国家发展和改革委员会、工业和信息化部、财政部出台的《工业炉窑大气污染综合治理方案》，要求已有行业排放标准的工业炉窑，严格执行排放标准规定，配套建设高效脱硫脱硝除尘设施，确保稳定达标排放，重点区域执行大气污染物特别排放限值。可见国家对有色金属冶炼行业氮氧化物排放已逐渐加强管控，有色金属冶炼行业冶炼烟气氮氧化物的治理要求也越来越严格。

有色金属冶炼烟气氮氧化物排放主要包括 3 种类型：制酸尾气、工业炉窑烟气、贵金属车间烟气。对于有排放限值要求的，制酸尾气和炉窑烟气氮氧化物一般采用选择性催化还原法（SCR 法）、选择性非催化还原（SNCR 法）等方法处理，贵金属车间烟气氮氧化物一般采用碱吸收法、干法吸收等处理工艺。

（4）重金属污染治理技术

重金属是有色金属冶炼业排放量较大的特征污染物。矿物及辅料中的重金属元素通过高温燃烧进入烟气，除尘、脱硫等常规烟气净化设施通常可以起到对重金属污染物的协同治理效果。如布袋、静电除尘设备在捕集颗粒物的同时可以脱除吸附在烟尘中的重金属，湿法除尘（如动力波洗涤）可以将部分重金属洗涤下来进入污酸废液中。对于有制酸工序的行业来说，烟气中重金属含量过高会导致催化剂中毒失去活性，从而影响制酸转化率，通常需要在制酸前对烟气进行除尘、重金属脱除，制酸尾气再次经过湿法脱硫等烟气净化设施进一步脱除重金属。汞冶炼炉窑产生的汞含量较高，一般采用硫酸软锰矿净化法、漂白粉净化法、多硫化钠净化法、碘络合法、酸洗脱汞法等处理技术。

（5）氟化物治理技术

铝电解烟气中氟化物含量较高，一般采用氧化铝干法技术治理，该方法利用氧化铝对氟化氢的吸附性能，在烟道中加入氧化铝，氧化铝与烟气充分混合，发生吸附反应，吸附烟气中的氟化物等污染物，反应后的载氟氧化铝与颗粒物等固体物和烟气一道进入布袋除尘器进行气固分离，达到同时去除氟化氢和颗粒物的目的。载氟氧化铝经布袋收尘器收集下来，一部分做循环吸附剂，另一部分从除尘器下部沸腾床溢流到风动溜槽，并经风动溜槽送至气力提升机提升到载氟氧化铝贮槽，由超浓相输送系统送到电解槽供电解生产使用。铝电解烟气的二氧化硫浓度较高，目前绝大部分铝电解企业在氧化铝吸附干法净化设施之后串联了烟气脱硫系统，进一步减少氟化物、二氧化硫排放量。

（6）酸雾

铅、锌、铜、镍等冶炼行业烟气制酸后会有部分酸雾随制酸尾气排出，锌、铜、镍、钴等行业电解、电积及电解液净化等工序也会产生一部分酸雾，酸雾可采用电除雾器、酸雾净化塔等处理方式去除，净化塔吸收液一般为氢氧化钠溶液，净化效率可达到90%。

（7）其他特征污染物治理技术

钛冶炼四氯化钛制备尾气中的氯气和氯化氢主要通过为水洗和碱液洗涤塔，碱液采用石灰乳或氢氧化钠；一般采用两级水洗回收盐酸和两级以上的碱洗，废气中的氯气排放浓度低于 60 mg/m^3，氯化氢浓度低于 80 mg/m^3。

3.3.1.2 废气无组织排放污染治理技术

有色金属冶炼无组织废气主要来源于厂区内物料储存、转运及冶炼工序各炉窑进出料、出渣等过程烟气逸散。随着生态环境管理要求逐渐加严，废气无组织排放管控要求也越来越严格，企业均采取措施加强无组织排放控制。厂区物料堆存一般采取封闭式堆场或设置防风抑尘网等措施防止物料飘散，物料输送采取封闭皮带廊道等方式，输送机受料点及卸料点均采取抑尘措施，或设置密闭罩，并配备除尘设施。各类炉窑炉口、渣口等处散发的烟气设置环保烟罩和吸风点，收集到环境集烟系统，减少无组织排放，但部分企业物料、熔炼渣贮存、运输皮带尚未做到安全封闭，加之运输过程中遗撒，无组织排放还需加强管控。

3.3.2　废水污染治理技术

有色金属冶炼生产废水包括制酸工序产生的污酸、制酸尾气净化产生的酸性废水、一般性生产废水和初期雨水，一般性生产废水主要包括冲渣水、化学水处理站废水、循环冷却排污水。污酸、酸性废水主要污染物为铅、砷、镉、汞等重金属，一般性生产废水、初期雨水主要污染物为 COD_{Cr}、SS、pH 等，循环冷却排污水一般污染程度较低，主要污染物为盐类。

3.3.2.1　污酸

污酸中含有较高浓度的砷、铅、镉、汞等重金属，需先进行处理去除高浓度重金属后，才能与其他酸性废水混合，并进一步净化处理。污酸处理一般采用硫化法+石灰石/石灰中和法、石灰+铁盐法。

硫化法+石灰石/石灰中和法污酸处理技术是向污酸中投加硫化剂，使污酸中的重金属离子与硫反应生成难溶的金属硫化物沉淀去除。硫化反应后向废水中投加石灰石或石灰，中和硫酸，生成硫酸钙沉淀去除，出水与酸性废水一步合并处理。硫化法+石灰石/石灰中和法具有渣量少、易脱水、沉渣金属品位高的特点，有利于有价金属的回收，见图3-14。

石灰+铁盐法污酸处理技术是向污酸中加入石灰乳进行中和反应，经固液分离、污泥脱水后产生石膏，进一步向废水中加入双氧水、液碱及铁盐，发生氧化沉砷反应，经固液分离、污泥脱水后产生砷渣，适用于含砷离子浓度较高废水的处理。

图 3-14　硫化法+石灰石/石灰中和法污酸处理工艺流程图

图 3-15　石灰+铁盐法污酸处理工艺流程

3.3.2.2　酸性废水

酸性废水一般采用石灰中和法、石灰+铁盐（铝盐）法、高密度泥浆法（HDS法）、硫化法等处理工艺，处理后出水回用，回用水质有特殊要求的，一般还在后续采用膜法处理技术进一步深度处理。

石灰中和法是向废水中投加石灰乳，使重金属离子与氢氧根反应，生成难溶的金属氢氧化物沉淀，并进行分离。对于含有多种重金属离子的废水，可以采用一次中和沉淀，也可以采用分段中和沉淀的方法。该技术流程短，操作管理简单，处理成本低廉，便于回收有价金属。

石灰-铁盐（铝盐）法是向废水中加石灰乳，并投加铁盐。如废水中含有氟时，需投加铝盐，去除污水中的砷、铜、铁等重金属离子。该技术除砷效果好，工艺流程简单，操作方便，可去除钒、铬、锰、铁、钴、镍等多种金属，但砷渣过滤困难。

高密度泥浆法（HDS法）是在石灰中和法的基础上，通过将污泥不断循环回流，改进沉淀物形态和沉淀污泥量，提高污泥的含固率。与石灰中和法相比，该技术可将水处理能力提高1～3倍，降低药剂投加量，节省运行费用。

硫化法是向水中投加碱性物质，形成一定的碱性条件，再投加硫化剂，使金属离子与硫化剂反应生成难溶的金属硫化物沉淀而去除。该技术可用于去除水中重金属，去除率高、沉渣量少，便于回收有价金属，但硫化剂费用高，反应过程中会产生硫化氢气体，易对人体造成危害。

3.3.2.3 一般性生产废水及生活污水

一般性生产废水根据排放去向或回用用途不同采取不同的处理工艺，一般包括一级处理（过滤、沉淀、冷却）、二级处理（生物接触氧化工艺、活性污泥法、A/O、A^2/O、其他）、深度处理（超滤/纳滤、反渗透、吸附过滤、其他）。净化+膜法废水深度处理技术是为提高水的重复利用率，对一般生产废水进行深度处理，使处理后水质达到工业循环水的标准，回用于循环水系统的补充水。除盐产生的浓盐水回用于冲渣等，不外排。膜分离技术是利用高压泵在浓溶液侧施加高于自然渗透压的操作压力，逆转水分子自然渗透的方向，迫使浓溶液中的水分子部分通过半透膜成为稀溶液侧净化水的过程。其工艺过程包括盘式过滤或精密过滤、微滤或超滤、反渗透等系统产生的淡水回用于生产线，浓水可独立处理后排放，或排入废水调节池进一步处理。

各种设备冷却排污水、辅助生产废水（机修废水、化验废水）处理工艺一般为一级处理工艺。生活污水主要含常规污染物，一般采取一级或二级处理工艺，包括生物接触氧化法、序批式活性污泥法、膜生物反应器处理工艺等。

3.3.2.4　初期雨水

按照《有色金属工业环境保护工程设计规范》（GB 50988—2014）要求，重有色金属冶炼、轻金属冶炼企业均应收集冶炼过程中富集在厂区地面、屋顶和设备上的烟（灰）尘和跑、冒、滴、漏的污染物随雨水形成的初期径流，且收集的初期雨水宜在 5 日内全部利用或处理。初期雨水不应与一般生产废水混合处理，可与酸性废水合并处理，也可单独处理，一般采用中和法、石灰-铁盐法、电化学法或重金属捕集剂去除重金属。

3.3.3　固体废物污染治理技术

固体废物污染治理的主要方式有资源化、焚烧、填埋等主要处理方式。有色金属工业企业产生的固体废物根据其特性分为一般工业固体废物和危险废物，根据其不同的属性类别采用不同的处理方式。

3.3.3.1　一般固体废物

炉渣是冶炼过程中产生量较大的固体废物，除部分金属冶炼行业外，经炉渣处理后的终渣含有极低水平的可浸出金属，性质稳定，并具有极好的机械性能，可用于建筑材料。氧化铝生产过程中沉降分离产生的赤泥，也可作为一般固体废物处置。

3.3.3.2　危险废物

《国家危险废物名录》（2021 年版）明确属性为危险废物的物质包括：铜火法冶炼、铅锌冶炼集尘装收集的粉尘；锌焙烧矿、氧化矿、硫化矿浸出产生的浸出渣，鼓风炉炼锌产生的浮渣；锌、汞精馏产生的废渣；铅冶炼过程中鼓风产生的黄渣，粗铅火法精炼产生的精炼渣，铅浸出液净化产生的净化渣；铅锌冶炼有价金属提取后的废渣；粗铜、粗铅电解产生的阳极泥及阳极泥处理后产生的含砷、铅废渣和废水处理污泥；电解铝电解槽阴极内衬维修、更换产生的大修渣，电解铝生产过程中产生的碳渣、铝灰，电解铝铝液转移、精炼、合金化、铸造过程熔体表面产生的铝灰渣，以及回收铝过程产生的盐渣和二次铝灰；铜火法冶炼、铅锌冶炼烟气净化产生的酸泥及污酸处理过程中产生的砷渣；铜、铅、锌冶炼过程中烟气氯化汞法脱汞工艺产生的废甘汞；汞蒸馏产生的蒸馏废渣。危险废物应交由有处置资质的单位处理。根据国家危险废物管理要求，列入《国家危险废物名录》（2021 年版）和按照国家危险废物鉴别标准认定为危险废物的固体废物均应按照危险废物管理要求进行管理管控，包括贮存、转移、处理处置等各环节。

3.3.3.3　其他

冶炼炉窑及电解槽（电解铝除外）因磨损需要更换内衬时，将会产生大量的废旧内衬，该类固体废物和其他性质不明的固体废物，应按照国家规定的危险废物鉴别标准和鉴别方法进行认定，经鉴别确定为一般固体废物的，可按照《一般工业固体废物贮存和填埋污染控制标准》（GB 18599—2020）进行处理处置，经鉴别确定为危险废物的，应按照《危险废物填埋污染控制标准》（GB 18598—2019）进行处理处置。

3.3.4　噪声污染治理技术

噪声主要分为机械噪声和空气动力性噪声，主要的降噪措施包括破碎机、球磨机、振动筛、搅拌机等设备产生的机械振动性噪声，通常采取隔振、减震、隔声及阻尼措施；对于由风机、空压机、发电机、蒸汽放空管等产生的空气动力性噪声，通常采取消声、隔声及阻尼措施，也可将某些设备传动的硬件连接改为软件连接；车间内可采取吸声和隔声等降低噪声的措施。

第4章　排污单位自行监测方案的制定

立足排污单位自行监测在我国污染源监测管理制度中的定位，根据有色金属行业发展概况和污染排放特征，2017 年 4 月，我国发布了《总则》、《排污单位自行监测技术指南　火力发电及锅炉》(HJ 820—2017)，2018 年 12 月，又发布了《排污单位自行监测技术指南　有色金属工业》(HJ 989—2018)，这些是有色金属行业排污单位制定自行监测方案的依据。为了让标准规范的使用者更好地理解标准中规定的内容，本章重点围绕《排污单位自行监测技术指南　有色金属工业》(HJ 989—2018) 中的具体要求，一方面对其中部分要求的来源和考虑进行说明，另一方面对使用过程中需要注意的重点事项进行说明，以期为指南用户提供更加详细的信息。

4.1　监测方案制定的依据

根据自行监测技术指南体系设计思路，有色金属工业排污单位主要是按照《排污单位自行监测技术指南　有色金属工业》确定监测方案，其中《排污单位自行监测技术指南　有色金属工业》中未规定，但《总则》中进行了明确规定的内容，应按照《总则》执行。

另外，由于锅炉广泛分布在各类工业企业中，有色金属工业排污单位也会配套建设锅炉，对于有色金属工业排污单位中的锅炉，应按照《排污单位自行监测

技术指南　火力发电及锅炉》（HJ 820—2017）确定监测方案。

4.2　废水排放监测

4.2.1　监测点位及监测指标的确定

根据《固定污染源排污许可分类管理名录（2019 年版）》的管理要求，铜、铅、锌、镍、钴、锡、锑、铝、镁、汞、钛等常用有色金属冶炼属于重点管理单位，排污单位在制定废水监测方案时，主要考虑排污单位废水排放方式、监测点位的设置、监测指标及监测频次等方面内容。

（1）有色金属工业企业废水来源

根据第 3 章的分析，概括起来，有色金属工业排污单位废水主要包括污酸、酸性废水、一般性生产废水 3 种类型，主要污染物为重金属及常规性污染物。

（2）污染物指标确定

根据《铝工业污染物排放标准》（GB 25465—2010）、《铅、锌工业污染物排放标准》（GB 25466—2010）、《铜、镍、钴工业污染物排放标准》（GB 25467—2010）、《镁、钛工业污染物排放标准》（GB 25468—2010）、《锡、锑、汞工业污染物排放标准》（GB 30770—2014），纳入国家排放标准管控的废水污染物指标包括 pH、悬浮物、化学需氧量、石油类、氨氮、总氮、总磷、硫化物、氟化物、氰化物、挥发酚、五日生化需氧量、动植物油类、总铜、总锌、总锡和总锑 17 项污染物指标，车间或生产设施废水排放口主要控制总铅、总铬、总镉、总砷、总镍、总汞、六价铬和总钴 8 项污染物指标，共 25 项污染物指标。

根据我国水污染物排放标准相关规定，污染物监控位置包括企业废水总排放口、车间或生产设施废水排放口及雨水排放口 3 类，如生活污水单独排入外环境的，还需设置生活污水监测点，监测生活污水特征项目。对于毒性较大、环境风险较高、仅是特定工序产生的重金属等污染物，监控位置在车间或生产设施废水排放口，这样可以避免其他废水混合后造成稀释排放，在污染物未得到有效治理的情况下实现浓度达标。其他多数工序都会产生毒性相对较小、环境风险相对较低的污染物指标，监控位置多为企业废水总排放口。有色金属生产过程中无组织逸散等会造成厂区内道路等污染物的分布，降雨时会将污染物冲刷至雨水中，因此指南规定排污单位还需监测雨水排放口。根据排放标准，各排污口可能涉及的污染物指标见表 4-1。

表 4-1　有色金属工业废水排放口与污染物指标

废水排放口	污染物指标
废水总排放口	pH、悬浮物、化学需氧量、石油类、氨氮、总氮、总磷、硫化物、氟化物、氰化物、挥发酚、总铜、总锌、总锡、总锑
车间或生产设施废水排放口	总铅、总铬、总镉、总砷、总镍、总汞、六价铬、总钴
生活污水排放口	pH、悬浮物、化学需氧量、氨氮、总氮、总磷、五日生化需氧量、动植物油
雨水排放口	pH、化学需氧量、悬浮物、石油类

4.2.2　监测频次的确定

根据《固定污染源排污许可分类管理名录（2019 年版）》的要求，铜、铅、锌、镍、钴、锡、锑、铝、镁、汞、钛等常用有色金属冶炼属于重点管理单位，实施重点管理，应按照《排污单位自行监测技术指南　有色金属工业》监测要求执行。

根据《排污单位自行监测技术指南　有色金属工业》的要求，有色金属工业排污单位废水排放口各监测指标最低监测频次按表 4-2 执行，排污单位可根据管理要求或实际情况在表 4-2 的基础上提高监测频次。

表 4-2 废水监测点位、指标及最低监测频次

行业类型	监测点位	监测指标	监测频次
铝冶炼	废水总排放口	流量、pH、化学需氧量、氨氮	自动监测
		总磷	日（自动监测[a]）
		总氮	日[b]
		氟化物	月
		悬浮物、石油类、总氰化物[c]、硫化物[c]、挥发酚[c]	季度
铅、锌冶炼	废水总排放口	流量、pH、化学需氧量、氨氮	自动监测
		总磷	日（自动监测[a]）
		总氮	日[b]
		总铅、总砷、总镉、总汞	日
		总锌、总铜、总铬、总镍	月
		悬浮物、氟化物、硫化物	季度
	车间或生产设施废水排放口	总铅、总砷、总镉、总汞	日
		总铬、总镍	月
铜、镍、钴冶炼	废水总排放口	流量、pH、化学需氧量、氨氮	自动监测
		总磷	日（自动监测[a]）
		总氮	日[b]
		总铅、总砷、总镉、总汞	日
		总锌、总铜、总镍、总钴	月
		悬浮物、氟化物、石油类、硫化物	季度
	车间或生产设施废水排放口	总铅、总砷、总镉、总汞	日
		总镍、总钴	月
镁、钛冶炼	废水总排放口	流量、pH、化学需氧量、氨氮	自动监测
		总磷	日（自动监测[a]）
		总氮	日[b]
		总铬、六价铬	日
		总铜	月
		悬浮物、石油类	季度
	车间或生产设施废水排放口	总铬、六价铬	日

行业类型	监测点位	监测指标	监测频次
锡、锑、汞冶炼	废水总排放口	流量、pH、化学需氧量、氨氮	自动监测
		总磷	日（自动监测[a]）
		总氮	日[b]
		总铅、总砷、总镉、总汞	日
		总锌、总铜、总锡[d]、总锑、六价铬	月
		悬浮物、氟化物、硫化物、石油类	季度
	车间或生产设施废水排放口	总铅、总砷、总镉、总汞	日
		六价铬	月
	生活污水排放口	流量、pH、悬浮物、化学需氧量、氨氮、总氮、总磷、五日生化需氧量、动植物油	月
	雨水排放口	pH、化学需氧量、悬浮物、石油类	日[e]

注：表中所列监测指标，设区的市级及以上生态环境主管部门明确要求安装自动监测设备的，需采取自动监测。

[a] 水环境质量中总磷实施总量控制区域，总磷需采取自动监测。

[b] 水环境质量中总氮实施总量控制区域，总氮最低监测频次按日执行，待自动监测技术规范发布后，须采取自动监测。

[c] 设有煤气生产系统的铝冶炼排污单位需监测总氰化物、硫化物、挥发酚。

[d] 锡、锑冶炼排污单位废水监测项目。

[e] 雨水排放口有流动水排放时按日监测。若监测一年无异常情况，可放宽至每季度开展一次监测。

4.2.3　监测频次确定的主要考虑

在标准规定的监测指标中，化学需氧量和氨氮为我国总量减排控制主要污染物，pH 为基础但对排水安全很重要的指标，同时也是有色金属工业废水中一项特征指标，且酸碱污染特征指标 pH 的监测易实现，因此规定对上述 3 项污染物指标监测频次提出较高要求，规定自动监测。废水流量监测是废水污染物监测的重要内容，更是核定污染物排放总量的依据，因此规定其自动监测。

总氮、总磷为部分区域总量控制指标，且水环境的氮磷污染问题日益突出，故对总氮要求的监测频次有所不同。在《"十三五"生态环境保护规划》等文件规定的总磷、总氮总量控制区域内，规定开展自动监测；非总磷、总氮总量控制区域内，排污单位须每日开展手工监测。

行业特征污染物根据其排放量及环境影响程度确定最低监测频次。铅、砷、镉、汞属于铅、锌、铜、镍、钴、锡、锑、汞冶炼工业的特征污染物，并且是许可工作方案中进行总量控制的污染物指标，标准规定按日监测；锌、铜、铬、镍、钴、锡、锑属于铅、锌、铜、镍、钴、锡、锑冶炼行业的特征污染物，但其对环境的危害程度相较于铅、砷、镉、汞较低，也未列入总量控制污染物中，可适当降低监测要求，标准规定按月监测。悬浮物、石油类、氟化物、硫化物、挥发酚属于有色金属工业废水常规污染物，监测要求可比重金属污染物低，可按季度监测，氟化物在铝工业生产中应用量与排放量均较大，相对其他行业氟化物管控要求更高，监测要求也应相对更高，标准规定按月监测。总铜、总铬、六价铬属于镁、钛冶炼行业的特征污染物，总铜要求排污单位按月监测，总铬和六价铬作为一类污染物，监测要求适当提高，要求按日监测。

对于生活污水单独排入外环境的排污单位，为掌握污染物排放对外环境的影响，应开展自行监测，生活污水污染物类型及含量一般来说比较稳定，按月监测基本可以满足对生活污水监测的要求，监测项目包括pH、悬浮物、化学需氧量、氨氮、总氮、总磷、五日生化需氧量、动植物油等常规污染物。

随着环境管理要求的加严，对雨排水的管控要求也日益严格，雨水排放监测已逐渐成为污染源监测的重要内容。标准规定了有色金属工业雨水排放口监测指标为pH、化学需氧量、悬浮物、石油类等常规污染物，监测频次规定为在雨水排放口有流动水时每日监测一次，如监测一年无超标情况，可放宽至每季度监测一次。

4.3　废气排放监测

4.3.1　有组织废气

4.3.1.1　监测点位及监测指标的确定

标准根据有色金属工业可能涉及的废气排放源，明确了对废气排放的监测点位及指标的确定。

常见的 11 种有色金属工业根据其生产工艺不同，采取的生产装置不同，污染源不尽相同，即便是同一种行业也会存在多种生产工艺。总体来说，有色金属冶炼主要包括火法和湿法工艺，有组织废气主要来源于原辅料制备储运工序、各火法工艺冶炼炉（窑）、渣处理炉、后续铸造工序及配套动力锅炉，含有湿法工艺的还包括浸出、电解、电积、萃取等工序，锌工业和汞工业与其他行业特征差异比较明显，存在蒸馏、精馏等工艺，主要污染物为颗粒物、二氧化硫、氮氧化物、重金属、电解液挥发酸雾及其他特征污染物等。

在监测指标的确定上，以行业排放标准为依据，根据《铝工业污染物排放标准》（GB 25465—2010）、《铅、锌工业污染物排放标准》（GB 25466—2010）、《铜、镍、钴工业污染物排放标准》（GB 25467—2010）、《镁、钛工业污染物排放标准》（GB 25468—2010）、《锡、锑、汞工业污染物排放标准》（GB 30770—2014），纳入国家排放标准管控的废气污染物指标包括颗粒物、二氧化硫、氮氧化物、硫酸雾、氟化物、锡、锑、汞、镉、铅、砷、镍、氯气和氯化氢共 14 项污染物指标，排污单位可根据环境影响评价文件及其批复以及所选取的原料、生产工艺等确定具体监测污染物项目。自备动力锅炉的监测要求参照《排污单位自行监测技术指南　火力发电及锅炉》（HJ 820—2017）执行。

4.3.1.2　监测频次的确定

有色金属工业生产流程较长，废气污染源数量较多，对于不同行业甚至同一行业不同生产工艺的排污单位来说，其污染源情况不尽相同，在废气排放监测方面应根据各污染源废气排放量及所排放污染物的环境危害程度，区分主要污染源和非主要污染源，从而确定监测频次要求，不能一概而论。主要污染源对应的排放口为主要排放口，应加强监测，非主要排放口可适当降低监测要求。同一排放口不同污染物其排放量及环境危害程度也不一样，同样应体现监测差异。在监测频次确定上，遵循主要排放口监测频次高于非主要排放口、主要污染物监测频次高于其他污染物的原则。

各类型熔炼炉（窑）、烧结机、环境集烟等烟气排放量大、环境污染程度高，为主要排放口，主要污染物为颗粒物、二氧化硫、氮氧化物、重金属等，其中颗粒物、二氧化硫为总量减排控制主要污染物，自动监测技术成熟，且已经应用多年，应开展自动监测；氮氧化物自动监测技术虽然也很成熟，但在颁布实施的行业排放标准中并未提出管控要求，只在标准修改单中对需要执行大气污染物特别排放限值的区域提出氮氧化物排放限值要求，因此标准对氮氧化物的监测要求规定为执行特别排放限值的区域开展自动监测，其他区域可按季度选测；铅、砷、汞等重金属类污染物尚不具备自动监测条件的，可按月开展手工监测。生产工艺中含有精馏工序的，其基本位于生产流程的后端，外排污染物浓度相对较低，可以适当降低监测要求，可按季度监测；对于一些采用精度较高的原辅料进行生产的工艺，如以精锑为原料生产锑，其原料中所含污染物种类较少、含量较低，也可降低监测频次，标准规定半年监测一次。精炼炉窑、渣处理炉一般根据入炉物料的复杂程度及烟气排放量确定是否为主要排放口，按照排放口类型确定监测频次，如确定为主要排放口，则监测频次要求与熔炼炉窑基本保持一致；如确定为一般排放口，监测频次适当降低。原辅料制备、储运工序排气筒为一般排放口，主要污染物为颗粒物，按季度或半年开展监测。

部分行业冶金还会采用湿法工艺，如锌、铜、镍、钴、钛等行业，湿法冶金工艺主要污染源是浸出槽、电解槽、电积槽等反应槽，主要污染物为电解液挥发产生的酸雾，以及特定工艺中使用的辅料产生的相应污染物，如钴冶炼萃取工序中皂化工艺使用的氨气，以及电积工序中使用的氯气和硫酸，其环境危害程度相对较低，排污许可方案将湿法工艺涉及的工序规定为一般排放口，按季度或半年开展手工监测。

各行业不同监测点位的具体监测指标和最低监测频次见表4-3。

表 4-3　有组织废气排放监测点位、指标及最低监测频次

行业类型	监测点位	监测指标	监测频次
氧化铝	原料制备及输送系统排气筒	颗粒物	半年
	熟料中碎系统排气筒	颗粒物	半年
	氧化铝贮运系统排气筒	颗粒物	半年
	熟料烧成窑排气筒	二氧化硫、氮氧化物[a]、颗粒物	自动监测
	氢氧化铝焙烧炉排气筒	二氧化硫、氮氧化物[a]、颗粒物	自动监测
	石灰炉（窑）排气筒	氮氧化物[a]、颗粒物	自动监测
电解铝	原料制备及输送系统排气筒	颗粒物	半年
	电解质破碎系统排气筒	颗粒物	半年
	阳极组装及残极处理系统排气筒	颗粒物	半年
	电解槽排气筒	二氧化硫、颗粒物	自动监测
		氟化物	月
	铸造系统排气筒	颗粒物	半年
铅冶炼	原料制备及输送系统排气筒	颗粒物	季度
	制酸系统（熔炼炉等）排气筒	二氧化硫、氮氧化物[a]、颗粒物	自动监测
		铅及其化合物、汞及其化合物	月
		硫酸雾	季度
	环境集烟（各炉窑进料口、出渣口、出铅口等）排气筒	二氧化硫、氮氧化物[a]、颗粒物	自动监测
		铅及其化合物、汞及其化合物	月
	熔铅（电铅）锅排气筒	颗粒物、铅及其化合物	季度
	还原炉、烟化炉排气筒	二氧化硫、氮氧化物[a]、颗粒物	自动监测
		铅及其化合物、汞及其化合物	月
	浮渣反射炉排气筒	二氧化硫、氮氧化物[a]、颗粒物、铅及其化合物、汞及其化合物	季度
湿法炼锌	原料制备及输送系统排气筒	颗粒物	季度
	制酸系统（沸腾炉等）排气筒	二氧化硫、氮氧化物[a]、颗粒物	自动监测
		铅及其化合物、汞及其化合物	月
		硫酸雾	季度
	回转窑排气筒	二氧化硫、氮氧化物[a]、颗粒物	自动监测
		铅及其化合物、汞及其化合物	月
	多膛炉排气筒	二氧化硫、氮氧化物[a]、颗粒物、铅及其化合物、汞及其化合物	季度
	浸出槽排气筒	硫酸雾	季度
	净化槽排气筒	硫酸雾	季度
	感应电炉排气筒	颗粒物	季度

行业类型	监测点位	监测指标	监测频次
电炉炼锌	原料制备及输送系统排气筒	颗粒物	季度
	制酸系统（沸腾炉等）排气筒	二氧化硫、氮氧化物[a]、颗粒物	自动监测
		铅及其化合物、汞及其化合物	月
		硫酸雾	季度
	环境集烟（各炉窑进料口、出渣口、出锌口等）排气筒	二氧化硫、氮氧化物[a]、颗粒物	自动监测
		铅及其化合物、汞及其化合物	月
	烟化炉（回转窑）排气筒	二氧化硫、氮氧化物[a]、颗粒物	自动监测
		铅及其化合物、汞及其化合物	月
	锌精馏系统排气筒	二氧化硫、氮氧化物[a]、颗粒物、铅及其化合物、汞及其化合物	季度
竖罐炼锌	原料制备及输送系统排气筒	颗粒物	季度
	制酸系统（沸腾炉等）排气筒	二氧化硫、氮氧化物[a]、颗粒物	自动监测
		铅及其化合物、汞及其化合物	月
		硫酸雾	季度
	焦结蒸馏系统排气筒	二氧化硫、氮氧化物[a]、颗粒物	自动监测
		铅及其化合物、汞及其化合物	月
	旋涡熔炼炉排气筒	二氧化硫、氮氧化物[a]、颗粒物	自动监测
		铅及其化合物、汞及其化合物	月
	锌精馏系统排气筒	二氧化硫、氮氧化物[a]、颗粒物、铅及其化合物、汞及其化合物	季度
密闭鼓风冶炼（ISP）	原料制备及输送系统排气筒	颗粒物	季度
	烧结机头排气筒	二氧化硫、氮氧化物[a]、颗粒物	自动监测
		铅及其化合物、汞及其化合物	季度
	制酸系统（烧结机等）排气筒	二氧化硫、氮氧化物[a]、颗粒物	自动监测
		铅及其化合物、汞及其化合物	月
		硫酸雾	季度
	烧结料破碎系统排气筒	颗粒物	季度
	熔炼备料系统排气筒	颗粒物	季度
	环境集烟（各炉窑进料口、出渣口、出铅口等）排气筒	二氧化硫、氮氧化物[a]、颗粒物	自动监测
		铅及其化合物、汞及其化合物	月
	熔铅（电铅）锅排气筒	颗粒物、铅及其化合物	季度
	锌精馏排气筒	二氧化硫、氮氧化物[a]、颗粒物、铅及其化合物、汞及其化合物	季度
	烟化炉排气筒	二氧化硫、氮氧化物[a]、颗粒物	自动监测
		铅及其化合物、汞及其化合物	月
	反射炉排气筒	二氧化硫、氮氧化物[a]、颗粒物、铅及其化合物、汞及其化合物	季度

行业类型	监测点位	监测指标	监测频次
铜冶炼	原料制备及输送系统排气筒	颗粒物	季度
	制酸系统（熔炼炉、吹炼炉等）排气筒	二氧化硫、氮氧化物[a]、颗粒物	自动监测
		铅及其化合物、砷及其化合物、汞及其化合物	月
		硫酸雾、氟化物	季度
	环境集烟（各炉窑进料口、出渣口、出铜口等）排气筒	二氧化硫、氮氧化物[a]、颗粒物	自动监测
		铅及其化合物、砷及其化合物、汞及其化合物	月
		硫酸雾、氟化物	季度
	阳极炉（精炼炉）排气筒	二氧化硫、氮氧化物[a]、颗粒物	自动监测
		铅及其化合物、砷及其化合物、汞及其化合物	月
		硫酸雾、氟化物	季度
	电解槽、电解液净化系统排气筒	硫酸雾	季度
	电积槽及其他槽排气筒	硫酸雾	季度
	真空蒸发器、脱铜电积槽排气筒	硫酸雾	季度
镍冶炼	原料制备及输送系统排气筒	颗粒物	季度
	制酸系统（熔炼炉、吹炼炉等）排气筒	二氧化硫、氮氧化物[a]、颗粒物	自动监测
		铅及其化合物、砷及其化合物、镍及其化合物、汞及其化合物	月
		硫酸雾、氟化物	季度
	环境集烟（各炉窑进料口、出渣口、出镍口等）排气筒	二氧化硫、氮氧化物[a]、颗粒物	自动监测
		铅及其化合物、砷及其化合物、镍及其化合物、汞及其化合物	月
		硫酸雾、氟化物	季度
	贫化炉排气筒[b]	二氧化硫、氮氧化物[a]、颗粒物	自动监测
		铅及其化合物、砷及其化合物、镍及其化合物、汞及其化合物	月
		硫酸雾、氟化物	季度
	电解槽、电解液净化系统排气筒	硫酸雾、氯气	半年
	浸出槽、电积槽排气筒	硫酸雾	半年

行业类型	监测点位	监测指标	监测频次
钴冶炼	原料制备及输送系统排气筒	颗粒物	季度
	熔炼炉、焙烧炉等排气筒	二氧化硫、氮氧化物 [a]、颗粒物	自动监测
		铅及其化合物、砷及其化合物、镍及其化合物、汞及其化合物	月
		硫酸雾、氟化物	季度
	浸出槽排气筒	硫酸雾	季度
	除铁槽排气筒	硫酸雾、氯气、氨气 [c]	半年
	萃取槽排气筒	硫酸雾、氨气 [c]	半年
	电积槽排气筒	氯气 [d]	季度
		硫酸雾 [e]	半年
镁冶炼	原料制备及输送系统排气筒	颗粒物	半年
	煤磨排气筒	颗粒物	半年
	硅铁破碎机排气筒	颗粒物	半年
	球磨机排气筒	颗粒物	半年
	压球机排气筒	颗粒物	半年
	煅烧窑炉排气筒	二氧化硫、氮氧化物 [a]、颗粒物	自动监测
	还原炉排气筒	二氧化硫、氮氧化物 [a]、颗粒物	自动监测
	精炼炉排气筒	二氧化硫、氮氧化物 [a]、颗粒物	自动监测
	精炼坩埚、铸锭机排气筒	二氧化硫、氮氧化物 [a]、颗粒物	半年
钛冶炼	原料制备及输送系统排气筒	颗粒物	季度
	钛渣破碎系统排气筒	颗粒物	季度
	钛渣熔炼电炉排气筒	二氧化硫、氮氧化物 [a]、颗粒物	自动监测
	四氯化钛制备尾气处理（氯化炉、精馏塔等）排气筒	颗粒物、氯气、氯化氢	季度
	电解槽等排气筒	颗粒物、氯气、氯化氢	季度
	精炼炉等排气筒	二氧化硫、氮氧化物 [a]、颗粒物	季度
锡冶炼	原料制备及输送系统排气筒	颗粒物	半年
	粉煤制备排气筒	颗粒物	半年
	炼前处理排气筒	二氧化硫、氮氧化物、颗粒物	自动监测
		锡及其化合物、铅及其化合物、砷及其化合物、镉及其化合物、汞及其化合物、锑及其化合物	月
		氟化物	季度

行业类型	监测点位	监测指标	监测频次
锡冶炼	还原熔炼系统排气筒	二氧化硫、氮氧化物、颗粒物	自动监测
		锡及其化合物、铅及其化合物、砷及其化合物、镉及其化合物、汞及其化合物、锑及其化合物	月
		氟化物	季度
	挥发熔炼系统排气筒	二氧化硫、氮氧化物、颗粒物	自动监测
		锡及其化合物、铅及其化合物、砷及其化合物、镉及其化合物、汞及其化合物、锑及其化合物	月
		氟化物	季度
	环境集烟（各炉窑进料口、出渣口、出锡口等）排气筒	二氧化硫、氮氧化物、颗粒物	自动监测
		锡及其化合物、铅及其化合物、砷及其化合物、镉及其化合物、汞及其化合物、锑及其化合物	月
		氟化物	季度
	精炼系统排气筒	二氧化硫、氮氧化物、颗粒物、锡及其化合物、铅及其化合物、砷及其化合物、镉及其化合物、汞及其化合物、锑及其化合物、氟化物	季度
锑冶炼（以锑精矿为原料）	原料制备及输送系统排气筒	颗粒物	半年
	挥发熔炼系统（包括前床）排气筒	二氧化硫、氮氧化物、颗粒物	自动监测
		锡及其化合物、汞及其化合物、镉及其化合物、铅及其化合物、砷及其化合物、锑及其化合物	月
	挥发焙烧系统排气筒	二氧化硫、氮氧化物、颗粒物	自动监测
		锡及其化合物、汞及其化合物、镉及其化合物、铅及其化合物、砷及其化合物、锑及其化合物	月
	还原熔炼系统排气筒	二氧化硫、氮氧化物、颗粒物	自动监测
		锡及其化合物、汞及其化合物、镉及其化合物、铅及其化合物、砷及其化合物、锑及其化合物	月
	环境集烟（各炉窑进料口、出渣口、出锑口等）排气筒	二氧化硫、氮氧化物、颗粒物、锡及其化合物、汞及其化合物、镉及其化合物、铅及其化合物、砷及其化合物、锑及其化合物	季度

行业类型	监测点位	监测指标	监测频次
锑冶炼（以铅锑精矿为原料）	原料制备及输送系统排气筒	颗粒物	半年
	沸腾焙烧系统排气筒	二氧化硫、氮氧化物、颗粒物	自动监测
		锡及其化合物、汞及其化合物、镉及其化合物、铅及其化合物、砷及其化合物、锑及其化合物	月
	烧结系统排气筒	二氧化硫、氮氧化物、颗粒物	自动监测
		锡及其化合物、汞及其化合物、镉及其化合物、铅及其化合物、砷及其化合物、锑及其化合物	月
	还原熔炼系统排气筒	二氧化硫、氮氧化物、颗粒物	自动监测
		锡及其化合物、汞及其化合物、镉及其化合物、铅及其化合物、砷及其化合物、锑及其化合物	月
	精炼系统排气筒	二氧化硫、氮氧化物、颗粒物	自动监测
		锡及其化合物、汞及其化合物、镉及其化合物、铅及其化合物、砷及其化合物、锑及其化合物	月
	吹炼系统排气筒	二氧化硫、氮氧化物、颗粒物	自动监测
		锡及其化合物、汞及其化合物、镉及其化合物、铅及其化合物、砷及其化合物、锑及其化合物	月
	环境集烟（各炉窑进料口、出渣口、出锑口等）排气筒	二氧化硫、氮氧化物、颗粒物	自动监测
		锡及其化合物、汞及其化合物、镉及其化合物、铅及其化合物、砷及其化合物、锑及其化合物	月
锑冶炼（以锑金精矿为原料）	原料制备及输送系统排气筒	颗粒物	半年
	挥发熔炼系统（包括前床）排气筒	二氧化硫、氮氧化物、颗粒物	自动监测
		锡及其化合物、汞及其化合物、镉及其化合物、铅及其化合物、砷及其化合物、锑及其化合物	月
	灰吹系统排气筒	二氧化硫、氮氧化物、颗粒物	自动监测
		锡及其化合物、汞及其化合物、镉及其化合物、铅及其化合物、砷及其化合物、锑及其化合物	月

行业类型	监测点位	监测指标	监测频次
锑冶炼 （以锑金精矿为原料）	还原熔炼系统排气筒	二氧化硫、氮氧化物、颗粒物	自动监测
		锡及其化合物、汞及其化合物、镉及其化合物、铅及其化合物、砷及其化合物、锑及其化合物	月
	环境集烟（各炉窑进料口、出渣口、出锑口等）排气筒	二氧化硫、氮氧化物、颗粒物、锡及其化合物、汞及其化合物、镉及其化合物、铅及其化合物、砷及其化合物、锑及其化合物	季度
	炼金系统排气筒	二氧化硫、氮氧化物、颗粒物、锡及其化合物、汞及其化合物、镉及其化合物、铅及其化合物、砷及其化合物、锑及其化合物	半年
锑冶炼 （以精锑为原料）	锑白炉排气筒	二氧化硫、氮氧化物、颗粒物、锑及其化合物	半年
汞冶炼	蒸馏炉排气筒	二氧化硫、氮氧化物、颗粒物	自动监测
		锑及其化合物、汞及其化合物、铅及其化合物	月
	马弗炉排气筒	二氧化硫、氮氧化物、颗粒物	自动监测
		锑及其化合物、汞及其化合物、铅及其化合物	月

注：1. 废气监测需按照相应监测分析方法、技术规范同步监测烟气参数。

2. 表中所列监测指标，设区的市级及以上生态环境主管部门明确要求安装自动监测设备的，需采取自动监测。

[a] 适用于执行特别排放限值区域。其他地区选测，按季度执行。

[b] 部分排污单位贫化炉烟气送制酸系统。

[c] 适用于氨皂化工艺。

[d] 适用于氯化钴电积工艺。

[e] 适用于硫酸钴电积工艺。

4.3.2　无组织废气

对于无组织排放，主要根据各类有色金属工业排污单位涉及的无组织排放源类型提出监测指标，并兼顾对排污单位周围敏感点的影响而确定的。对于监测频次确定，按照《总则》要求，有色金属冶炼无组织废气最低监测频次为每季度监测一次。各行业具体监测指标和最低监测频次见表4-4。

表4-4 无组织废气排放监测指标及最低监测频次

行业类型	监测点位	监测指标	监测频次
氧化铝	厂界	二氧化硫、颗粒物	季度
电解铝	厂界	二氧化硫、颗粒物、氟化物	季度
铅、锌冶炼	厂界	二氧化硫、颗粒物、硫酸雾、铅及其化合物、汞及其化合物	季度
铜冶炼	厂界	二氧化硫、颗粒物、硫酸雾、氯气、氯化氢、氟化物、砷及其化合物、铅及其化合物、汞及其化合物	季度
镍、钴冶炼	厂界	二氧化硫、颗粒物、硫酸雾、氯气、氯化氢、氟化物、砷及其化合物、镍及其化合物、铅及其化合物、汞及其化合物	季度
镁冶炼	厂界	二氧化硫、颗粒物	季度
钛冶炼	厂界	二氧化硫、颗粒物、氯气、氯化氢	季度
锡冶炼	厂界	硫酸雾、氟化物、锡及其化合物、锑及其化合物、汞及其化合物、镉及其化合物、铅及其化合物、砷及其化合物	季度
锑冶炼	厂界	硫酸雾、锡及其化合物、锑及其化合物、汞及其化合物、镉及其化合物、铅及其化合物、砷及其化合物	季度
汞冶炼	厂界	硫酸雾、汞及其化合物、铅及其化合物	季度

4.4 厂界环境噪声监测

厂界环境噪声监测点位设置应遵循《总则》中的原则：根据厂内主要噪声源距厂界位置布点；根据厂界周围敏感目标布点；"厂中厂"是否需要监测根据内部和外围排污单位协商确定；面临海洋、大江、大河的厂界原则上不布点；厂界紧邻交通干线不布点；厂界紧邻另一排污单位的，在临近另一排污单位侧是否布点由排污单位协商确定。

噪声监测点位布设，主要考虑噪声源在厂区内的分布情况，同时根据不同噪声源的强度选择对周边居民影响最大的位置开展监测。厂界环境噪声每季度至少开展一次昼夜监测。监测的目的主要是促进排污单位做好降噪措施，降低对周边居民的影响。因此周边有敏感点的，应提高监测频次，具体的监测频次可由周边居民、排污单位、管理部门共同协商确定。

4.5　周边环境质量影响监测

若环境影响评价文件及其批复、相关环境管理政策有明确要求的，排污单位应按要求开展相应的周边环境质量要素的监测。

若管理上没有明确要求，且排污单位认为说清楚自身排放状况及对周边环境质量影响状况有必要开展相应要素监测的，可按照相关标准规范开展监测。地表水、海水监测可按照《环境影响评价技术导则　地表水环境》（HJ 2.3—2018）、《地表水环境质量监测技术规范》（HJ 91.2—2022）、《近岸海域环境监测规范　第八部分　直排海污染源及对近岸海域水环境影响监测》（HJ 442.8—2020）及受纳水体环境管理要求确定设置监测断面和监测点位；地下水、土壤监测可按照《环境影响评价技术导则　地下水环境》（HJ 610—2016）、《地下水环境监测技术规范》（HJ 164—2020）、《土壤环境监测技术规范》（HJ/T 166—2004）及地下水、土壤环境管理要求设置监测点位；环境空气监测可按照《环境影响评价技术导则　大气环境》（HJ 2.2—2018）、《环境空气质量手工监测技术规范》（HJ 194—2017）、《环境空气质量监测点位布设技术规范（试行）》（HJ 664—2013）及环境管理要求设置监测点位。监测指标及频次按表 4-5 执行。

表 4-5　周边环境质量影响监测指标及最低监测频次

目标环境	监测指标	监测频次
环境空气 [a]	二氧化硫、二氧化氮、PM$_{10}$、PM$_{2.5}$、铅、其他特征污染物等	半年
地表水	pH、化学需氧量、氨氮、总磷、总氮、氟化物、总铜、总锌、总砷、总汞、总镉、六价铬、总铅、总镍、总钴、总锑等	季度
地下水	pH、高锰酸盐指数、氯化物、氟化物、氰化物、总铅、总砷、总汞、总镉、六价铬、总镍、总钴等	年
海水	pH、悬浮物、化学需氧量、石油类、硫化物、氟化物、铜、锌、铅、砷、镉、汞、六价铬、总铬、镍等	半年
土壤	pH、总镉、总汞、总砷、总铅、总铬、总铜、总镍、总锌等	年

注：排污单位应根据原辅料使用等实际生产情况，确定具体的监测指标。

[a] 每次连测 3 天。

4.6　其他要求

（1）《排污单位自行监测技术指南　有色金属工业》中未规定的污染物指标

有色金属工业排污单位所持的排污许可证中载明的其他污染物指标或其他环境管理明确要求管控的污染物指标，也应纳入自行监测范围。另外，对于《排污单位自行监测技术指南　有色金属工业》中所规定的典型工艺所涉及的污染物指标外，排污单位根据生产过程的原辅用料、生产工艺、中间及最终产品类型、监测结果确定实际排放的，在有毒有害或优先控制污染物相关名录中的污染物指标，或其他有毒污染物指标，也应纳入自行监测范围。这些纳入自行监测范围的污染物指标，应参照《排污单位自行监测技术指南　有色金属工业》中表 1～表 3，以及《总则》确定监测点位和监测频次。

（2）监测频次的确定

《排污单位自行监测技术指南　有色金属工业》中的监测频次均为最低监测频次，排污单位在确保各指标的监测频次满足《排污单位自行监测技术指南　有色金属工业》的基础上，可根据《总则》中监测频次的确定原则提高监测频次。监测频次的确定原则为：不应低于国家或地方发布的标准、规范性文件、规划、环境影响评价文件及其批复等明确规定的监测频次；主要排放口的监测频次高于非主要排放口；主要监测指标的监测频次高于其他监测指标；排向敏感地区的应适当增加监测频次；排放状况波动大的，应适当增加监测频次；历史稳定达标状况较差的需增加监测频次，达标状况良好的可以适当降低监测频次；监测成本应与排污企业自身能力相一致，尽量避免重复监测。

（3）其他要求

对于《排污单位自行监测技术指南　有色金属工业》中未规定的内容，如内部监测点位设置及监测要求，采样方法、监测分析方法、监测质量保证与质量控制，监测方案的描述、变更等按照《总则》执行。

4.7　自行监测方案案例示例

为了便于正确掌握和应用本章的监测方案示例，本书附录 5 列出了可供参考的完整监测方案模板示例，排污单位可根据示例和本单位实际情况进行相应的调整和完善，作为本单位的监测方案使用。本章重点针对附录 5 中的监测点位、监测指标、监测频次、监测方法等内容给出示例，对于共性较大的描述性内容和质量控制等相关内容，虽然未在本章列举，但并不意味着不重要或者不需要。

本书给出的排放限值仅用于示例，可能会存在与实际要求略有差异的情况，这与各地实际管理要求有关，也与案例企业的特殊情况有关，对此本书不做深入解释和说明。

4.7.1　示例 1：某氧化铝冶炼企业

（1）企业基本情况

某氧化铝冶炼企业，采用拜耳法生产工艺，建有 5 台焙烧炉、2 座石灰窑、3 套燃煤发电机组，烟气经净化处理后排放，排口均已安装自动监测设施。企业建有生活污水和工业废水处理站各 1 座，生活污水经地埋式污水处理站处理后用于厂区绿化喷洒，烟气脱硫产生的脱硫废水经预处理后与其他生产废水一并排入工业废水处理站，处理后回用于生产，雨水收集后排入工业废水处理站处理后回用，后期雨水经雨排口排入外环境。

（2）自行监测方案

1）废气

针对原辅料制备、贮存，焙烧炉、石灰窑等有组织排放源设计的监测方案，见表 4-6。

表 4-6 废气排放监测方案

排污口编号	监测点位	监测项目	排放限值/（mg/m³）	监测方式	监测频次	监测方法
DA002	燃煤锅炉废气排放口（3 台炉共用）	颗粒物	30	在线监测	连续	—
		二氧化硫	400	在线监测	连续	—
		氮氧化物	100	在线监测	连续	—
		汞及其化合物	0.03	手工监测	1 次/季度	《固定污染源废气 汞的测定 冷原子吸收分光光度法（暂行）》（HJ 543—2009）
		林格曼黑度	1	手工监测	1 次/季度	《固定污染源排放烟气黑度的测定 林格曼烟气黑度图法》（HJ/T 398—2007）
DA003~DA007	1#~5#焙烧炉废气排放口	颗粒物	50	在线监测	连续	—
		二氧化硫	400	在线监测	连续	—
		氮氧化物	100	在线监测	连续	—

排污口编号	监测点位	监测项目	排放限值/（mg/m³）	监测方式	监测频次	监测方法
DA008	石灰窑废气排放口（2 个石灰窑共用）	颗粒物	50	在线监测	连续	—
		氮氧化物	100	在线监测	连续	—
DA010～DA015	1#～6#氧化铝贮仓顶	颗粒物	30	手工监测	1 次/半年	《固定污染源排气中颗粒物测定与气态污染物采样方法》（GB/T 16157—1996）
DA016～DA020	石灰皮带输送除尘器排放口	颗粒物	50	手工监测	1 次/半年	《固定污染源排气中颗粒物测定与气态污染物采样方法》（GB/T 16157—1996）
DA021～DA022	成品库除尘器排放口	颗粒物	30	手工监测	1 次/半年	《固定污染源排气中颗粒物测定与气态污染物采样方法》（GB/T 16157—1996）
DA023～DA026	原辅料破碎除尘器排放口	颗粒物	50	手工监测	1 次/半年	《固定污染源排气中颗粒物测定与气态污染物采样方法》（GB/T 16157—1996）
DA027～DA035	铝矿皮带输送除尘器排放口	颗粒物	50	手工监测	1 次/半年	《固定污染源排气中颗粒物测定与气态污染物采样方法》（GB/T 16157—1996）

根据企业原辅料使用情况、生产工艺特点等情况，确定无组织废气监测项目，在厂界设置无组织排放监测点位，具体见表 4-7。

表 4-7　无组织废气排放监测方案

监测点位	监测指标	排放限值/（mg/m³）	监测方式	监测频次	点位设置	分析方法
厂界	二氧化硫	0.5	手工监测	1 次/季度	排放源上风向设置 1 个参照点，下风向设置 3 个监测点	《环境空气　二氧化硫的测定　甲醛吸收-副玫瑰苯胺分光光度法》（HJ 482—2009）
	颗粒物	1.0	手工监测	1 次/季度		《环境空气　总悬浮颗粒物的测定　重量法》（GB/T 15432—1995）

2）废水

企业生产废水和生活污水处理后全部回用不外排，未设置废水排放口，仅有后期雨水排放口，可只对雨水开展监测，针对企业废水总排放口、车间或生产设施废水排放口及雨水排放口设置监测方案，见表4-8。

表 4-8　废水排放监测方案

排放口	监测指标	排放限值/（mg/L）	监测方式	监测频次	分析方法
雨水排放口（DW003）	化学需氧量	100	手工监测	1 次/日[1]	《水质　化学需氧量的测定　重铬酸盐法》（GB 828—2017）
	悬浮物	70	手工监测	1 次/日[1]	《水质　悬浮物的测定　重量法》（GB 11901—1989）
	石油类	10	手工监测	1 次/日[1]	《水质　石油类和动植物油类的测定　红外分光光度法》（HJ 637—2018）

注：1 在雨水排放期间按日监测。

3）厂界环境噪声

对企业四周环境噪声开展监测，监测方案见表4-9。

表 4-9　厂界环境噪声监测

监测点位	监测指标	排放限值/dB（A）	监测方式	监测频次	监测方法
北厂界外 1 m 处	等效 A 声级	65（昼）；55（夜）	手工监测	1 次/季度	《工业企业厂界环境噪声排放标准》（GB 12348—2008）
西厂界外 1 m 处					
南厂界外 1 m 处					
东厂界外 1 m 处					

4.7.2　示例 2：某铜冶炼企业

（1）企业基本情况

某大型铜冶炼企业，包括铜合成炉熔炼生产系统、湿法电解生产系统、冶炼烟气处理系统，铜合成炉熔炼生产系统采用干燥—熔炼—吹炼—精炼生产工艺，湿法电解生产系统采用传统硫酸电解工艺，烟气处理系统采用净化—转化—干吸—尾吸生产工艺。各炉窑烟气均设置了除尘、脱硫设施，合成炉烟气经除尘后进入制酸系统，制酸尾气经脱硫后排放，已在熔炼系统排放口开展自动监测；阳极铜电解液净化循环槽安装碱液吸收塔。污酸经处理后同酸性废水一并进入单独处理重金属的处理设施处理，处理后尾水同其他生产废水一并排入厂区废水处理站，废水经处理后排入园区污水处理厂。

（2）自行监测方案

1）废气

针对原辅料制备、各熔炼炉窑、电解工序等有组织排放源设计的监测方案，见表 4-10。

表 4-10　废气排放监测方案

排污口编号	监测点位	监测项目	排放限值/（mg/m³）	监测方式	监测频次	监测方法
DA001	立式磨环保废气排放口	颗粒物	80	手工监测	1 次/季度	《固定污染源排气中颗粒物测定与气态污染物采样方法》（GB/T 16157—1996）
DA002	蒸汽干燥机废气排放口	颗粒物	80	手工监测	1 次/季度	《固定污染源排气中颗粒物测定与气态污染物采样方法》（GB/T 16157—1996）
DA003	合成炉尾气（制酸尾气）排放口	颗粒物	80	在线监测	连续	—
		二氧化硫	400	在线监测	连续	—

排污口编号	监测点位	监测项目	排放限值/（mg/m³）	监测方式	监测频次	监测方法
DA003	合成炉尾气（制酸尾气）排放口	氮氧化物	100	在线监测	连续	—
		汞及其化合物	0.012	手工监测	1 次/月	《固定污染源废气 汞的测定 冷原子吸收分光光度法（暂行）》（HJ 543—2009）
		铅及其化合物	0.7	手工监测	1 次/月	《固定污染源废气 铅的测定 火焰原子吸收分光光度法（暂行）》（HJ 538—2009）
		砷及其化合物	0.4	手工监测	1 次/月	《空气和废气 砷的测定》（HJ 538—2009）
		氟化物	3.0	手工监测	1 次/季度	《大气固定污染源 氟化物的测定 离子选择电极法》（HJ/T 67—2001）
		硫酸雾	40	手工监测	1 次/季度	《固定污染源废气 硫酸雾的测定 离子色谱法》（HJ 544—2016）
DA004	合成炉环集脱硫系统尾气排放口	颗粒物	80	在线监测	连续	—
		二氧化硫	400	在线监测	连续	—
		氮氧化物	100	在线监测	连续	—
		汞及其化合物	0.012	手工监测	1 次/月	《固定污染源废气 汞的测定 冷原子吸收分光光度法（暂行）》（HJ 543—2009）
		铅及其化合物	0.7	手工监测	1 次/月	《固定污染源废气 铅的测定 火焰原子吸收分光光度法（暂行）》（HJ 538—2009）
		砷及其化合物	0.4	手工监测	1 次/月	《空气和废气 砷的测定》（HJ 538—2009）
		氟化物	3.0	手工监测	1 次/季度	《大气固定污染源 氟化物的测定 离子选择电极法》（HJ/T 67—2001）

排污口编号	监测点位	监测项目	排放限值/（mg/m³）	监测方式	监测频次	监测方法
DA004	合成炉环集脱硫系统尾气排放口	硫酸雾	40	手工监测	1 次/季度	《固定污染源废气　硫酸雾的测定　离子色谱法（暂行）》（HJ 544—2009）
DA005	精炼炉尾气排放口	颗粒物	80	在线监测	连续	—
		二氧化硫	400	在线监测	连续	—
		氮氧化物	100	在线监测	连续	—
		汞及其化合物	0.012	手工监测	1 次/月	《固定污染源废气　汞的测定　冷原子吸收分光光度法（暂行）》（HJ 543—2009）
		铅及其化合物	0.7	手工监测	1 次/月	《固定污染源废气　铅的测定》（HJ 538—2009）
		砷及其化合物	0.4	手工监测	1 次/月	《空气和废气　砷的测定》（HJ 538—2009）
		氟化物	3.0	手工监测	1 次/季度	《大气固定污染源　氟化物的测定　离子选择电极法》（HJ/T 67—2001）
		硫酸雾	40	手工监测	1 次/季度	《固定污染源废气　硫酸雾的测定　离子色谱法》（HJ 544—2016）
DA006	电解液循环槽废气排放口	硫酸雾	40	手工监测	1 次/季度	《固定污染源废气　硫酸雾的测定　离子色谱法》（HJ 544—2016）

根据企业实际情况，在厂界设置无组织排放监测点位，具体见表 4-11。

表 4-11　无组织废气排放监测方案

监测点位	监测指标	排放限值/（mg/m³）	监测方式	监测频次	分析方法
厂界	二氧化硫	0.5	手工监测	1 次/季度	《环境空气　二氧化硫的测定　甲醛吸收-副玫瑰苯胺分光光度法》（HJ 482—2009）
	颗粒物	1.0	手工监测	1 次/季度	《环境空气　总悬浮颗粒物的测定　重量法》（GB/T 15432—1995）
	硫酸雾	0.3	手工监测	1 次/季度	《固定污染源废气　硫酸雾的测定　离子色谱法》（HJ 544—2016）
	氯气	0.02	手工监测	1 次/季度	《固定污染物排气中氯气的测定　甲基橙分光光度法》（HJ/T 30—1999）
	氯化氢	0.15	手工监测	1 次/季度	《环境空气和废气　氯化氢的测定　离子色谱法》（HJ 549—2016）
	氟化物	0.02	手工监测	1 次/季度	《环境空气　氟化物的测定　滤膜采样/氟离子选择电极法》（HJ 955—2018）
	砷及其化合物	0.01	手工监测	1 次/季度	《环境空气和废气　颗粒物中砷、硒、铋、锑的测定　原子荧光法》（HJ 1133—2020）
	镍及其化合物	0.04	手工监测	1 次/季度	《大气固定污染源　镍的测定　石墨炉原子吸收分光光度法》（HJ T 63.2—2001）
	铅及其化合物	0.006	手工监测	1 次/季度	《环境空气　铅的测定　石墨炉原子吸收分光光度法》（HJ 539—2015）
	汞及其化合物	0.001 2	手工监测	1 次/季度	《环境空气　气态汞的测定　金膜富集/冷原子吸收分光光度法》（HJ 910—2017）

2）废水

针对企业废水总排放口、车间或生产设施废水排放口及雨水排放口设置监测方案，见表 4-12。

表 4-12　废水排放监测方案

排放口	监测指标	排放限值/（mg/L）	技术手段	监测频次	分析方法
废水总排放口（DW001）	流量	—	在线监测	连续	—
	pH	6～9	在线监测	连续	—
	化学需氧量	200	在线监测	连续	—
	氨氮	20	在线监测	连续	—
	悬浮物	140	手工监测	1 次/季度	《水质　悬浮物的测定　重量法》（GB 11901—1989）
	氟化物	15	手工监测	1 次/季度	《水质　氟化物的测定　氟试剂分光光度法》（HJ 488—2009）
	石油类	15	手工监测	1 次/季度	《水质　石油类和动植物油类的测定　红外分光光度法》（HJ 637—2018）
	硫化物	1.0	手工监测	1 次/季度	《水质　硫化物的测定　亚甲基蓝分光光度法》（GB/T 16489—1996）
	总磷	2.0	手工监测	1 次/日	《水质　总磷的测定　钼酸铵分光光度法》（GB 11893—1989）
	总氮	40	手工监测	1 次/日	《水质　总氮的测定　碱性过硫酸钾消解紫外分光光度法》（HJ 636—2012）
	总铅	—	手工监测	1 次/日	《水质　铜、锌、铅、镉的测定　原子吸收分光光度法》（GB 7475—87）
	总砷	—	手工监测	1 次/日	《水质　汞、砷、硒、铋和锑的测定　原子荧光法》（HJ 694—2014）
	总镉	—	手工监测	1 次/日	《水质　铜、锌、铅、镉的测定　原子吸收分光光度法》（GB 7475—87）
	总汞	—	手工监测	1 次/日	《水质　汞的测定　冷原子荧光法（试行）》（HJ/T 341—2007）
	总镍	—	手工监测	1 次/月	《水质　镍的测定　火焰原子吸收分光光度法》（GB 11912—89）

排放口	监测指标	排放限值/（mg/L）	技术手段	监测频次	分析方法
废水总排放口（DW001）	总钴	—	手工监测	1 次/月	《水质 钴的测定 火焰原子吸收分光光度法》（HJ 957—2018）
	总锌	4.0	手工监测	1 次/月	《水质 铜、锌、铅、镉的测定 原子吸收分光光度法》（GB 7475—87）
	总铜	1.0	手工监测	1 次/月	《水质 铜、锌、铅、镉的测定 原子吸收分光光度法》（GB 7475—87）
车间或生产设施废水排放口（DW002）	总铅	0.5	手工监测	1 次/日	《水质 铜、锌、铅、镉的测定 原子吸收分光光度法》（GB 7475—87）
	总砷	0.5	手工监测	1 次/日	《水质 汞、砷、硒、铋和锑的测定 原子荧光法》（HJ 694—2014）
	总镉	0.1	手工监测	1 次/日	《水质 铜、锌、铅、镉的测定 原子吸收分光光度法》（GB 7475—87）
	总汞	0.05	手工监测	1 次/日	《水质 汞的测定 冷原子荧光法（试行）》（HJ/T 341—2007）
	总镍	0.5	手工监测	1 次/月	《水质 镍的测定 火焰原子吸收分光光度法》（GB 11912—89）
	总钴	1.0	手工监测	1 次/月	《水质 钴的测定 火焰原子吸收分光光度法》（HJ 957—2018）
雨水排放口[1]（DW003）	pH	6～9	手工监测	1 次/日	《水质 pH 值的测定 电极法》（HJ 1147—2020）
	悬浮物	100	手工监测	1 次/日	《水质 悬浮物的测定 重量法》（GB 11901—1989）
	化学需氧量	70	手工监测	1 次/日	《水质 化学需氧量的测定 重铬酸盐法》（GB 828—2017）
	石油类	10	手工监测	1 次/日	《水质 石油类和动植物油类的测定 红外分光光度法》（HJ 637—2018）

注：在雨水排放期间按日监测。

3）厂界环境噪声

对企业四周环境噪声开展监测，监测方案见表 4-13。

表 4-13　厂界环境噪声监测

监测点位	监测指标	排放限值/dB（A）	监测方式	监测频次	监测方法
北厂界外 1 m 处	等效 A 声级	65（昼）；55（夜）	手工监测	1 次/季度	《工业企业厂界环境噪声排放标准》（GB 12348—2008）
西厂界外 1 m 处					
南厂界外 1 m 处					
东厂界外 1 m 处					

4.7.3　示例 3：某铅锌冶炼企业

（1）企业基本情况

某铅锌冶炼企业，铅冶炼采用粗铅熔炼、火法精炼冶炼工艺，建有 2 座熔炼炉、3 座还原炉、1 座烟化炉、3 座电铅锅，配套建设 1 座燃气锅炉，其中 1#熔炼炉环境集烟、1#还原炉及 1#还原炉环境集烟共用 1 个排放口，2#熔炼炉环境集烟、2#还原炉及 2#还原炉环境集烟共用 1 个排放口，3#还原炉与烟化炉环境集烟共用 1 个排气筒。锌冶炼采用焙烧、浸出、电积冶炼工艺，建有 2 座焙烧炉，1 座感应电炉及浸出电积生产装置。各炉窑烟气经除尘、脱硫等设施净化后排放，电解槽、浸出槽产生的电解酸雾经碱液吸收塔净化后排放。污酸经预处理后同酸性废水一并进入单独处理重金属的处理设施处理，处理后尾水同其他生产废水一并排入厂区废水处理站，废水经处理后排入外环境。

（2）自行监测方案

1）废气

针对原辅料制备、各熔炼炉窑、电解工序等有组织排放源设计的监测方案，见表 4-14。

表 4-14　废气排放监测方案

排污口编号	监测点位	监测项目	排放限值/（mg/m³）	监测方式	监测频次	监测方法
DA001~DA002	原料库废气排放口	颗粒物	10	手工监测	1次/季度	《固定污染源废气　低浓度颗粒物的测定　重量法》（HJ 836—2017）
DA010~DA014	原料制备废气排放口	颗粒物	10	手工监测	1次/季度	《固定污染源废气　低浓度颗粒物的测定　重量法》（HJ 836—2017）
DA003~DA005	1#熔炼炉、2#熔炼炉废气排放口	颗粒物	10	在线监测	连续	—
		二氧化硫	100	在线监测	连续	—
		氮氧化物	100	在线监测	连续	—
		铅及其化合物	2	手工监测	1次/月	《固定污染源废气　铅的测定　火焰原子吸收分光光度法（暂行）》（HJ 538—2009）
		汞及其化合物	0.02	手工监测	1次/月	《固定污染源废气　汞的测定　冷原子吸收分光光度法（暂行）》（HJ 543—2009）
		硫酸雾	20	手工监测	1次/季度	《固定污染源废气　硫酸雾的测定　离子色谱法》（HJ 544—2016）
DA004	1#熔炼炉+1#还原炉+环境集烟	颗粒物	10	在线监测	连续	—
		二氧化硫	100	在线监测	连续	—
		氮氧化物	100	在线监测	连续	—
		铅及其化合物	2	手工监测	1次/月	《固定污染源废气　铅的测定　火焰原子吸收分光光度法（暂行）》（HJ 538—2009）

排污口编号	监测点位	监测项目	排放限值/（mg/m³）	监测方式	监测频次	监测方法
DA004	1#熔炼炉+1#还原炉+环境集烟	汞及其化合物	0.05	手工监测	1 次/月	《固定污染源废气　汞的测定　冷原子吸收分光光度法（暂行）》（HJ 543—2009）
		硫酸雾	20	手工监测	1 次/季度	《固定污染源废气　硫酸雾的测定　离子色谱法》（HJ 544—2016）
DA006	2#熔炼炉环境集烟+2#还原炉+2#还原炉环境集烟	颗粒物	10	在线监测	连续	—
		二氧化硫	100	在线监测	连续	—
		氮氧化物	100	在线监测	连续	—
		铅及其化合物	2	手工监测	1 次/月	《固定污染源废气　铅的测定　火焰原子吸收分光光度法（暂行）》（HJ 538—2009）
		汞及其化合物	0.05	手工监测	1 次/月	《固定污染源废气　汞的测定　冷原子吸收分光光度法（暂行）》（HJ 543—2009）
		硫酸雾	20	手工监测	1 次/季度	《固定污染源废气　硫酸雾的测定　离子色谱法》（HJ 544—2016）
DA007	3#还原炉	颗粒物	10	在线监测	连续	—
		二氧化硫	100	在线监测	连续	—
		氮氧化物	100	在线监测	连续	—
		铅及其化合物	2	手工监测	1 次/月	《固定污染源废气　铅的测定　火焰原子吸收分光光度法（暂行）》（HJ 538—2009）

排污口编号	监测点位	监测项目	排放限值/（mg/m³）	监测方式	监测频次	监测方法
DA007	3#还原炉	汞及其化合物	0.05	手工监测	1 次/月	《固定污染源废气 汞的测定 冷原子吸收分光光度法（暂行）》（HJ 543—2009）
		硫酸雾	20	手工监测	1 次/季度	《固定污染源废气 硫酸雾的测定 离子色谱法》（HJ 544—2016）
DA008	3#还原炉环境集烟+烟化炉环境集烟	颗粒物	10	在线监测	连续	—
		二氧化硫	100	在线监测	连续	—
		氮氧化物	100	在线监测	连续	—
		铅及其化合物	2	手工监测	1 次/月	《固定污染源废气 铅的测定 火焰原子吸收分光光度法（暂行）》（HJ 538—2009）
		汞及其化合物	0.05	手工监测	1 次/月	《固定污染源废气 汞的测定 冷原子吸收分光光度法（暂行）》（HJ 543—2009）
		硫酸雾	20	手工监测	1 次/季度	《固定污染源废气 硫酸雾的测定 离子色谱法》（HJ 544—2016）
DA009	1#烟化炉	颗粒物	10	在线监测	连续	—
		二氧化硫	100	在线监测	连续	—
		氮氧化物	100	在线监测	连续	—
		铅及其化合物	2	手工监测	1 次/月	《固定污染源废气 铅的测定 火焰原子吸收分光光度法（暂行）》（HJ 538—2009）

排污口编号	监测点位	监测项目	排放限值/（mg/m³）	监测方式	监测频次	监测方法
DA009	1#烟化炉	汞及其化合物	0.05	手工监测	1 次/月	《固定污染源废气　汞的测定　冷原子吸收分光光度法（暂行）》（HJ 543—2009）
		硫酸雾	20	手工监测	1 次/季度	《固定污染源废气　硫酸雾的测定　离子色谱法》（HJ 544—2016）
DA015～DA017	电铅锅+燃烧废气排放口	铅及其化合物	2	手工监测	1 次/季度	《固定污染源废气　铅的测定　火焰原子吸收分光光度法（暂行）》（HJ 538—2009）
		颗粒物	10	手工监测	1 次/季度	《固定污染源废气　低浓度颗粒物的测定　重量法》（HJ 836—2017）
		二氧化硫	100	手工监测	1 次/季度	《固定污染源排气中二氧化硫的测定　碘量法》（HJ/T 56—2000）
		氮氧化物	100	手工监测	1 次/季度	《固定污染源废气　氮氧化物的测定　定电位电解法》（HJ 693—2014）
DA015、DA016	1#、2#焙烧炉废气排放口	颗粒物	10	在线监测	连续	—
		二氧化硫	100	在线监测	连续	—
		氮氧化物	100	在线监测	连续	—
		铅及其化合物	2	手工监测	1 次/月	《固定污染源废气　铅的测定　火焰原子吸收分光光度法（暂行）》（HJ 538—2009）
		汞及其化合物	0.05	手工监测	1 次/月	《固定污染源废气　汞的测定　冷原子吸收分光光度法（暂行）》（HJ 543—2009）

排污口编号	监测点位	监测项目	排放限值/（mg/m³）	监测方式	监测频次	监测方法
DA017	感应电炉	颗粒物	10	手工监测	1次/季度	《固定污染源废气 低浓度颗粒物的测定 重量法》（HJ 836—2017）
DA018	浸出槽排放口	硫酸雾	20	手工监测	1次/季度	《固定污染源废气 硫酸雾的测定 离子色谱法》（HJ 544—2016）
DA019	电解槽排放口	硫酸雾	20	手工监测	1次/季度	《固定污染源废气 硫酸雾的测定 离子色谱法》（HJ 544—2016）
DA019	电解液净化排放口	硫酸雾	20	手工监测	1次/季度	《固定污染源废气 硫酸雾测的定 离子色谱法》（HJ 544—2016）
DA020	燃气锅炉废气排放口	氮氧化物	100	在线监测	连续	—
		颗粒物	10	手工监测	1次/季度	《固定污染源废气 低浓度颗粒物的测定 重量法》（HJ 836—2017）
		二氧化硫	100	手工监测	1次/季度	《固定污染源排气中二氧化硫的测定 碘量法》（HJ/T 56—2000）
		林格曼黑度	1级	手工监测	1次/季度	《固定污染源排放烟气黑度的测定 林格曼烟气黑度图法》（HJ/T 398—2007）

根据企业实际情况，在厂界设置无组织排放监测点位，具体见表4-15。

表 4-15 无组织废气排放监测方案

监测点位	监测指标	排放限值/(mg/m³)	监测方式	监测频次	点位布设	分析方法
厂界	二氧化硫	0.5	手工	1 次/季度	在污染源上风向布设 1 个参照点,下风向布设 3 个监测点	《环境空气 二氧化硫的测定 甲醛吸收-副玫瑰苯胺分光光度法》(HJ 482—2009)
	颗粒物	1.0	手工	1 次/季度		《环境空气 总悬浮颗粒物的测定 重量法》(GB/T 15432—1995)
	硫酸雾	0.3	手工	1 次/季度		《固定污染源废气 硫酸雾的测定 离子色谱法》(HJ 544—2016)
	铅及其化合物	0.006	手工	1 次/季度		《环境空气 铅的测定 石墨炉原子吸收分光光度法》(HJ 539—2015)
	汞及其化合物	0.000 3	手工	1 次/季度		《环境空气 气态汞的测定 金膜富集/冷原子吸收分光光度法》(HJ 910—2017)

2)废水

针对企业废水总排放口、车间或生产设施废水排放口及雨水排放口设置监测方案,见表 4-16。

表 4-16 废水排放监测方案

监测点位	监测指标	排放限值/(mg/L)	监测方式	监测频次	分析方法
废水总排放口(DW001)	流量	—	在线监测	连续	—
	pH	6~9	在线监测	连续	—
	化学需氧量	60	在线监测	连续	—
	氨氮	8	在线监测	连续	—
	悬浮物	50	手工监测	1 次/季度	《水质 悬浮物的测定 重量法》(GB 11901—1989)
	氟化物	8	手工监测	1 次/季度	《水质 氟化物的测定 氟试剂分光光度法》(HJ 488—2009)

监测点位	监测指标	排放限值/（mg/L）	监测方式	监测频次	分析方法
废水总排放口（DW001）	硫化物	1.0	手工监测	1 次/季度	《水质 硫化物的测定 亚甲基蓝分光光度法》（GB/T 16489—1996）
	总磷	1.0	手工监测	1 次/日	《水质 总磷的测定 钼酸铵分光光度法》（GB 11893—1989）
	总氮	15	手工监测	1 次/日	《水质 总氮的测定 碱性过硫酸钾消解紫外分光光度法》（HJ 636—2012）
	总锌	1.5	手工监测	1 次/月	《水质 铜、锌、铅、镉的测定 原子吸收分光光度法》（GB 7475—87）
	总铜	0.5	手工监测	1 次/月	《水质 铜、锌、铅、镉的测定 原子吸收分光光度法》（GB 7475—87）
	总铅	—	手工监测	1 次/日	《水质 铜、锌、铅、镉的测定 原子吸收分光光度法》（GB 7475—87）
	总砷	—	手工监测	1 次/日	《水质 汞、砷、硒、铋和锑的测定 原子荧光法》（HJ 694—2014）
	总镉	—	手工监测	1 次/日	《水质 铜、锌、铅、镉的测定 原子吸收分光光度法》（GB 7475—87）
	总汞	—	手工监测	1 次/日	《水质 汞的测定 冷原子荧光法（试行）》（HJ/T 341—2007）
	总镍	—	手工监测	1 次/月	《水质 镍的测定 火焰原子吸收分光光度法》（GB 11912—89）
	总铬	—	手工监测	1 次/月	《水质 总铬的测定》（GB/T 7466—1987）
车间或生产设施废水排放口（DW002）	总铅	0.5	手工监测	1 次/日	《水质 铜、锌、铅、镉的测定 原子吸收分光光度法》（GB 7475—87）
	总砷	0.3	手工监测	1 次/日	《水质 汞、砷、硒、铋和锑的测定 原子荧光法》（HJ 694—2014）
	总镉	0.05	手工监测	1 次/日	《水质 铜、锌、铅、镉的测定 原子吸收分光光度法》（GB 7475—87）
	总汞	0.03	手工监测	1 次/日	《水质 汞的测定 冷原子荧光法（试行）》（HJ/T 341—2007）
	总镍	0.5	手工监测	1 次/月	《水质 镍的测定 火焰原子吸收分光光度法》（GB 11912—89）
	总铬	1.5	手工监测	1 次/月	《水质 总铬的测定》（GB/T 7466—1987）

监测点位	监测指标	排放限值/（mg/L）	监测方式	监测频次	分析方法
雨水排放口（DW003）	化学需氧量	100	手工监测	1 次/日 [1]	《水质　化学需氧量的测定　重铬酸盐法》（GB 828—2017）
	悬浮物	70	手工监测	1 次/日 [1]	《水质　悬浮物的测定　重量法》（GB 11901—1989）
	石油类	10	手工监测	1 次/日 [1]	《水质　石油类和动植物油类的测定　红外分光光度法》（HJ 637—2018）

注：1　在雨水排放期间按日监测。

3）厂界环境噪声

对企业四周环境噪声开展监测，监测方案见表 4-17。

表 4-17　厂界环境噪声监测

监测点位	监测指标	排放限值/dB（A）	监测方式	监测频次	监测方法
北厂界外 1 m 处	等效 A 声级	65（昼）；55（夜）	手工监测	1 次/季度	《工业企业厂界环境噪声排放标准》（GB 12348—2008）
西厂界外 1 m 处					
南厂界外 1 m 处					
东厂界外 1 m 处					

第 5 章　监测设施设置与维护要求

监测设施是监测活动开展的重要基础，监测设施的规范性直接影响监测数据质量。我国涉及的监测设施设置与维护要求的标准规范有很多，但相对零散，且存在一定的衔接不够紧密的地方。本章立足现有的标准规范，结合污染源监测实际开展情况，对监测设施设置与维护要求进行全面梳理和总结，供开展污染源监测的相关人员参考。

5.1　基本原则和依据

5.1.1　基本原则

排污单位应当依据国家污染源监测相关标准规范、污染物排放标准、自行监测相关技术指南和其他相关规定等进行监测点位的确定和排污口规范化设置；地方颁布执行的污染源监测标准规范、污染物排放标准等对监测点位的确定和排污口规范化设置有要求时，可按照地方规范、标准从严执行。

5.1.2　相关依据

排污单位的排污口主要包括废水排放口和废气排放口。

目前，国家有关废水监测点位确定及排污口规范化设置的标准规范主要包括

《污水监测技术规范》（HJ 91.1—2019）、《水污染物排放总量监测技术规范》（HJ/T 92—2002）、《固定污染源监测质量保证与质量控制技术规范（试行）》（HJ/T 373—2007）、《水污染源在线监测系统（COD_{Cr}、NH_3-N 等）安装技术规范》（HJ 353—2019）等。

　　废气监测点位确定及规范化设置的标准规范主要包括《固定污染源排气中颗粒物测定与气态污染物采样方法》（GB/T 16157—1996）、《固定源废气监测技术规范》（HJ/T 397—2007）、《固定污染源监测质量保证与质量控制技术规范（试行）》（HJ/T 373—2007）、《固定污染源烟气（SO_2、NO_x、颗粒物）排放连续监测技术规范》（HJ 75—2017）、《固定污染源烟气（SO_2、NO_x、颗粒物）排放连续监测系统技术要求及检测方法》（HJ 76—2017）等。

　　对于各类污染物排放口监测点位标志牌的规范化设置，主要依据国家环境保护总局发布的《排放口标志牌技术规格》（2003 年 10 月 15 日，国家环保总局　环办〔2003〕95 号），以及《环境保护图形标志——排放口（源）》（GB 15562.1—1995）等执行。

　　此外，国家环境保护局发布的《排污口规范化整治技术要求（试行）》（1996 年 5 月 20 日，国家环保局　环监〔1996〕470 号）对排污口规范化整治技术提出了总体要求，部分省、自治区、直辖市、地级市也对本辖区排污口的规范化管理发布了技术规定、标准；各行业污染物排放标准以及各重点行业的排污单位自行监测的相关技术指南则对废水、废气排放口监测点位进行了进一步明确。

5.2　废水监测点位的确定及排污口规范化设置

5.2.1　废水排放口的类型及监测点位确定

　　排污单位的废水排放口一般包括废水总排口、车间废水排放口、雨水排放口、生活污水排放口等。

废水总排口排放的废水一般应包括排污单位的生产废水、生活废水、初期雨水、事故废水等，开展自行监测的排污单位均须在废水总排放口设置监测点位。

对于排放一类污染物的排污单位，即排放环境中难以降解或能在动植物体内蓄积，对人体健康和生态环境产生长远不良影响，具有致癌、致畸、致突变污染物的排污单位，必须在车间废水排放口设置监测点位，对一类污染物进行监测。

考虑到排污单位生产过程中，可能会有部分污染物通过雨排系统排入外环境，因此排污单位还应在雨水排放口设置监测点位，并在雨水排放口有雨水排放时开展监测。

部分排污单位的生产废水和生活污水分别设置排放口，对于此类排污单位，除在生产废水排放口设置监测点位外，还应在生活污水排放口设置监测点位。

此外，排污单位还应根据各行业自行监测技术指南的相关要求设置监测点位。

5.2.2　废水排放口的规范化设置

废水排放口的设置，应满足以下要求：

（1）排放口应按照 GB 15562.1—1995 的要求设置明显标识，废水排放口可以是矩形、圆形或梯形，一般使用混凝土、钢板或钢管等原料。

（2）排放口应满足现场采样和流量测定要求，用暗管或暗渠排污的，应设置一段能满足采样条件和流量测量的明渠。测流段水流应平直、稳定、集中，无下游水流顶托影响，上游顺直长度应大于 5 倍测流段最大水面宽度，同时测流段水深应大于 0.1 m 且不超过 1 m。

（3）废水排放口应能够方便安装三角堰、矩形堰、测流槽等测流装置或其他计量装置。有废水自动监测设施的排放口，还应能够满足安装污水水量自动计量装置（如超声波明渠流量计、管道式电磁流量计等）、采样取水系统、水质自动采样器等设备设施的要求。

（4）排污单位应单独设置各类废水排放口，避免多家不同排污单位共用一个废水排放口。

5.2.3　采样点及监测平台的规范化设置

各类废水排放口的实际采样位置即采样点，一般应设在厂界内或厂界外不超过 10 m 范围内。压力管道式排放口应安装取样阀门；废水直接从暗渠排入市政管道的，应在企业界内或排入市政管道前设置取样口。有条件的排污单位应尽量设置一段能满足采样条件的明渠，以方便采样。

污水面在地面以下超过 1 m 的排放口，应配建取样台阶或梯架。监测平台面积应不小于 1 m^2，平台应设置不低于 1.2 m 的防护栏、高度不低于 10 cm 的脚部挡板。监测平台、梯架通道及防护栏的相关设计载荷及制造安装应符合《固定式钢梯及平台安全要求　第 3 部分：工业防护栏杆及钢平台》（GB 4053.3—2009）的要求。

应保证污水监测点位场所通风、照明正常，还应在有毒有害气体的监测场所设置强制通风系统，并安装相应的气体浓度报警装置。

5.2.4　废水自动监测设施的规范化设置

5.2.4.1　监测站房的设置

废水自动监测站房的设置，应达到以下要求：

（1）应建有专用监测站房，新建监测站房面积应满足不同监控站房的功能需要并保证水污染源在线监测系统的摆放、运转和维护，使用面积应不小于 15 m^2，站房高度不低于 2.8 m。

（2）监测站房应尽量靠近采样点，与采样点的距离应小于 50 m。

（3）监测站房应安装空调和冬季采暖设备，空调具有来电自启动功能，具备温湿度计，保证室内清洁，环境温度、相对湿度和大气压等应符合《工业过程测量和控制装置的工作条件　第一部分：气候条件》（GB/T 17214.1—1998）的要求。

（4）监测站房内应配置安全合格的配电设备，能提供足够的电力负荷，功率≥5 kW，站房内应配置稳压电源。

（5）监测站房内应配置合格的给、排水设施，使用符合实验要求的用水清洗仪器及有关装置。

（6）监测站房应有完善规范的接地装置和避雷措施、防盗和防止人为破坏的设施，接地装置安装工程的施工应满足《电气装置安装工程接地装置施工及验收规范》（GB 50169—2016）的相关要求，建筑物防雷设计应满足《建筑物防雷设计规范》（GB 50057—2010）的相关要求。

（7）监测站房内应配备灭火器箱、手提式二氧化碳灭火器、干粉灭火器或沙桶等，按消防相关要求布置。

（8）监测站房不应位于通讯盲区，应能够实现数据传输。

（9）监测站房的设置应避免对企业安全生产和环境造成影响。

（10）监测站房内、采样口等区域应安装视频监控设施。

5.2.4.2　水质自动采样单元的设置

废水自动监测设备的水质自动采样单元设置，应达到以下要求：

（1）水质自动采样单元具有采集瞬时水样及混合水样，混匀及暂存水样、自动润洗及排空混匀桶，以及留样功能。

（2）pH 水质自动分析仪和温度计应原位测量或测量瞬时水样。

（3）COD_{Cr}、TOC、NH_3-N、TP、TN 水质自动分析仪应测量混合水样。

（4）水质自动采样单元的构造应保证将水样不变质地输送到各水质分析仪，应有必要的防冻和防腐设施。

（5）水质自动采样单元应设置混合水样的人工比对采样口。

（6）水质自动采样单元的管路宜设置为明管，并标注水流方向。

（7）水质自动采样单元的管材应采用优质的聚氯乙烯（PVC）、三丙聚丙烯（PPR）等不影响分析结果的硬管。

（8）采用明渠流量计测量流量时，水质自动采样单元的采水口应设置在堰槽前方，合流后充分混合的场所，并尽量设在流量监测单元标准化计量堰（槽）取水口头部的流路中央，采水口朝向与水流的方向一致，减少采水部前端的堵塞。采水装置宜设置成可随水面的涨落而上下移动的形式。

（9）采样泵应根据采样流量、水质自动采样单元的水头损失及水位差合理选择。应使用寿命长、易维护的，并且对水质参数没有影响的采样泵，安装位置应便于采样泵的维护。

5.2.4.3　水污染源在线监测仪器安装要求

水污染源在线监测仪器的安装，应达到以下要求：

（1）水污染源在线监测仪器的各种电缆和管路应加保护管，保护管应在地下铺设或空中架设，空中架设的电缆应附着在牢固的桥架上，并在电缆、管路以及电缆和管路的两端设立明显标识。电缆线路的施工应满足《电气装置安装工程电缆线路施工及验收标准》（GB 50168—2018）的相关要求。

（2）各仪器应落地或壁挂式安装，有必要的防震措施，保证设备安装牢固稳定。在仪器周围应留有足够空间，方便仪器维护。其他要求参照仪器相应说明书相关内容，应满足《自动化仪表工程施工及质量验收规范》（GB 50093—2013）的相关要求。

（3）必要时（如南方的雷电多发区），仪器和电源也应设置防雷设施。

5.2.4.4　流量计的安装要求

流量计的安装，应达到以下要求：

（1）采用明渠流量计测定流量，应按照《明渠堰槽流量计（试行）》（JJG 711—1990）、《城市排水流量堰槽测量标准　三角形薄壁堰》（CJ/T 3008.1—1993）、《城市排水流量堰槽测量标准　矩形薄壁堰》（CJ/T 3008.2—1993）、《城市排水流量堰槽测量标准　巴歇尔量水槽》（CJ/T 3008.3—1993）等技术要求修建或安装标准化计量堰（槽），并通过计量部门检定。主要流量堰槽的安装规范见 HJ 353—2019

附录 D。

（2）应根据测量流量范围选择合适的标准化计量堰（槽），根据计量堰（槽）的类型确定明渠流量计的安装点位，具体要求如表 5-1 所示。

表 5-1　流量计量堰槽类型及适用范围

序号	堰槽类型	测量流量范围/（m³/s）	流量计安装位置
1	巴歇尔槽	$0.1×10^{-3}$～93	应位于堰槽入口段（收缩段）1/3 处
2	三角形薄壁堰	$0.2×10^{-3}$～1.8	应位于堰板上游（3～4）倍最大液位处
3	矩形薄壁堰	$1.4×10^{-3}$～49	应位于堰板上游（3～4）倍最大液位处

（3）采用管道电磁流量计测定流量，应按照《环境保护产品技术要求　电磁管道流量计》（HJ/T 367—2007）等技术要求进行选型、设计和安装，并通过计量部门检定。

（4）电磁流量计在垂直管道上安装时，被测流体的流向应自下而上，在水平管道上安装时，两个测量电极不应在管道的正上方和正下方位置。流量计上游直管段长度和安装支撑方式应符合设计文件要求。管道设计应保证流量计测量部分管道水流时刻满管。

（5）流量计应安装牢固稳定，有必要的防震措施。仪器周围应留有足够空间，方便仪器维护与比对。

5.3　废气监测点位的确定及规范化设置

5.3.1　废气排放口类型及监测点位的确定

排污单位的废气排放口一般包括生产设施工艺废气排放口、自备火力发电机组（厂）或配套动力锅炉废气排放口、污染处理设施排放口（如自备危险废物焚烧炉废气排放口、污水处理设施废气排放口）等。

排气筒（烟道）是目前排污单位废气有组织排放的主要排放口。因此，有组织废气的监测点位通常设置在排气筒（烟道）的横截断面（监测断面）上，并通过监测断面上的监测孔完成废气污染物的采样监测及流速、流量等废气参数的测量。

废气排放口监测点位的确定包括监测断面的设置及监测孔的设置两个部分。排污单位应按照相关技术规范、标准的规定，根据所监测的污染物类别、监测技术手段的不同要求，先确定具体的废气排放口监测断面位置，再确定监测断面上监测孔的位置、数量。

5.3.2　监测断面规范化设置

5.3.2.1　基本要求

废气排放口监测断面包括手工监测断面和自动监测断面，监测断面设置应满足以下基本要求：

（1）监测断面应避开对测试人员操作有危险的场所，并在满足相关监测技术规范、标准规定的前提下，尽量选择方便监测人员操作、设备运输、安装的位置进行设置。

（2）若一个固定污染源排放的废气先通过多个烟道或管道后进入该固定污染源的总排气管时，应尽可能将废气监测断面设置在总排气管上，不得只在其中的一个烟道或管道上设置监测断面开展监测，并将测定值作为该源的排放结果，但允许在每个烟道或管道上均设置监测断面并同步开展废气污染物排放监测。

（3）监测断面一般优先选择设置在烟道垂直管段和负压区域，应避开烟道弯头和断面急剧变化的部位，确保所采集样品的代表性。

5.3.2.2　手工监测断面设置的具体要求

对于废气手工监测断面，在满足本章 5.3.2.1 中基本要求的同时，还应按照以下具体规定进行设置：

（1）颗粒态污染物及流速、流量监测断面

①监测断面的流速应不小于 5 m/s；

②监测断面位置应位于在距弯头、阀门、变径管下游方向不小于 6 倍直径（当量直径）和距上述部件上游方向不小于 3 倍直径（当量直径）处；

对矩形烟道，其当量直径按下式计算：

$$D = \frac{2AB}{A+B} \tag{5-1}$$

式中，A、B——边长。

③现场空间位置有限，很难满足②中要求时，可选择比较适宜的管段采样。手工监测位置与弯头、阀门、变径管等的距离至少是烟道直径的 1.5 倍，并应适当增加测点的数量和采样频次。

（2）气态污染物监测断面

手工监测时若需要同步监测颗粒态污染物及流速、流量，则监测断面应按照本章 5.3.2.2（1）中相关要求设置；否则，可不按上述要求设置，但要避开涡流区。

5.3.2.3 自动监测断面设置的具体要求

对于废气自动监测断面，在满足本章 5.3.2.1 中基本要求的同时，还应按照以下具体规定进行设置：

（1）一般要求

①位于固定污染源排放控制设备的下游和比对监测断面、比对采样监测孔的上游，且便于用参比方法进行校验；

②不受环境光线和电磁辐射的影响；

③烟道振动幅度尽可能小；

④安装位置应尽量避开烟气中水滴和水雾的干扰，如不能避开，应选用能够适用的检测探头及仪器；

⑤安装位置不漏风；

⑥固定污染源烟气净化设备设置有旁路烟道时，应在旁路烟道内安装自动监测设备采样和分析探头。

（2）颗粒态污染物及流速、流量监测断面

①监测断面的流速最好在 5 m/s 以上；

②用于颗粒物及流速自动监测设备采样和分析探头安装的监测断面位置，应设置在距弯头、阀门、变径管下游方向不小于 4 倍烟道直径，以及距上述部件上游方向不小于 2 倍烟道直径处。矩形烟道当量直径可按照本章 5.3.2.2（1）中公式计算；

③无法满足②中要求时，颗粒物及流速自动监测设备采样和分析探头的安装位置尽可能选择在气流稳定的断面，并采取相应措施保证监测断面烟气分布相对均匀断面无紊流。对烟气分布均匀程度的判定采用相对均方根 σ_r 法，当 $\sigma_r \leqslant 0.15$ 时视为烟气分布均匀，σ_r 按下式计算：

$$\sigma_r = \sqrt{\frac{\sum_{i=1}^{n}(v_i - \overline{v})^2}{(n-1) \times \overline{v}^2}} \qquad (5\text{-}2)$$

式中，v_i——测点烟气流速，m/s；

$\overline{v}$——截面烟气平均流速，m/s；

n——截面上的速度测点数目，测点的选择按照《固定污染源排气中颗粒物测定与气态污染物采样方法》（GB/T 16157—1996）执行。

（3）气态污染物监测断面

①对于气态污染物自动监测设备采样和分析探头的安装位置，应设置在距弯头、阀门、变径管下游方向不小于 2 倍烟道直径，以及距上述部件上游方向不小于 0.5 倍烟道直径处。矩形烟道当量直径可按照本章 5.3.2.2（1）中公式计算；

②无法满足①中要求时，应按照本章 5.3.2.3（2）③中的相关要求及公式计算，设置监测断面；

③同步进行颗粒态污染物及流速、流量监测的，应优先满足颗粒态污染物及流速、流量监测断面的设置条件，监测断面的流速最好在 5 m/s 以上。

5.3.3 监测孔的规范化设置

5.3.3.1 监测孔规范化设置的基本要求

监测孔一般包括用于废气污染物排放监测的手工监测孔、用于废气自动监测设备校验的参比方法采样监测孔。

监测孔的设置应满足以下基本要求:

(1)监测孔位置应便于人员开展监测工作,应设置在规则的圆形或矩形烟道上,不宜设置在烟道的顶层。

(2)对于输送高温或有毒有害气体的烟道,监测孔应开在烟道的负压段;若负压段满足不了开孔需求,对正压下输送高温和有毒气体的烟道,应安装带有闸板阀的密封监测孔,见图 5-1。

1—闸板阀手轮;2—闸板阀阀杆;3—闸板阀阀体;4—烟道;5—监测孔管;6—采样枪。

图 5-1 带有闸板阀的密封监测孔

(3)监测孔的内径一般不小于 80 mm,新建或改建污染源废气排放口监测孔的内径应不小于 90 mm;监测孔管长不大于 50 mm(安装闸板阀的监测孔管除外)。监测孔在不使用时用盖板或管帽封闭,在监测使用时应易开合。

5.3.3.2　手工监测开孔的具体要求

在确定的监测断面上设置手工监测的监测孔时，应在满足本章 5.3.3.1 中基本要求的同时，按照以下具体规定设置：

（1）若监测断面为圆形的烟道，监测孔应设在包括各测点在内的互相垂直的直径线上，其中，断面直径小于 3 m 时，应设置相互垂直的 2 个监测孔；断面直径大于 3 m 时，应尽量设置相互垂直的 4 个监测孔，见图 5-2。

（2）若监测断面为矩形烟道，监测孔应设在包括各测点在内的延长线上。其中，监测断面宽度大于 3 m 时，应尽量在烟道两侧对开监测孔，具体监测孔数量按照《固定污染源排气中颗粒物测定与气态污染物采样方法》（GB/T 16157—1996）的要求确定，见图 5-3。

1—测点；2—监测孔。

图 5-2　圆形断面测点与监测孔示意图

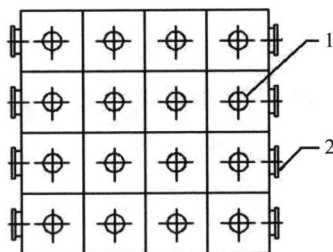

1—测点；2—监测孔。

图 5-3　矩形断面测点与监测孔示意图

5.3.3.3　自动监测设备参比方法采样监测开孔的具体要求

废气自动监测设备参比方法采样监测孔的设置，在满足本章 5.3.3.1 中基本要求的同时，还应按照以下具体规定设置：

（1）应在自动监测断面下游预留参比方法采样监测孔，在互不影响测量的前提下，参比方法采样监测孔应尽可能靠近废气自动监测断面，距离以约 0.5 m 为宜。

（2）对于监测断面为圆形的烟道，参比方法采样监测孔应设在包括各测点在内的互相垂直的直径线上。其中，断面直径小于 4 m 时，应设置相互垂直的两个监测孔；断面直径大于 4 m 时，应尽量设置相互垂直的 4 个监测孔。

（3）若监测断面为矩形烟道，参比方法采样监测孔应设在包括各测点在内的延长线上，监测断面宽度大于 4 m 时，应尽量在烟道两侧对开监测孔，具体监测孔数量按照《固定污染源排气中颗粒物测定与气态污染物采样方法》（GB/T 16157—1996）的要求确定。

5.3.4　监测平台的规范化设置

监测平台应设置在监测孔的正下方 1.2～1.3 m 处，应安全、便于开展监测活动，必要时应设置多层平台以满足与监测孔距离的要求。

仅用于手工监测的平台可操作面积至少应大于 1.5 m²（长度、宽度均不小于 1.2 m），最好应在 2 m² 以上。用于安装废气自动监测设备和进行参比方法采样监测的平台面积至少在 4 m² 以上（长度、宽度均不小于 2 m），或不小于采样枪长度外延 1 m。

监测平台应易于人员和监测仪器到达。应根据平台高度，按照《固定式钢梯及平台安全要求　第 1 部分：钢直梯》（GB 4053.1—2009）、《固定式钢梯及平台安全要求　第 2 部分：钢斜梯》（GB 4053.2—2009）的要求，设置直梯或斜梯。当监测平台距离地面或其他坠落面距离超过 2 m 时，不应设置直梯，应有通往平台的斜梯、旋梯或通过升降梯、电梯到达，斜梯、旋梯宽度应不小于 0.9 m，梯子倾角不超过 45°，其他具体指标详见 GB 4053.1—2009 和 GB 4053.2—2009。监测平台距离地面或其他坠落面距离超过 20 m 时，应有通往平台的升降梯，见图 5-4。

监测平台、通道的防护栏杆的高度应不低于 1.2 m，踢脚板不低于 10 cm。监测平台、通道、防护栏的设计载荷、制造安装、材料、结构及防护要求应符合《固定式钢梯及平台安全要求　第 3 部分：工业防护栏杆及钢平台》（GB 4053.3—2009）的要求，见图 5-5。

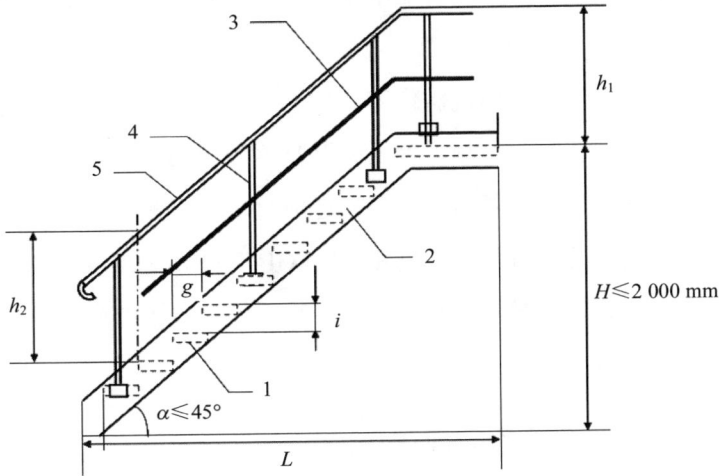

1—踏板；2—梯梁；3—中间栏杆；4—立柱；5—扶手；H—梯高；L—梯跨；

h_1—栏杆高；h_2—扶手高；α—梯子倾角；i—踏步高；g—踏步宽。

图 5-4 固定式钢斜梯

1—扶手（顶部栏杆）；2—中间栏杆；3—立柱；4—踢脚板；H—栏杆高度。

图 5-5 防护栏杆

监测平台应设置一个防水低压配电箱，内设漏电保护器、不少于 2 个 16A 插座及 2 个 10A 插座，保证监测设备所需电力。

监测平台附近有造成人体机械伤害、灼烫、腐蚀、触电等危险源的，应在平台相应位置设置防护装置。监测平台上方有坠落物体隐患时，应在监测平台上方高处设置防护装置。防护装置的设计与制造应符合《机械安全　防护装置　固定式和活动式防护装置设计与制造一般要求》（GB/T 8196—2018）要求。

排放剧毒、致癌物及对人体有严重危害物质的监测点位应储备相应安全防护装备。

5.3.5　废气自动监测设施的规范化设置

5.3.5.1　监测站房的设置

废气自动监测站房的设置，应达到以下要求：

（1）应为室外的 CEMS 提供独立站房，监测站房与采样点之间距离应尽可能近，原则上不超过 70 m。

（2）监测站房的基础荷载强度应≥2 000 kg/m²。若站房内仅放置单台机柜，面积应≥2.5 m×2.5 m。若同一站房放置多套分析仪表的，每增加 1 台机柜，站房面积应至少增加 3 m²，便于开展运维操作。站房空间高度应≥2.8 m，站房建在标高不小于 0 处。

（3）监测站房内应安装空调和采暖设备，室内温度应保持在 15～30℃，相对湿度应≤60%，空调应具有来电自动重启功能，站房内应安装排风扇或其他通风设施。

（4）监测站房内配电功率能够满足仪表实际要求，功率不少于 8 kW，至少预留三孔插座 5 个、稳压电源 1 个、UPS 电源 1 个。

（5）监测站房内应配备不同浓度的有证标准气体，且在有效期内。标准气体应当包含零气（含二氧化硫、氮氧化物浓度均≤0.1 μmol/mol 的标准气体，一般为高纯氮气，纯度≥99.999%；当测量烟气中二氧化碳时，零气中二氧化碳≤400 μmol/mol，含有其他气体的浓度不得干扰仪器的读数）和 CEMS 测量的各种气体（SO_2、NO_x、O_2）的量程标气，以满足日常零点、量程校准、校验的需要。低浓度标准气体可由高浓度标准气体通过经校准合格的等比例稀释设备获得（精密度≤1%），也可单独配备。

（6）监测站房应有必要的防水、防潮、隔热、保温措施，在特定场合还应具备防爆功能。

（7）监测站房应具有能够满足废气自动监测系统数据传输要求的通讯条件。

5.3.5.2　自动监测设备的安装施工要求

（1）废气自动监测系统安装施工应符合《自动化仪表工程施工及质量验收规范》《电气装置安装工程电缆线路施工及验收标准》的规定。

（2）施工单位应熟悉废气自动监测系统的原理、结构、性能，编制施工方案、施工技术流程图、设备技术文件、设计图样、监测设备及配件货物清单交接明细表、施工安全细则等有关文件。

（3）设备技术文件应包括资料清单、产品合格证、机械结构、电气、仪表安装的技术说明书、装箱清单、配套件、外购件检验合格证和使用说明书等。

（4）设计图样应符合技术制图、机械制图、电气制图、建筑结构制图等标准的规定。

（5）设备安装前的清理、检查及保养应符合以下要求：

①按交货清单和安装图样明细表清点检查设备及零部件，缺损件应及时处理，更换补齐；

②运转部件如取样泵、压缩机、监测仪器等，滑动部位均需清洗、注油润滑防护；

③因运输造成变形的仪器、设备的结构件应校正，并重新涂刷防锈漆及表面油漆，保养完毕后应恢复原标记。

（6）现场端连接材料（垫片、螺母、螺栓、短管、法兰等）为焊件组对成焊时，壁（板）的错边量应符合以下要求：

①管子或管件对口、内壁齐平，最大错边量≤1 mm;

②采样孔的法兰与连接法兰几何尺寸极限偏差不超过±5 mm，法兰端面的垂直度极限偏差≤0.2%;

③采用透射法原理颗粒物监测仪器发射单元和颗粒物监测仪反射单元，测量光束从发射孔的中心出射到对面中心线相叠合的极限偏差≤0.2%。

（7）从探头到分析仪的整条采样管线的铺设应采用桥架或穿管等方式，保证整条管线具有良好的支撑。管线倾斜度≥5°，防止管线内积水，在每隔4~5 m处装线卡箍。当使用伴热管线时应具备稳定、均匀加热和保温的功能；其设置加热温度≥120℃，且应高于烟气露点温度 10℃以上，其实际温度值应能够在机柜或系统软件中显示查询。

（8）电缆桥架安装应满足最大直径电缆的最小弯曲半径要求。电缆桥架的连接应采用连接片。配电套管应采用钢管和 PVC 管材质配线管，其弯曲半径应满足最小弯曲半径要求。

（9）应将动力与信号电缆分开铺设，保证电缆通路及电缆保护管的密封，自控电缆应符合输入和输出分开、数字信号和模拟信号分开配线和铺设的要求。

（10）安装精度和连接部件坐标尺寸应符合技术文件和图样规定。监测站房仪器应排列整齐，监测仪器顶平直度和平面度应不大于 5 mm，监测仪器牢固固定，可靠接地。二次接线正确、牢固可靠，配导线的端部应标明回路编号。配线工艺整齐，绑扎牢固，绝缘性好。

（11）各连接管路、法兰、阀门封口垫圈应牢固完整，均不得有漏气、漏水现象。保持所有管路畅通，保证气路阀门、排水系统安装后应畅通和启闭灵活。自动监测系统空载运行 24 h 后，管路不得出现脱落、渗漏、振动强烈的现象。

（12）反吹气应为干燥清洁气体，反吹系统应进行耐压强度试验，试验压力为常用工作压力的 1.5 倍。

（13）电气控制和电气负载设备的外壳防护应符合《外壳防护等级（IP 代码）》（GB 4208—2017）的技术要求，户内达到防护等级 IP24 级，户外达到防护等级 IP54 级。

（14）防雷、绝缘要求：

①系统仪器设备的工作电源应有良好的接地措施，接地电缆应采用大于 4 mm^2 的独芯护套电缆，接地电阻小于 4 Ω，且不能和避雷接地线共用。

②平台、监测站房、交流电源设备、机柜、仪表和设备金属外壳、管缆屏蔽层和套管的防雷接地，可利用厂内区域保护接地网，采用多点接地方式。厂区内不能提供接地线或提供的接地线达不到要求的，应在子站附近重做接地装置。

③监测站房的防雷系统应符合《建筑物防雷设计规范》（GB 50057—2010）的规定，电源线和信号线设防雷装置。

④电源线、信号线与避雷线的平行净距离≥1 m，交叉净距离≥0.3 m（图 5-6）。

图 5-6　电源线、信号线与避雷线距离示意图

⑤由烟囱或主烟道上数据柜引出的数据信号线要经过避雷器引入监测站房，应将避雷器接地端同站房保护地线可靠连接。

⑥信号线为屏蔽电缆线，屏蔽层应有良好绝缘，不可与机架、柜体发生摩擦、打火，屏蔽层两端及中间均须做接地连接，见图 5-7。

屏蔽电缆

接地线　　　　接地线　　　　接地线

图 5-7　信号线接地示意图

5.4　排污口标识牌的规范化设置

5.4.1　标识牌设置的基本要求

排污单位应在排污口及监测点位设置标识牌，标识牌分为提示性标识牌和警告性标识牌两种。提示性标识牌用于向人们提供某种环境信息，警告性标识牌用于提醒人们注意污染物排放可能会造成危害。

一般性污染物排放口及监测点位应设置提示性标识牌。排放剧毒、致癌物及对人体有严重危害物质的排放口及监测点位应设置警告性标识牌，警告标识图案应设置于警告性标识牌的下方。

标识牌应设置在距污染物排放口及监测点位较近且醒目处，并能长久保留。

排污单位可根据监测点位情况，设置立式或平面固定式标识牌。

5.4.2　标识牌技术规格

5.4.2.1　环保图形标识

（1）环保图形标识必须符合原国家环境保护局和原国家技术监督局发布的

《环境保护图形标志——排放口（源）》（GB 15562.1—1995）。

（2）图形颜色及装置颜色：

①提示标识：底和立柱为绿色，图案、边框、支架和文字为白色；

②警告标识：底和立柱为黄色，图案、边框、支架和文字为黑色。

（3）辅助标识内容

①排放口标识名称；

②单位名称；

③排放口编号；

④污染物种类；

⑤××生态环境局监制；

⑥排放口经纬度坐标、排放去向、执行的污染物排放标准、标识牌设置依据的技术标准等。

（4）辅助标识字型：黑体字。

（5）标识牌尺寸

①平面固定式标识牌外形尺寸：提示标识牌为 480 mm×300 mm；警告标识牌为边长 420 mm；

②立式固定式标识牌外形尺寸：提示标识牌为 420 mm×420 mm；警告标识牌为边长 560 mm；高度为标识牌最上端距地面 2 m。

5.4.2.2　其他要求

（1）标识牌材料

①标识牌采用 1.5～2 mm 冷轧钢板；

②立柱采用 38×4 无缝钢管；

③表面采用搪瓷或者反光贴膜。

（2）标识牌的表面处理

①搪瓷处理或贴膜处理；

②标识牌的端面及立柱要经过防腐处理。

（3）标识牌的外观质量要求

①标识牌、立柱无明显变形；

②标识牌表面无气泡，膜或搪瓷无脱落；

③图案清晰，色泽一致，不得有明显缺损；

④标识牌的表面不应有开裂、脱落及其他破损。

5.5　排污口规范化的日常管理与档案记录

排污单位应将排污口规范化建设纳入企业生产运行的管理体系中，制定相应的管理办法和规章制度，选派专职人员对排污口及监测点位进行日常管理和维护，并保存相关管理记录。

排污单位应建立排污口及监测点位档案。档案内容除包括排污口及监测点位的位置、编号、污染物种类、排放去向、排放规律、执行的排放标准等基本信息外，还应包括相关日常管理的记录，如标识牌的内容是否清晰完整，监测平台、各类梯架、监测孔、自动监测设施等是否能够正常使用，废水排放口是否损坏、排气筒有无漏风、破损现象等方面的检查记录，以及相应的维护、维修记录。

排污口及监测点位一经确认，排污单位不得随意变动。监测点位位置、排污口排放的污染物发生变化的，或排污口须拆除、增加、调整、改造或更新的，应按相关要求及时向生态环境主管部门报备，并及时设立新的标识牌或更换标识牌相应内容。

第6章 废水手工监测技术要点

废水手工监测是一个全面性、系统性的工作。为了规范手工监测活动的开展，我国发布了一系列监测技术规范和方法标准。总体来说，废水手工监测要按照相关的技术规范和方法标准开展。为了便于理解和应用，本章立足现有的技术规范和标准，结合日常工作经验，分别从流量监测、现场手工监测、实验室分析3个方面归纳总结了常见的方法和操作要求，以及方法使用过程中的重点注意事项。对于一些虽然适用，但不够便捷，目前实际应用很少的方法，本书中未列举，若排污单位根据实际情况，确实需要采用这类方法的，应严格按照方法的适用条件和要求开展相关监测活动。

6.1 流量

流量是排污单位排污总量核算的重要指标，在废水排放监测和管理中有着重要的地位。流量测量最初始于水文水利领域对天然河流、人工运河、引水渠道等的流量监测。对于工业废水的流量监测，目前常用的方法有自动测量和手工测量两种方式。

6.1.1 自动测量

自动测量是采用污水流量计测量渠道内和管道内废水（或污水）的体积流量，

通常包括明渠流量计和管道流量计。

（1）明渠流量计

利用明渠流量计进行自动测量时，采用超声波液位计和巴氏槽配合使用进行流量测定，并根据不同尺寸巴氏槽的经验公式计算出流量。需要注意以下事项：

①巴歇尔量水槽（以下简称巴氏槽）安装前，应测算废水排放量并充分考虑污水处理设施的远期扩容，确保巴氏槽能满足最大流量下的测量。巴氏槽的材质要根据污水性质考虑防腐蚀。

②巴氏槽应安装于顺直平坦的渠道段，该段渠道长度不小于槽宽的 10 倍，下游渠道应无阻塞、不壅水，确保巴氏槽的水流处于自由出流状态。渠道应保持清洁，底部无障碍物，水槽应保持牢固可靠、不受损坏，凡有漏水部位应及时修补，每年应校验 1 次液位计的精度和水头零点。详细的安装和维护要求见《城市排水流量堰槽测量标准　巴歇尔量水槽》（CJ/T 3008.3—1993）。

③与巴氏槽配合使用的超声波液位计应注意日常维护，确保稳定运行，出现故障应及时更换。

（2）管道流量计

利用管道流量计测量时，可选择电磁流量计或超声流量计，宜优先选择电磁流量计。需要注意以下事项：

①电磁流量计的选型应充分考虑测量精度、污水性质、流量范围、排水规律等。流量计的口径通常与管道相同，也可以根据设计流量、流速范围来选择流量计和配套管道，管道中的流速通常以 2～4 m/s 为宜。

②电磁流量计选型时，应充分考虑废水的电导率、最大流量、常用流量、最小流量、工艺管径、管内温度、压力以及是否有负压存在等信息。

③电磁流量计一定要安装在管路的最低点或者管路的垂直段且务必保证管内满流。若安装在垂直管线，要求水流自下而上，尽量不要自上而下，否则容易出现非满流，使读数波动变化较大。流量计前后应避免有阀门、弯头、三通等结构存在，以防产生涡流或气泡，影响测流。

④电磁流量计安装的外部环境应避免安装在温度变化很大或受到设备高温辐射的场所，若必须安装时，须有隔热、通风的措施；电磁流量计最好安装在室内，若必须安装于室外，应避免雨水淋浇、积水受淹及太阳暴晒，须有防潮和防晒措施；避免安装在含有腐蚀性气体的环境中，必须安装时，须有通风措施；为了安装、维护、保养方便，在电磁流量计周围需有充裕的足够空间；避免有磁场及强振动源，如管道振动大，在电磁流量计两边应有固定管道的支座。

⑤应对电磁流量计进行周期性检查，定期扫除尘垢确保无沾污，检查接线是否良好。

6.1.2　手工测量

手工测流方法是相对于自动测流方法而言的，这种方法操作复杂、准确度较低，仅建议作为在不满足自动测流条件或自动测流设施损坏时的临时补救措施，不建议用作长期自行监测手段。常用的测流方法有明渠流速仪、便携式超声波管道测流仪和容积法。

（1）明渠流速仪

明渠流速仪适用于明渠排水流量的测量，它是通过流速仪测量过水断面不同位置的流速，计算平均流速，再乘以断面面积即得测量时刻的瞬时流量，见图6-1。

便携式超声波流速仪

便携式旋桨流速仪

便携式旋杯流速仪

图 6-1　明渠流速仪示意图

　　用这种方法测量流量时，排污截面底部需硬质平滑，截面形状为规则的几何形，排污口处有不小于 3 m 的平直过流水段，且水位高度不小于 0.1 m。在明渠流量计自动测量断电或损坏时，可用此法临时测量排水流量。

　　（2）便携式超声波管道测流仪

　　便携式超声波管道测流仪的使用条件与电磁式自动测流仪一致，适用于顺直管道的满流测量，见图 6-2。测量时，沿着管道的流向，将两个传感器分别贴合于管道，错开一定距离，通过两个传感器的时差测量流速，再乘以管道截面积，最终得出流量。测量的管壁应为能传导超声波的实密介质，如铸铁、碳钢、不锈钢、玻璃钢、PVC 等。测点应避开弯头、阀门等，确保流态稳定，无气泡和涡流。测点应避开大功率变频器和强磁场设备，以免产生干扰。在电磁流量计断电或损坏时，可用此法临时测量排水流量。

图 6-2　便携式超声波管道测流仪示意图

（3）容积法

容积法是将废水纳入已知容量的容器中，测定其充满容器所需要的时间，从而计算水量的方法。该方法简单易行，适用于计量污水量较小的连续或间歇排放的污水。用此方法测量流量时，溢流口与受纳水体应有适当的落差或能用导水管形成落差。

用手工测量时，一般遵循如下原则：

①如果排放污水的"流量—时间"排放曲线波动较小，即用瞬时流量代表平均流量所引起的误差小于 10%，则在某一时段内的任意时间测得的瞬时流量乘以该时间即为该时段的流量；

②如果排放污水的"流量—时间"排放曲线虽有明显波动，但其波动有固定的规律，可以用该时段中几个等时间间隔的瞬时流量来计算出平均流量，然后乘以时间得到流量；

③如果排放污水的"流量—时间"排放曲线既有明显波动又无规律可循，则必须连续测定流量，流量对时间的积分即为总量。

6.2　现场采样

采样前要根据采样任务确定监测点位、监测点位的监测指标、监测指标需要使用的采样容器、采样要求和保存运输要求等。

6.2.1　采样点位

《排污单位自行监测技术指南　有色金属工业》（HJ 989—2018）对 11 种有色金属行业每个监测点位的监测指标进行了明确规定，对于属于第一类污染物的铅、砷、镉、铬、汞、镍等的采样点位一律设在车间或专门处理此类污染物设施的排放口。对于 pH、化学需氧量、氨氮、悬浮物、总磷、总磷、动植物油、五日生化需氧量、色度、硫化物等监测指标则在相应的废水总排放口、生活污水排放口和雨水排放口进行采样。

如果排污单位设置内部监测点位时，应根据实际情况在便于采样的地方进行布点采样。

如果排污单位需要考核污水处理设施处理效率时，采样点位的布设要求如下：

（1）对整体污水处理设施效率监测时，在各类进入污水处理设施污水的入口和污水设施的总排放口设置采样点。

（2）对各污水处理单元效率监测时，在各类进入处理设施单元污水的入口和设施单元的排放口设置采样点。

6.2.2　采样方法

废水的监测项目根据行业类型有不同的要求，排污单位根据本行业自行监测技术指南要求设置。采集样品时应设在废水混合均匀处，避免引入其他干扰。

在分时间单元采集样品时，测定 pH、化学需氧量、五日生化需氧量、硫化物、动植物油、悬浮物，不能混合，只能单独采样。

　　根据监测项目选择不同的采样器，主要包括不锈钢采水器、有机玻璃水质采样器、油类采样器及用采样容器直接采样。有需求和条件的排污单位可配备水质自动采样装置进行时间比例采样和流量比例采样。当污水排放量较稳定时可采用时间比例采样，否则必须采用流量比例采样。所用自动采样器必须符合生态环境部颁布的污水采样器技术要求。不同的采样器见图 6-3。

不锈钢采水器　　　　　　　　　　有机玻璃水质采样器

油类采样器　　　　　　　　　水质自动采样装置

图 6-3　不同采样器示意图

样品采集时应针对具体的监测项目注意以下事项：

（1）采样时应去除表面的杂物、垃圾等漂浮物，不可搅动水底的沉积物。

（2）采样前先用水样荡涤采样容器和样品容器2～3次（动植物油类、石油类、挥发性有机物、微生物不可涤荡）。

（3）部分监测项目在不同时间采集的水样不能混合，如水温、pH、色度、动植物油类、石油类、生化需氧量、硫化物、挥发性有机物、氰化物、余氯、微生物、放射性等。

（4）部分监测项目须单独采集储存，如动植物油类、石油类、硫化物、挥发酚、氰化物、余氯、微生物等。

（5）部分监测项目采集是须注满容器，如生化需氧量、挥发性有机物等。

（6）采样结束后，应核对采样计划、记录与水样，如有错误或遗漏，应立即补采或重采。如采样现场水体很不均匀，无法采到有代表性的样品，则应详细记录不均匀的情况和实际采样情况，供使用该数据者参考。

（7）对于pH和流量需现场监测的项目，应进行现场监测。

（8）采样时应认真填写"污水采样记录表"，表中应有以下内容：采样点位、采样口位置、采样时间、监测项目、样品编号、样品类别、样品表观、污水流量、采样人姓名等。具体格式可由各排污单位制定，见表6-1。

表6-1　污水采样记录表

采样点位	采样口位置（车间或总排口）	采样时间	监测项目	样品编号	样品类别	样品表观	采样口流量/（m³/s）	采样人

6.2.3　采样容器

当前市面上常见的采样容器按材质主要分为硬质玻璃瓶和聚乙烯瓶,在表 6-2 中分别用 G、P 表示,硬质玻璃瓶有透明和棕色两种。硬质玻璃瓶适用于化学需氧量、总有机碳、氨氮、总氮、总磷、硫化物、动植物油、硫化物等监测项目的样品采集。硫化物采集时,应用棕色玻璃瓶,以降低光敏作用。五日生化需氧量采集时应用专门的溶氧瓶采集。聚乙烯瓶则适用于总铜、总锌、总镍、总镉等金属元素的样品采集。氨氮、总磷、总氮、总镍、总镉等项目两种材质的瓶子均可使用。对于采样容器选择分析方法中已有要求的按照分析方法来处理,没有明确要求的可按表 6-2 执行。

表 6-2　样品保存和容器洗涤

项目	采样容器	保存剂及用量	保存期	采样量/mL	容器洗涤
色度*	G、P		12 h	250	I
pH*	G、P		12 h	250	I
悬浮物**	G、P		14 h	500	I
化学需氧量	G	加 H$_2$SO$_4$,pH≤2	2 d	500	I
	P	−20℃冷冻	30 d	100	
五日生化需氧量**	溶解氧瓶		12 h	250	I
	P	−20℃冷冻	30 d	1 000	
总有机碳	G	加 H$_2$SO$_4$,pH≤2	7 d	250	I
总磷	G、P	HCl,H$_2$SO$_4$,pH≤2	24 h	250	IV
氨氮	G、P	加 H$_2$SO$_4$,pH≤2	24 h	250	I
总氮	G、P	加 H$_2$SO$_4$,pH≤2	7 d	250	I
硫化物	G、P	1 L 水样加 NaOH 至 pH 为 9,加入 5%抗坏血酸 5 mL,饱和 EDTA3 mL,滴加饱和 Zn(AC)$_2$ 至胶体产生,常温避光	24 h	250	I
总氰化物	G、P	NaOH,pH≥9	12 h	250	I
六价铬	G、P	NaOH,pH=8~9	14 d	250	III
总镍	G、P	HNO$_3$,1 L 水样中加浓 HNO$_3$10 mL	14 d	250	III
总铜	P	HNO$_3$,1 L 水样中加浓 HNO$_3$10 mL	14 d	250	III

项目	采样容器	保存剂及用量	保存期	采样量/mL	容器洗涤
总锌	P	HNO$_3$，1 L 水样中加浓 HNO$_3$10 mL	14 d	250	Ⅲ
总砷	G、P	HNO$_3$，1 L 水样中加浓 HNO$_3$10 mL，DDTC 法，加 HCl 2 mL	14 d	250	Ⅰ
总镉	G、P	HNO$_3$，1 L 水样中加浓 HNO$_3$10 mL	14 d	250	Ⅲ
总汞	G、P	HCl，1%，如水样为中性，1 L 水样中加浓 HCl 10 mL	14 d	250	Ⅲ
总铅	G、P	HNO$_3$，1%，如水样为中性，1 L 水样中加浓 HNO$_3$ 10 mL	14 d	250	Ⅲ
动植物油	G	加入 HCl 至 pH≤2	7 d	250	Ⅱ
挥发酚**	G、P	用 H$_3$PO$_4$调至 pH=2，用 0.01～0.02 g 抗坏血酸除去余氯	24 h	1 000	Ⅰ

注：①*表示应尽量作现场测定，**表示低温（0～4℃）避光保存。

　　②G 为硬质玻璃瓶，P 为聚乙烯瓶。

　　③Ⅰ、Ⅱ、Ⅲ、Ⅳ表示 4 种洗涤方法，分别为

　　Ⅰ：洗涤剂洗 1 次，自来水洗 3 次；

　　Ⅱ：洗涤剂洗 1 次，自来水洗 2 次，（1+3）HNO$_3$（硝酸和水的体积比为 1∶3）荡洗 1 次，自来水洗 3 次；

　　Ⅲ：洗涤剂洗 1 次，自来水洗 2 次，（1+3）HNO$_3$荡洗 1 次，自来水洗 3 次；

　　Ⅳ：铬酸洗液洗 1 次，自来水洗 3 次。

　　在采样之前，采样容器应经过相应的清洗和处理，采样之后要对其进行适当的封存。排污单位可根据监测项目自行选择采样容器并按照合适的方法进行清洗和处理。常用的采样容器见图 6-4。

图 6-4　采样容器（透明硬质玻璃瓶、棕色硬质玻璃瓶和聚乙烯瓶）

采样容器选择时遵守以下的一般原则：

（1）最大限度地防止容器及瓶塞对样品的污染。由于一般的玻璃瓶在贮存水样时可溶出钠、钙、镁、硅、硼等元素，在测定这些项目时应避免使用玻璃容器，以防止新的污染。一些有色瓶塞也会含有大量的重金属，因此采集金属项目时最好选用聚乙烯瓶。

（2）容器壁应易于清洗和处理，以减少如重金属对容器表面的污染。

（3）容器或容器塞的化学和生物性质应该是惰性的，以防止容器与样品组分发生反应。

（4）防止容器吸收或吸附待测组分，引起待测组分浓度的变化。微量金属易于受这些因素的影响。

（5）选用深色玻璃瓶能降低光敏作用。

采样容器准备时，应遵循以下原则：

（1）所有的采样容器准备都应确保不发生正负干扰。

（2）尽可能使用专用容器。如不能使用专用容器，那么最好准备一套容器进行特定污染物的测定，以减少交叉污染。同时应注意防止以前采集高浓度分析物的容器因洗涤不彻底而污染随后采集的低浓度污染物的样品。

（3）对于新容器，一般应先用洗涤剂清洗，再用纯水彻底清洗。但是，用于清洁的清洁剂和溶剂可能引起干扰，所用的洗涤剂类型和选用的容器材质要随待测组分来确定。如测总磷的容器不能使用含磷洗涤剂；测重金属的玻璃容器及聚乙烯容器通常用盐酸或硝酸（$c=1 \text{ mol/L}$）洗净并浸泡 1～2 天后用蒸馏水或去离子水冲洗。

采样容器清洗时，应注意：

（1）用清洁剂清洗塑料或玻璃容器：用水和清洁剂的混合稀释溶液清洗容器和容器帽；用实验室用水清洗两次；控干水并盖好容器帽。

（2）用溶剂洗涤玻璃容器：用水和清洁剂的混合稀释溶液清洗容器和容器帽；用自来水彻底清洗；用实验室用水清洗两次；用丙酮清洗并干燥；用与分析方法

匹配的溶剂清洗并立即盖好容器帽。

（3）用酸洗玻璃或塑料容器：用自来水和清洗剂的混合稀释溶液清洗容器和容器帽；用自来水彻底清洗；用10%硝酸溶液清洗；控干后，注满10%硝酸溶液；密封，贮存至少24 h；用实验室用水清洗，并立即盖好容器帽。

6.2.4　样品保存与运输

6.2.4.1　样品保存

水样采集后应尽快送到实验室进行分析，样品如果长时间放置，受生物、化学、物理等因素影响，某些组分的浓度可能会发生变化。一般可通过冷藏、冷冻、添加保存剂等方式对样品进行保存。

（1）样品的冷藏、冷冻

在大多数情况下，从采集样品到运输最后到实验室期间，样品在1～5℃冷藏并暗处保存就足够了。−20℃的冷冻温度一般能延长贮存期，但冷冻需要掌握冷冻和融化技术，以使样品在融化时能迅速地、均匀地恢复其原始状态，用干冰快速冷冻是令人满意的方法。一般选用聚氯乙烯或聚乙烯等塑料容器。

（2）添加保存剂

添加的保存剂一般包括酸、碱、抑制剂、氧化剂和还原剂，样品保存剂如酸、碱或其他试剂在采样前应进行空白试验，其纯度和等级必须达到分析的要求。

1）加入酸和碱：控制溶液 pH，测定金属离子的水样常用硝酸酸化至 pH 为 1～2，这样既可以防止重金属的水解沉淀，又可以防止重金属在器壁表面上的吸附，同时在 pH 为 1～2 的酸性介质中还能抑制生物的活动。用此法保存，大多数金属可稳定数周或数月。测定氰化物的水样需加氢氧化钠调至 pH 为 12。测定六价铬的水样应加氢氧化钠调至 pH 为 8，因在酸性介质中，六价铬的氧化电位高，易被还原。

2）加入氧化剂：水样中痕量汞易被还原，引起汞的挥发性损失，加入硝酸—

重铬酸钾溶液可使汞维持在高氧化态，汞的稳定性大为改善。

3）加入还原剂：测定硫化物的水样，加入抗坏血酸对保存有利。含余氯水样能氧化氢离子，可使酚类等物质氯化生成相应的衍生物，在采样时加入适当的硫代硫酸钠予以还原，可除去余氯干扰。

加入一些化学试剂可固定水样中的某些待测组分，保存剂可事先加入空瓶中，也可在采样后立即加入水样中。所加入的保存剂不能干扰待测成分的测定，如有疑义应先做必要的试验。

加入保存剂的样品经过稀释后，在分析计算结果时要充分考虑。但如果加入足够浓的保存剂，若加入体积很小，可以忽略其稀释影响。固体保存剂因会引起局部过热，反而影响样品，所以应该避免使用。

所加入的保存剂有可能改变水中组分的化学或物理性质，因此选用保存剂时一定要考虑到对测定项目的影响。如待测项目是溶解态物质，酸化会引起胶体组分和固体的溶解，则必须在过滤后酸化保存。

必须要做保存剂空白实验，特别对微量元素的检测。要充分考虑加入保存剂所引起待测元素数量的变化。例如，酸类会增加砷、铅、汞的含量。因此，样品中加入保存剂后，应保留做空白实验。

针对技术指南中涉及的不同的监测项目应选用的容器材质、保存剂及其加入量、保存期、采样体积和容器洗涤方法见表 6-2。

6.2.4.2　样品运输

水样采集后必须立即送回实验室。若采样地点与实验室距离较远，应根据采样点的地理位置和每个项目分析前最长可保存时间，选用适当的运输方式。在现场工作开始之前，就要安排好水样的运输工作，以防延误。

水样运输前应将容器的外（内）盖盖紧。装箱时应用泡沫塑料等分隔，以防破损。同一采样点的样品应装在同一包装箱内，如需分装在两个或几个箱子中时，则需在每个箱内放入相同的现场采样记录表。运输前应检查现场记录上的所有水样是否全部装箱。要用醒目的色彩在包装箱顶部和侧面标上"切勿倒置"的标记。每个水样瓶均需贴上标签，内容有采样点位编号、采样日期和时间、测定项目。

装有水样的容器必须加以妥善保存和密封，并装在包装箱内固定，以防在运输途中破损。除了防震、避免日光照射和低温运输外，还要防止新的污染物进入容器或沾污瓶口使水样变质。

在水样运送过程中，应有押运人员，每个水样都要附有一张样品交接单。在转交水样时，转交人和接收人都必须清点和检查水样并在样品交接单上签字，注明日期和时间。样品交接单是水样在运输过程中的文件，应防止差错并妥善保管以备查。

6.2.5　留样

有污染物排放异常等特殊情况，要留样分析时，应针对具体项目的分析用量同时采集留样样品，并填写"留样记录表"。表中应涵盖以下内容：污染源名称、监测项目、采样点位、采样时间、样品编号、污水性质、污水流量、采样人姓名、留样时间、留样人姓名、固定剂添加情况、保存时间、保存条件及其他有关事项。

6.3　监测指标测试

6.3.1　测试方法概述

有色金属工业排污单位自行监测项目包括理化指标（如 pH、悬浮物等）、无机阴离子（如硫化物、氟化物等）、有机污染综合指标（如化学需氧量、五日生化需氧量等）、金属及其化合物（如总铬、总砷、总铅、总汞）等几大类。这些监测项目所涉及的分析方法主要包括：重量法、分光光度法、容量分析法、原子吸收分光光度法、电感耦合等离子体发射光谱法、电感耦合等离子体质谱法、离子色谱法、原子荧光法、气相色谱法和气相色谱-质谱法等。

（1）重量法

重量法是将被测组分从试样中分离出来，经过精确称量来确定待测组分含量的分析方法。它是分析方法中最直接的测定方法，可以直接称量得到分析结果，不需标准试样或基准物质进行比较，具有精确度高等特点。图 6-5 为重量法所用的分析天平。

（2）分光光度法

分光光度法测定样品的基本原理是利用朗伯—比尔定律，根据不同浓度样品溶液对光信号具有不同的吸光度，对待测组分进行定量测定。分光光度法是环境监测中常用的方法，具有灵敏度高、准确度高、适用范围广、操作简便和快速及价格低廉等特点。图 6-6 为分光光度法所用的分光光度计。

图 6-5　分析天平

图 6-6　分光光度计

（3）容量分析法

容量分析法是将一种已知准确浓度的标准溶液滴加到被测物质的溶液中，直到所加的标准溶液与被测物质按化学计量定量反应为止，然后根据标准溶液的浓度和用量计算被测物质的含量。按反应的性质，容量分析法可分为酸碱滴定法、氧化还原滴定法、络合滴定法和沉淀滴定法。容量分析法具有操作简便、快速、比较准确和仪器普通易得等特点。图 6-7 为滴定时所使用的套件。

图 6-7　滴定套件

适合容量分析的化学反应应该具备的条件有以下几种：

1）反应必须定量进行而且进行完全；

2）反应速度要快；

3）有比较简便可靠的方法确定理论终点（或滴定终点）；

4）共存物质不干扰滴定反应，或采用掩蔽剂等方法能予以消除。

（4）原子吸收分光光度法

原子吸收分光光度法的测量对象是呈原子状态的金属元素和部分非金属元素，是由待测元素灯发出的特征谱线通过供试品经原子化产生的原子蒸气时，被蒸气中待测元素的基态原子所吸收，通过测定辐射光强度减弱的程度，求出供试品中待测元素的含量，并能够灵敏可靠地测定微量或痕量元素。原子吸收分光光度法由光源、原子化器（分为火焰原子化器、石墨炉原子化器、氢化物发生原子化器及冷蒸气发生原子化器4种）、单色器、背景校正系统、自动进样系统和检测系统等组成。根据原子化器的不同，其可分为火焰原子吸收分光光度法、石墨炉原子吸收分光光度法、氢化物发生原子吸收分光光度法、冷原子吸收分光光度法。图 6-8 为原子吸收分光光度法所用的一种仪器设备。

图 6-8　原子吸收分光光度法所用的火焰原子吸收光谱仪

1）火焰原子吸收分光光度法是最常用的技术，非常适合含有目标分析物的液体或溶解样品，也适用于 mg/L 级的痕量元素检测。缺点是原子化效率低，灵敏度不够高，一般不能直接分析固体样品。

2）石墨炉原子吸收分光光度法能够分析低体积的液体样品，适用于实验室处理日常工作中的复杂基质，可高效去除干扰，敏感度高于火焰原子吸收分光光度法分析数个数量级，可以检测低至μg/L级的痕量元素。缺点是试样组成不均匀性的影响较大，共存化合物的干扰比火焰原子分光光度法大，干扰背景比较严重，一般都需要校正背景。

3）冷原子吸收分光光度法由汞蒸气发生器和原子吸收池组成，专门用于汞的测定。

（5）电感耦合等离子体发射光谱法

电感耦合等离子体发射光谱法是指以电感耦合等离子体作为激发光源，根据处于激发态的待测元素原子回到基态时发射的特征谱线对待测元素进行分析的仪器。具有检出限低、准确度及精密度高、分析速度快等优点。图 6-9 为电感耦合等离子体光谱仪。

（6）电感耦合等离子体质谱法

电感耦合等离子体质谱法是以独特的接口技术将电感耦合等离子体的高温电离特性与质谱检测器的灵敏快速扫描的优点相结合而形成一种高灵敏度的分析技术。水样经预处理后，采用电感耦合等离子体质谱进行检测，根据元素的质谱图或特征离子进行定性，内标法定量。具有灵敏度高、速度快，可在几分钟内完成几十种元素的定量测定的优点，常用于测定地下水中微量、痕量和超痕量的金属元素，以及某些卤族元素、非金属元素。图 6-10 为电感耦合等离子体质谱仪。

图 6-9　电感耦合等离子体光谱仪

图 6-10　电感耦合等离子体质谱仪

（7）离子色谱法

离子色谱法是以低交换容量的离子交换树脂为固定相对离子性物质进行分离，用电导检测器连续检测流出物电导变化的一种色谱方法。主要用于环境样品的分析，包括地表水、饮用水、雨水、生活污水和工业废水、酸沉降物和大气颗粒物等样品中的阴、阳离子，以及与微电子工业有关的水和试剂中痕量杂质的分析。图 6-11 为离子色谱仪。

（8）原子荧光法

原子荧光法根据测量待测元素的原子蒸气在一定波长的辐射能激发下发射的荧光强度进行定量分析的方法，是测定微量砷、锑、铋、汞、硒、碲、锗等元素最成功的分析方法之一。图 6-12 为原子荧光光谱仪。

图 6-11　离子色谱仪

图 6-12　原子荧光光谱仪

（9）气相色谱法

气相色谱法原理主要是利用物质的沸点、极性及吸附性质的差异实现混合物的分离，然后利用检测器依次检测已分离出来的组分。具有快速、有效、灵敏度高等优点，能直接用于气相色谱分析的样品必须是气体或液体，常用的前处理方法有索氏提取法、超声提取法、振荡提取法、微波提取法等。图 6-13 为气相色谱仪。

（10）气相色谱-质谱法

气相色谱-质谱法中气相色谱对有机化合物具有有效的分离、分辨能力，而质谱则是准确鉴定化合物的有效手段，由两者结合构成的色谱-质谱联用技术，是分离和检测复杂化合物的最有力工具之一，可实现复杂体系中有机物的定性及定量测定。气相色谱-质谱法分析虽然结果准确可靠，但相较于光谱分析等方法其预处理、分析步骤较为复杂。图 6-14 为气相色谱-质谱联用仪。

图 6-13　气相色谱仪　　　　　　图 6-14　气相色谱-质谱联用仪

6.3.2　指标测定

通过对有色金属工业技术指南废水监测项目的梳理，除现场测量的流量在前面已经介绍外，对其余的 25 项监测指标的常用监测分析方法和注意事项分别进行介绍，排污单位根据行业排放污染物的特征及单位实验室实际情况选择适合的监测方法开展自行监测。若有其他适用的方法，经过开展相关验证也可以使用。

6.3.2.1 pH

（1）常用方法

pH 是水中氢离子活度的负对数，$pH = -\log_{10} a_{H^+}$。pH 是环境监测中常用和重要的检验项目之一，可间接表示水的酸碱程度，测量常用的分析方法有《水质 pH 值的测定　电极法》（HJ 1147—2020）和便携式 pH 计法（《水和废水监测分析方法（第四版）》）。

（2）注意事项

1）最好能够现场测定，否则样品采集后，应保持在 0～4℃，并在 2 h 内进行测定。当 pH 大于 12 或小于 2 时，不宜使用便携式 pH 计方法，以免损伤电极。

2）便携式 pH 计由不同的复合电极构成，浸泡方式会有所不同，有些电极要用蒸馏水浸泡，有些则严禁用蒸馏水浸泡，应当严格遵守操作手册，以免损伤电极。

3）玻璃电极在使用前先放入蒸馏水中浸泡 24 h 以上。用完后冲洗干净，浸泡在纯水中。

4）测定 pH 时，玻璃电极的球泡应全部浸入溶液中，并使其稍高于甘汞电极的陶瓷芯端，以免搅拌时碰坏。

5）必须注意玻璃电极的内电极与球泡之间、甘汞电极的内电极和陶瓷芯之间不得有气泡，以防短路。

6）测定 pH 时，为减少空气和水样中二氧化碳的溶入或挥发，在测水样之前，不应提前打开水样瓶。

7）玻璃电极表面受到污染时，需进行处理。如果附着无机盐结垢，可用温稀盐酸溶解；对钙镁等难溶性结垢，可用 EDTA 二钠溶液溶解；沾有油污时，可由丙酮清洗。电极按上述方法处理后，应在蒸馏水中浸泡一昼夜再使用。注意忌用无水乙醇、脱水性洗涤剂处理电极。

6.3.2.2　悬浮物

（1）常用方法

水质中的悬浮物是指水样通过孔径为 0.45 μm 的滤膜，截留在滤膜上并于 103～105℃烘干至恒重的物质。悬浮物的测定常用方法为《水质　悬浮物的测定　重量法》（GB 11901—1989）。

（2）注意事项

1）所用聚乙烯瓶或硬质玻璃瓶要用洗涤剂清洗，再依次用自来水和蒸馏水冲洗干净。采样前用即将采集的水样清洗 3 次。采集 500～1 000 mL 样品，盖严瓶塞。

2）采样时漂浮或浸没的不均匀固体物质不属于悬浮物，应从水样中除去。

3）样品应尽快分析，如需放置，应贮存在 4℃冷藏箱中，但最长不得超过 7 天。采样时不能加任何保存剂，以防破坏物质在固、液间的分配平衡。

4）滤膜上截留过多的悬浮物可能夹带过多的水分，除延长干燥时间外，还可能造成过滤困难，遇此情况，可酌情少取试样。

5）滤膜上的悬浮物过少，则会增大称量误差，影响测定精度，必要时可增大试样体积，一般以 5～100 mg 悬浮物量作为量取试样体积的使用范围。

6.3.2.3　硫化物

（1）常用方法

硫化物指水中溶解性无机硫化物和酸溶性金属硫化物的总和。包括溶解性的 H_2S、HS^-、S^{2-}，以及存在于悬浮物中可溶性硫化物和可溶性金属硫化物。常用测定方法有《水质　硫化物的测定　亚甲基蓝分光光度法》（HJ 1226—2021）、《水质　硫化物的测定　直接显色分光光度法》（GB/T 17133—1997）、《水质　硫化物的测定　流动注射-亚甲基蓝分光光度法》（HJ 824—2017）、《水质　硫化物的测定　碘量法》（HJ/T 60—2000）和《水质　硫化物的测定　气相分子吸收光谱法》（HJ/T 200—2005）。

（2）注意事项

1）硫离子很容易被氧化，硫化氢易从水样中溢出，在采样时应防止曝气，并加适量的氢氧化钠溶液和乙酸锌-乙酸钠溶液，使水样呈碱性并形成硫化锌沉淀。水样应充满瓶，瓶塞下不留空气。

2）对于无色、透明、不含悬浮物的清洁水样，采用沉淀分离法测定。

3）对于含悬浮物、浑浊度较高、有色、不透明的水样，采用酸化-吹气-吸收法测定。

4）采样时，先在采样瓶中加入一定量的乙酸锌溶液，再加水样近满瓶，然后滴加适量的氢氧化钠溶液和抗氧化剂溶液。

5）硫化物含量过高时，在采样时可多加固定剂，直至完全沉淀。水样充满采样容器后立即密封保存。

6）每批次样品须至少测定 2 个实验室空白，空白值不得超过方法检出限。否则应查明原因，重新分析直至合格之后才能测定样品。

6.3.2.4　总氰化物

（1）常用方法

氰化物是指在 pH<2 介质中，磷酸和 EDTA 存在下，加热蒸馏形成氰化氢的氰化物，包括全部简单氰化物（多为碱金属和碱土金属的氰化物，铵的氰化物）和绝大部分络合氰化物（锌氰络合物、铁氰络合物、镍氰络合物、铜氰络合物等），不包括钴氰络合物。常用分析方法有《水质　氰化物的测定　流动注射-分光光度法》（HJ 823—2017）、《水质　氰化物的测定　容量法和分光光度法》（HJ 484—2009）和《水质　氰化物等的测定　真空检测管-电子比色法》（HJ 659—2013）。

（2）注意事项

1）氰化物属于剧毒物质，操作时应按规定要求佩戴防护器具，应避免接触皮肤和衣物，检测后的残渣废液应做妥善的安全处理。

2）有明显颗粒物或沉淀的样品应用超声仪超声粉碎后进样。

3）当样品中含有大量硫化物时，应先加碳酸镉或碳酸铅固体粉末，除去硫化物后，再加氢氧化钠固定。否则，在碱性条件下，氰离子和硫离子作用成硫氰酸离子而干扰测定。

4）分析过程中有氰化物的废液产生，应集中回收，交有资质的废弃物专业处理公司处理。

5）在废液收集瓶中，应加入氢氧化钠使得 pH≥11（一般每升废液中加入约 7 g 氢氧化钠），以防止气态氰化氢逸出。应定期摇动废液瓶，以防在瓶中形成浓度梯度。

6）应注意流动注射仪管路系统的保养，经常清洗管路；每次实验前都应检查泵管是否磨损，并及时更换已损坏的泵管。

6.3.2.5　化学需氧量

（1）常用方法

化学需氧量（COD_{Cr}）是指在强酸并加热条件下，用重铬酸钾作为氧化剂处理水样时所消耗氧化剂的量。常用分析方法有《水质　化学需氧量的测定　重铬酸盐法》（HJ 828—2017）、《水质　化学需氧量的测定　快速消解分光光度法》（HJ/T 399—2007)和《高氯废水　化学需氧量的测定　氯气校正法》（HJ/T 70—2001）。

（2）注意事项

1）实验试剂硫酸汞剧毒，实验人员应避免与其直接接触。样品前处理过程应在通风橱中进行。该方法的主要干扰物为氯化物，可加入硫酸汞溶液去除。经回流后，氯离子可与硫酸汞结合成可溶性的氯汞配合物。硫酸汞溶液的用量可根据水样中氯离子的含量，按质量比 $m(HgSO_4):m(Cl^-)≥20:1$ 的比例加入，最大加入量为 2 mL（按照氯离子最大允许浓度 1 000 mg/L 计）。水样中氯离子的含量可采用《水质　氯化物的测定　硝酸银滴定法》（GB 11896—1989)或《水质　化学需氧量的测定　重铬酸盐法》（HJ 828—2017）附录 A 进行测定或粗略判定。

2）采集水样的体积不得少于 100 mL，采集的水样应至于玻璃瓶中，并尽快分析。如不能立即分析时，应加入硫酸至 pH＜2，置于 4℃以下保存，保存时间不能超过 5 天。

3）对于污染严重的水样，可选取所需体积的 1/10 的水样放入硬质玻璃管，加入 1/10 的试剂，摇匀后加热沸腾数分钟，观察溶液是否变成蓝绿色。若呈蓝绿色，应再适当少取水样，直至溶液不变蓝绿色为止，从而可以确定待测水样的稀释倍数。

4）消解时应使溶液缓慢沸腾，不宜爆沸。如出现爆沸，说明溶液中出现局部过热，会导致测定结果有误。爆沸的原因可能是加热过于激烈，或是防爆沸玻璃珠的效果不好。

6.3.2.6　五日生化需氧量

（1）常用方法

水体中所含的有机物成分复杂，难以一一测定其成分。人们常常利用水中有机物在一定条件下所消耗的氧来间接表示水体中有机物的含量，生化需氧量即属于这类的重要指标之一。常用分析方法是《水质　五日生化需氧量（BOD_5）的测定　稀释与接种法》（HJ 505—2009）。

（2）注意事项

1）丙烯基硫脲属于有毒化合物，操作时应按规定要求佩戴防护器具，避免接触皮肤和衣物；标准溶液的配制应在通风橱内进行操作；检测后的残渣废液应做妥善的安全处理。

2）采集的样品应充满并密封于棕色玻璃瓶中，样品量不小于 1 000 mL，在 0～4℃的暗处运输保存，并于 24 小时内尽快分析。24 小时内不能分析，可冷冻保存（冷冻保存时避免样品瓶破裂），冷冻样品分析前须解冻、均质化和接种。

3）若样品中的有机物含量较多，BOD_5 的质量浓度大于 6 mg/L，样品需适当稀释后测定。

4）对不含或含微生物少的工业废水，如酸性废水、碱性废水、高温废水、冷冻保存的废水或经过氯化处理等的废水，在测定 BOD_5 时应进行接种，以引进能分解废水中有机物的微生物。

5）当废水中存在难以被一般生活污水中的微生物以正常的速度降解的有机物或含有剧毒物质时，应将驯化后的微生物引入水样中进行接种。

6）每一批样品做两个分析空白试样，稀释空白试样的测定结果不能超过 0.5 mg/L，非稀释接种法和稀释接种法空白试样的测定结果不能超过 1.5 mg/L，否则应检查可能的污染来源。

6.3.2.7　氨氮

（1）常用方法

氨氮（NH_3-N）以游离氨（NH_3）或铵盐（NH_4^+）形式存在于水中。氨氮常用测定方法有《水质　氨氮的测定　蒸馏-中和滴定法》（HJ 537—2009）、《水质　氨氮的测定　气相分子吸收光谱法》（HJ/T 195—2005）、《水质　氨氮的测定　纳氏试剂分光光度法》（HJ 535—2009）、《水质　氨氮的测定　水杨酸分光光度法》（HJ 536—2009）、《水质　氨氮的测定　连续流动-水杨酸分光光度法》（HJ 665—2013）和《水质　氨氮的测定　流动注射-水杨酸分光光度法》（HJ 666—2013）。

（2）注意事项

1）水样采集在聚乙烯或玻璃瓶内，要尽快分析。如需保存，应加硫酸使水样酸化至 pH<2，2～5℃下可保存 7 天。

2）水样中含有悬浮物、余氯、钙、镁等金属离子、硫化物和有机物时会产生干扰，含有此类物质时要做适当处理，以消除对测定的影响。

3）如果水样的颜色过深、含盐量过多，酒石酸钾盐对水样中的金属离子掩蔽能力不够，或水样中存在高浓度的钙、镁和氯化物时，需要预蒸馏。

4）试剂和环境温度会影响分析结果，冰箱贮存的试剂需放置到室温后再分析，分析过程中室温波动不超过±5℃。

5）当同批分析的样品浓度波动较大时，可在样品与样品之间插入空白当试样分析，以减小高浓度样品对低浓度样品的影响。

6）标定盐酸标准滴定溶液时，至少平行滴定 3 次，平行滴定的最大允许偏差不大于 0.05 mL。

7）分析过程中发现检测峰峰型异常，一般情况下平峰为超量程，双峰为基体干扰，不出峰为泵管堵塞或试剂失效。

8）每天分析完毕后，用纯水对分析管路进行清洗，并及时将流动检测池中的滤光片取下放入干燥器中，防尘防湿。

6.3.2.8 总氮

（1）常用方法

总氮指能测定的样品中溶解态氮及悬浮物中氮的总和，包括亚硝酸盐氮、硝酸盐氮、无机铵盐、溶解态氮及大部分有机含氮化合物中的氮。常用测定方法有《水质 总氮的测定 碱性过硫酸钾消解紫外分光光度法》（HJ 636—2012）、《水质 总氮的测定 连续流动-盐酸萘乙二胺分光光度法》（HJ 667—2013）、《水质 总氮的测定 流动注射-盐酸萘乙二胺分光光度法》（HJ 668—2013）和《水质 总氮的测定 气相分子吸收光谱法》（HJ/T 199—2005）。

（2）注意事项

1）将采集好的样品贮存在聚乙烯瓶或硬质玻璃瓶中，用浓硫酸调节 pH 至1～2，常温下可保存 7 天；贮存在聚乙烯瓶中，−20℃冷冻，可保存 1 个月。

2）某些含氮有机物在规定的测定条件下不能完全转化为硝酸盐。

3）测定应在无氨的实验室环境中进行，避免环境交叉污染对测定结果产生影响。

4）实验所用的器皿和高压蒸汽灭菌器等均应无氨污染。实验中所用的玻璃器皿应用盐酸溶液或硫酸溶液浸泡，用自来水冲洗后再用无氨水冲洗数次，洗净后立即使用。高压蒸汽灭菌器应每周清洗。

5）在碱性过硫酸钾溶液配制过程中，温度过高会导致过硫酸钾分解失效，因此要控制水浴温度在 60℃以下，而且应待氢氧化钠溶液温度冷却至室温后，再将其与过硫酸钾溶液混合、定容。

6）使用高压蒸汽灭菌器时，应定期检定压力表，并检查橡胶密封圈密封情况，避免因漏气而减压。

7）当同批分析的样品浓度波动大时，可在样品与样品之间插入空白当试样分析，以减小高浓度样品对低浓度样品的影响。

6.3.2.9　总磷

（1）常用方法

总磷的常用测定方法有《水质　总磷的测定　钼酸铵分光光度法》（GB 11893—1989）、《水质　磷酸盐和总磷的测定　连续流动-钼酸铵分光光度法》（HJ 670—2013）和《水质　总磷的测定　流动注射-钼酸铵分光光度法》（HJ 671—2013）。

（2）注意事项

1）用硝酸-高氯酸消解需要在通风橱中进行。高氯酸和有机物的混合物经加热易发生危险，需将试样先用硝酸消解，然后加入高氯酸消解。

2）在采样前，用水冲洗所有接触样品的器皿，样品采集于清洗过的聚乙烯或玻璃瓶中。用于测定磷酸盐的水样，取样后于 0～4℃暗处保存，可稳定 24 小时。用于测定总磷的水样，采集后应立即加入硫酸至 pH≤2，常温可保存 24 小时；于 −20℃冷冻，可保存 1 个月。

3）对于磷酸含量较少的样品（磷酸盐或总磷浓度≤0.1 mg/L），不可用聚乙烯瓶保存，冷冻保存状态除外。

4）绝不可把消解的试样蒸干。

5）如消解后有残渣时，用滤纸过滤于具塞比色管中。

6）水样中的有机物用过硫酸钾氧化不能完全破坏时，可用此法消解。

7）当同批分析的样品浓度波动大时，可在样品与样品之间插入空白当试样分析，以减小高浓度样品对低浓度样品的影响。

8）每次分析完毕后，用纯水对分析管路进行清洗，并及时将流动检测池中的滤光片取下放入干燥器中，防尘防湿。

6.3.2.10 总汞

（1）常用方法

水中的总汞是指未经过滤的样品经消解后测得的汞，包括无机、有机结合、可溶和悬浮的全部汞。常用测定方法主要有《水质　总汞的测定　冷原子吸收分光光度法》（HJ 597—2011）、《水质　汞、砷、硒、铋和锑的测定　原子荧光法》（HJ 694—2014）和《水质　总汞的测定　高锰酸钾-过硫酸钾消解法　双硫腙分光光度法》（GB/T 7469—1987）。

（2）注意事项

1）样品采集后应当按照每升水样加入 5 mL 盐酸的比例添加保存剂。

2）测定可滤态汞时，采样后尽快通过 0.45 μm 滤膜过滤，然后按要求添加保存剂。

3）试验所用试剂（尤其是高锰酸钾）中的汞含量对空白试验测定值影响较大。因此，实验中应选择汞含量尽可能低的试剂。

4）在样品还原前，所有试剂和试样的温度应保持一致（<25℃）。环境温度低于 10℃时，灵敏度会明显降低。

5）汞的测定易受到环境中的汞污染，在汞的测定过程中应加强对环境中汞的控制，保持清洁、加强通风。

6）水蒸气对汞的测定有影响，会导致测定时响应值降低，应注意保持连接管路和汞吸收池干燥。可通过红外灯加热的方式去除汞吸收池中的水蒸气。

7）反应装置的连接管宜采用硼硅玻璃、高密度聚乙烯、聚四氟乙烯、聚砜等材质，不宜采用硅胶管。

8）实验中产生的废液和废物不可随意倾倒，应置于密闭容器中保存，委托有资质的单位进行处理。

6.3.2.11　总砷

（1）常用方法

水中的总砷是指未经过滤的样品经消解后测得的砷，包括单体形态、无机和有机结合化合物中砷的总量。常用测定方法主要有《水质　汞、砷、硒、铋和锑的测定　原子荧光法》（HJ 694—2014）、《水质　65 种元素的测定　电感耦合等离子体质谱法》（HJ 700—2014）、《水质　总砷的测定　二乙基二硫代氨基甲酸银分光光度法》（GB 7485—1987）和《水质　32 种元素的测定　电感耦合等离子体发射光谱法》（HJ 776—2015）。

（2）注意事项

1）样品采集后应当按照每升水样加入 2 mL 盐酸的比例添加保存剂。

2）测定可滤态砷时，采样后尽快通过 0.45 μm 滤膜过滤，然后按要求添加保存剂。

3）砷化氢为剧毒气体，故砷化氢发生系统应严防漏气。加入锌粒后要立即接好导气管，以免砷化氢中毒且影响测定结果。应在通风良好的条件下操作。

4）三氧化二砷为剧毒药品，建议购买砷标准中间液，避免中毒。

5）盐酸、硝酸均具有强烈的化学腐蚀性和刺激性，操作时应按规定要求佩戴防护器具，并在通风橱中进行，避免酸雾吸入呼吸道和接触皮肤、衣物。

6）测定试样（或空白试样）：每个试样测定前，先用硝酸和水的体积比为 2∶98（2+98）的稀硝酸溶液冲洗系统直到信号降至最低，待分析信号稳定后才可开始测定。

7）样品采集后立即加硝酸酸化至 pH 为 1～2，正常情况下每 1 000 mL 水样加 2 mL 浓硝酸。

8）实验用的玻璃器皿或塑料器皿洗涤干净后，在稀硝酸溶液中浸泡至少 12 小时，使用前用蒸馏水冲洗干净。

9）实验中产生的废液应集中收集，并清楚地做好标记贴上标签，委托有资质的单位进行处理。

6.3.2.12 总镍

（1）常用方法

水中的总镍是指未经过滤的样品经消解后测得的镍的总量。常用测定方法主要有《水质 镍的测定 火焰原子吸收分光光度法》（GB 11912—89）、《水质 65种元素的测定 电感耦合等离子体质谱法》（HJ 700—2014）、《水质 镍的测定 丁二酮肟分光光度法》（GB 11910—1989）和《水质 32 种元素的测定 电感耦合等离子体发射光谱法》（HJ 776—2015）。

（2）注意事项

1）测定地表水和地下水中总镍时，只能使用电感耦合等离子体质谱法；测定工业废水和受镍污染的环境水中总镍时，3 种方法均可使用。使用前应注意不同方法的适用范围。

2）样品采集后应当立即加入硝酸调节水样 pH 为 1～2。

3）测定可滤态镍时，采样后尽快通过 0.45 μm 滤膜过滤，然后加入硝酸调节水样 pH。

4）实验用的玻璃器皿或塑料器皿洗涤干净后，在稀硝酸溶液中浸泡至少 12 小时，使用前用蒸馏水冲洗干净。

5）实验中产生的废液应集中收集，并清楚地做好标记贴上标签，委托有资质的单位进行处理。

6.3.2.13 总铬

（1）常用方法

水中的总铬是指未经过滤的样品经消解后测得的铬。常用测定方法主要有《水质 铬的测定 火焰原子吸收分光光度法》（HJ 757—2015）、《水质 65 种元素的测定 电感耦合等离子体质谱法》（HJ 700—2014）和《水质 32 种元素的测定 电感耦合等离子体发射光谱法》（HJ 776—2015）。

（2）注意事项

1）测定高浓度可溶性铬和总铬时，只能使用火焰原子吸收分光光度法；其他情况 3 种方法均可使用。使用前应注意不同方法的适用范围。

2）测定总铬时，样品采集后应当立即加入硝酸调节水样 pH≤2。

3）测定可滤态铬时，采样后尽快通过 0.45 μm 滤膜过滤，弃去初始的滤液，收集所需体积的滤液于样品瓶中，然后加入硝酸调节水样 pH。

4）实验用的玻璃器皿或塑料器皿洗涤干净后，在稀硝酸溶液中浸泡至少 12 小时，使用前用蒸馏水冲洗干净。

5）实验中产生的废液应集中收集，并清楚地做好标记贴上标签，委托有资质的单位进行处理。

6.3.2.14　六价铬

（1）常用方法

地面水和工业废水中六价铬的测定常用方法为《水质　六价铬的测定　二苯碳酰二肼分光光度法》（GB/T 7467—1987）。

（2）注意事项

1）所有玻璃仪器不能使用重铬酸钾洗液洗涤，可用硝酸、硫酸混合液或洗涤剂洗涤。玻璃器皿内壁应保持光洁，防止铬被吸附。

2）实验室样品应当使用玻璃瓶采集，采集后应加入氢氧化钠，调节样品 pH 约为 8，尽快测定，如需放置，不宜超过 24 小时。

3）样品经锌盐沉淀分离法前处理后，仍含有机物干扰测定时，可用酸性高锰酸钾氧化法破坏有机物后再测定。

6.3.2.15　总铜

（1）常用方法

水中的总铜是指未经过滤的水样，经消解后测得的铜。常用测定方法主要有

《水质　铜、锌、铅、镉的测定　原子吸收分光光度法》（GB 7475—1987）、《水质　铜的测定　2,9-二甲基-1,10-菲啰啉分光光度法》（HJ 486—2009）、《水质　铜的测定　二乙基二硫代氨基甲酸钠分光光度法》（HJ 485—2009）、《水质　65 种元素的测定　电感耦合等离子体质谱法》（HJ 700—2014）和《水质　32 种元素的测定　电感耦合等离子体发射光谱法》（HJ 776—2015）。

（2）注意事项

1）用聚乙烯塑料瓶采集样品。采样瓶先用洗涤剂洗净，再在硝酸溶液中浸泡 24 小时以上，使用前用水冲洗干净，采样后立即加硝酸酸化至 pH 为 1～2。

2）每批样品至少做 2 个实验空白，空白值应低于方法测定下限。否则应检查实验用水质量、试剂纯度、器皿洁净度及仪器性能等。

3）实验过程中产生的废液和废物应分类收集和保管，委托有资质的单位进行处理。

6.3.2.16　总铅

（1）常用方法

水中的总铅是指未经过滤的水样，经消解后测得的铅。常用测定方法主要有《水质　铜、锌、铅、镉的测定　原子吸收分光光度法》（GB 7475—1987）、《水质　铅的测定　双硫腙分光光度法》（GB 7470—1987）、《水质　65 种元素的测定　电感耦合等离子体质谱法》（HJ 700—2014）和《水质　32 种元素的测定　电感耦合等离子体发射光谱法》（HJ 776—2015）。

（2）注意事项

1）用聚乙烯塑料瓶采集样品。采样瓶先用洗涤剂洗净，再在硝酸溶液中浸泡，使用前用水冲洗干净。

2）采样后，每 1 000 mL 水样立即加入 2.0 mL 硝酸酸化至 pH 约为 1.5，加入 5 mL 碘溶液以免挥发性有机铅化合物在水样处理和消化过程中损失。

3）所用玻璃仪器，在使用前都应用硝酸清洗，并用自来水和无铅蒸馏水冲洗洁净。

6.3.2.17　总锌

（1）常用方法

水中的总锌是指未经过滤的水样，经消解后测得的锌。常用测定方法主要有《水质　铜、锌、铅、镉的测定　原子吸收分光光度法》（GB 7475—1987）、《水质　锌的测定　双硫腙分光光度法》（GB 7472—1987）、《水质　65 种元素的测定　电感耦合等离子体质谱法》（HJ 700—2014）和《水质　32 种元素的测定　电感耦合等离子体发射光谱法》（HJ 776—2015）。

（2）注意事项

1）用聚乙烯塑料瓶采集样品。采样瓶先用洗涤剂洗净，再在硝酸溶液中浸泡 24 小时，使用前用无锌水冲洗干净。

2）采样后，每 1 000 mL 水样立即加入 2.0 mL 硝酸酸化至 pH 约为 1.5。

3）所用玻璃器皿均先后用 1+1 硫酸和无锌水浸泡和洗净。

6.3.2.18　总镉

（1）常用方法

水中的总镉是指未经过滤的水样，经消解后测得的镉。常用测定方法主要有《水质　铜、锌、铅、镉的测定　原子吸收分光光度法》（GB 7475—1987）、《水质　镉的测定　双硫腙分光光度法》（GB 7471—1987）、《水质　65 种元素的测定　电感耦合等离子体质谱法》（HJ 700—2014）和《水质　32 种元素的测定　电感耦合等离子体发射光谱法》（HJ 776—2015）。

（2）注意事项

1）用聚乙烯塑料瓶采集样品。采样瓶先用洗涤剂洗净，再在盐酸溶液中浸泡，使用前用自来水和去离子水冲洗干净。

2）采样后，每 1 000 mL 水样立即加入 2.0 mL 硝酸酸化至 pH 约为 1.5。

3）实验所用玻璃器皿使用前应用盐酸浸泡，使用前用自来水和去离子水冲洗干净。

4）实验中所用氢氧化钠-氰化钾溶液剧毒，称量和配制时要特别小心，取时要戴胶皮手套，避免沾污皮肤。

5）禁止用嘴通过移液管来吸取氰化钾溶液。

6.3.2.19 总钴

（1）常用方法

水中的总钴是指未经过滤的样品经消解后测得的钴。常用测定方法主要有《水质 钴的测定 火焰原子吸收分光光度法》（HJ 957—2018）、《水质 钴的测定 石墨炉原子吸收分光光度法》（HJ 958—2018）、《水质 65 种元素的测定 电感耦合等离子体质谱法》（HJ 700—2014）和《水质 32 种元素的测定 电感耦合等离子体发射光谱法》（HJ 776—2015）。在测定低浓度工业废水时，适用《水质 65 种元素的测定 电感耦合等离子体质谱法》（HJ 700—2014）。

（2）注意事项

1）样品采集后应当按照每升水样加入 5 mL 盐酸的比例添加保存剂。

2）制备总钴试样时，将烧杯放在可控温的电加热板上加热消解，确保溶液不沸腾，也可用微波消解。

3）实验所用玻璃器皿使用前应用盐酸浸泡，自来水和去离子水冲洗干净。

4）在实验室分析时，注意质谱型和非质谱型干扰的消除。

5）实验中产生的废液和废物不可随意倾倒，应置于密闭容器中保存，委托有资质的单位进行处理。

6.3.2.20 总锡

（1）常用方法

水中的总锡是指未经过滤的样品经消解后测得的锡。常用测定方法主要有《水质 65 种元素的测定 电感耦合等离子体质谱法》（HJ 700—2014）和《水质 32 种

元素的测定　电感耦合等离子体发射光谱法》（HJ 776—2015）。在测定低浓度工业废水时，适用《水质　65 种元素的测定　电感耦合等离子体质谱法》（HJ 700—2014）。

（2）注意事项

1）样品采集后应当按照每升水样加入 5 mL 盐酸的比例添加保存剂。

2）制备总锡试样时，将烧杯放在可控温的电加热板上加热消解，确保溶液不沸腾，也可用微波消解。

3）实验所用玻璃器皿使用前应用盐酸浸泡，自来水和去离子水冲洗干净。

4）在实验室分析时，注意质谱型和非质谱型干扰的消除。

5）实验中产生的废液和废物不可随意倾倒，应置于密闭容器中保存，委托有资质的单位进行处理。

6.3.2.21　总锑

（1）常用方法

水中的总锑是指未经过滤的样品经消解后测得的锑。常用测定方法主要有《水质　汞、砷、硒铋和锑的测定　原子荧光法》（HJ 694—2014）、《水质　锑的测定　火焰原子吸收分光光度法》（HJ 1046—2019）、《水质　锑的测定　石墨炉原子吸收分光光度法》（HJ 1047—2019）、《水质　65 种元素的测定　电感耦合等离子体质谱法》（HJ 700—2014）和《水质　32 种元素的测定　电感耦合等离子体发射光谱法》（HJ 776—2015）。在测定低浓度工业废水时，适用《水质　65 种元素的测定　电感耦合等离子体质谱法》（HJ 700—2014）。

（2）注意事项

1）样品采集后应当按照每升水样加入 5 mL 盐酸的比例添加保存剂。

2）制备试样时，将烧杯放在可控温的电加热板上加热消解，确保溶液不沸腾，也可用微波消解。

3）实验所用玻璃器皿使用前应用盐酸浸泡，自来水和去离子水冲洗干净。

4）在实验室分析时，注意质谱型和非质谱型干扰的消除。

5）酸性介质中能与硼氢化钾反应生成氢化物的元素会相互影响产生干扰，高于一定浓度的铜、镍、铁等金属元素也可能对测定产生一定干扰，还有一些物理方面的干扰，在分析测定时注意干扰的消除。

6）实验中产生的废液和废物不可随意倾倒，应置于密闭容器中保存，委托有资质的单位进行处理。

6.3.2.22 挥发酚

（1）常用方法

水中的挥发酚是指能够随水蒸气蒸馏出来和特定物质发生特定化学反应的挥发性酚类化合物，结果均以苯酚计。常用测定方法主要有《水质 挥发酚的测定 4-氨基安替比林分光光度法》（HJ 503—2009）、《水质 挥发酚的测定 流动注射-4-氨基安替比林分光光度法》（HJ 825—2017）和《水质 挥发酚的测定 溴化容量法》（HJ 502—2009）。

（2）注意事项

1）注意不同方法的适用范围。溴化容量法只适用于高浓度工业废水中挥发酚的测定；分光光度法适用于不同类型水质中挥发酚的测定。

2）测定中氧化剂、油类、硫化物、有机或无机还原性物质和苯胺类会干扰酚的测定，消除方法参见具体的分析方法。

3）样品采集量应大于 500 mL，贮于硬质玻璃瓶中。

4）在样品采集现场，用淀粉-碘化钾试纸检测样品中有无游离氯等氧化剂的存在。若试纸变蓝，应及时加入过量硫酸亚铁去除。

5）采集后的样品应及时加磷酸酸化至 pH 约为 4.0，并加适量硫酸铜，使样品中硫酸铜质量浓度约为 1 g/L，以抑制微生物对酚类的生物氧化作用。

6）采集后的样品应在 4℃下冷藏，24 小时内进行测定。

7）每次试验前后，应清洗整个蒸馏设备。

8）不得用橡胶塞、橡胶管连接蒸馏瓶及冷凝器，以防止对测定产生干扰。

9）实验中产生的废液应集中收集，并清楚地做好标记贴上标签，委托有资质的单位进行处理。

6.3.2.23　石油类和动植物油类

（1）常用方法

水中动植物油类是指在 pH≤2 的条件下，能够被四氯乙烯萃取且被硅酸镁吸收的物质。常用测定方法为《水质　石油类和动植物油类的测定　红外分光光度法》（HJ 637—2018）。

（2）注意事项

1）用采样瓶采集约 500 mL 水样后，加入盐酸溶液酸化至 pH≤2。

2）如样品不能在 24 小时内测定，应在 0～4℃冷藏保存，3 天内测定。

3）试验中使用的四氯乙烯须符合品质相关要求，避光保存。

4）同一批样品测定所使用的四氯乙烯应来自同一瓶，如样品数量多，可将多瓶四氯乙烯混合均匀后使用。

5）所有使用完的器皿置于通风橱内挥发完后清洗。

6）四氯乙烯废液应集中存放于密闭容器中，并做好相应标识，委托有资质的单位进行处理。

6.3.2.24　氟化物

（1）常用方法

水中氟化物常用的分析方法为《水质　氟化物的测定　离子选择电极法》（GB/T 7484—1987）。

（2）注意事项

1）温度会影响电极的点位和样品的离解，须使试样与标准溶液的温度相同，并注意调节仪器的温度补偿装置使之与溶液的温度一致。每日测定电极的实际斜率。

2）三价铁、铝和四价硅等高价阳离子及氢离子能与氟离子络合产生干扰，所产生的干扰程度取决于络合离子的种类和浓度、氟化物的浓度及溶液的 pH 等。

3）电极用后应用水充分冲洗干净，并用滤纸吸去水分，放在空气中或者放在稀的氟化物标准溶液中。如果短时间不再使用，应洗净，吸去水分，套上保护电极敏感部位的保护帽，使用前充分冲洗，并去掉水分。

4）插入电极前不要搅拌溶液，以免电极表面附着气泡影响测定准确度。测定过程中应连续搅拌，搅拌时速度应适中、稳定，不要形成涡流。

5）如果电极的膜表面被有机物等沾污，必须先清洗干净后才能使用。

第 7 章　废水自动监测技术要点

近年来，为加大地区排污的监控力度和满足排污许可的要求，全国各级生态环境部门大力推进废水自动监测系统的建设。废水自动监测系统也称为水污染源在线监测系统，通常是由水污染源在线监测设备和水污染源在线监测站房组成。随着全国废水自动监测系统的逐年攀升，做好系统的建设、验收及运行维护管理工作成为影响数据质量关键环节。本章基于《水污染源在线监测系统（COD_{Cr}、NH_3-N 等）安装技术规范》（HJ 353—2019）、《水污染源在线监测系统（COD_{Cr}、NH_3-N 等）验收技术规范》（HJ 354—2019）、《水污染源在线监测系统（COD_{Cr}、NH_3-N 等）运行技术规范》（HJ 355—2019）、《水污染源在线监测系统（COD_{Cr}、NH_3-N 等）数据有效性判别技术规范》（HJ 356—2019）标准，对废水自动监测系统的建设、验收、运行维护应注意的技术要点进行梳理。

7.1　水污染源在线监测系统组成

水污染源在线监测系统通常由流量监测单元、水质自动采样单元、水污染源在线监测仪器、数据控制单元以及相应的建筑设施等组成。

（1）流量监测单元通常包括明渠流量计和管道流量计。采用超声波明渠流量计测定流量，应按技术规范要求修建堰槽；管道流量计可选择电磁流量计。

（2）水质自动采样单元通常是指采样管路、采样泵以及水质自动采样器。采样管路应根据废水水质选择优质的聚氯乙烯（PVC）、三丙聚丙烯（PPR）等不影响分析结果的硬管，配有必要的防冻和防腐设施。采样泵应根据水样流量、废水水质、水质自动采样器的水头损失及水位差合理选择采样泵。采样管路宜设置为明管，并标注水流方向。根据 HJ 353—2019 的最新要求，水质自动采样单元应具有采集瞬时水样和混合水样，混匀及暂存水样、自动润洗及排空混匀桶，以及留样功能。

（3）水污染源在线监测仪器是指在现场用于监控、监测污染物排放的化学需氧量（COD_{Cr}）在线自动监测仪、pH 水质自动分析仪、氨氮水质自动分析仪、总磷水质自动分析仪、污水流量计、水质自动采样器和数据采集传输仪等仪器、仪表。

化学需氧量（COD_{Cr}）在线自动监测仪的测定方法多采用重铬酸钾法测定，对于高氯废水也可考虑采用总有机碳（TOC），但必须与重铬酸钾法做对照实验，得出相关系数，换算成重铬酸钾法监测数据输出。

pH 水质自动分析仪采用玻璃电极法测定。

氨氮水质自动分析仪的测定方法有纳氏试剂光度法、氨气敏电极法、水杨酸-次氯酸盐比色法等方法测定。

总磷在线自动监测仪的测定方法多采用钼锑抗分光光度法测定。

总氮在线自动监测仪的测定方法多采用连续流动-盐酸萘乙二胺分光光度法和碱性过硫酸钾消解紫外分光光度法。

数据采集设备主要是对各种监测设备测量的数据进行采集、存储及处理，并将有关的数据存储和输出。

数据传输设备对采集的各种监测数据传输至生态环境主管部门。目前，数据传输有多种方式，包括 GPRS 方式、GSM 短消息方式、局域网方式等。

（4）数据控制单元指实现控制整个水污染源在线监测系统内部仪器设备联动，自动完成水污染源在线监测仪器的数据采集、整理、输出及上传至监控中心平台，接受监控中心平台命令控制水污染源在线监测仪器运行等功能的单元。根据HJ 353—2019 的最新要求，数据控制单元可控制水质自动采样单元采样、送样及留样等操作。

（5）总体要求。排污单位在安装自动监测设备时，应当根据国家对每个监测设备的具体技术要求进行选型安装。选型安装在线监测仪器时，应根据污染物浓度和排放标准，选择检测范围与之匹配的在线监测仪器，监测仪器满足国家对仪器的技术要求。如《化学需氧量（COD_{Cr}）水质在线自动监测仪技术要求及检测方法》（HJ 377—2019）、《氨氮水质在线自动监测仪技术要求及检测方法》（HJ 101—2019）、《总氮水质自动分析仪技术要求》（HJ/T 102—2003）、《总磷水质自动分析仪技术要求》（HJ/T 103—2003）、《pH 水质自动分析仪技术要求》（HJ/T 96—2003）等。选型安装数据传输设备时，应按照《污染物在线监控（监测）系统数据传输标准》（HJ 212—2017）和《污染源在线自动监控（监测）数据采集传输仪技术要求》（HJ 477—2009）规范要求设置，不得添加其他可能干扰监测数据存储、处理、传输的软件或设备。

在污染源自动监测设备建设、联网和管理过程中，如果当地管理部门有相关规定的，也应同时参考地方的规定要求。如原上海市环保局于 2017 年发布了《上海市固定污染源自动监测建设、联网、运维和管理有关规定》。

7.2 现场安装要求

废水自动监测系统现场安装主要涉及现场监测站房建设、排放口规范化整治、采样点位选取等内容，其中监测站房的建筑设计应作为在线监控的专室专用，远离腐蚀性气体的地点，并满足所处位置的气候、生态、地质、安全等要求，站房内应安装空调和冬季采暖设备，空调具有来电自启动功能，具备温湿度计；排放口应满足生态环境部门规定的排放口规范化设置要求；监测站房内、采样口等区域应安装视频监控设备；采样点位应避开有腐蚀性气体、较强的电磁干扰和振动的地方，应易于到达，且保证采样管路不超过 50 m，同时应有足够的工作空间和安全措施，便于采样和维护操作。具体要求详见 5.2.4。

7.3 调试检测

废水污染源自动监测设备现场安装完成后，需对其进行调试、试运行，以验证设备是否能够符合连续稳定运行的技术要求。

7.3.1 调试

调试是指在流量计、水质自动采样器、水质自动分析仪运行初期进行校准、校验的初期检查，并按照标准规范要求编制调试报告。具体要求如下：

（1）明渠流量计应进行流量比对误差和液位比对误差测试。

（2）水质自动采样器应进行采样量误差和温度控制误差测试。

（3）水质自动分析仪应根据排污企业排放浓度选择量程，并在该量程下按进行 24 小时漂移、重复性、示值误差以及实际水样比对测试。

（4）各水污染源在线监测仪器指标符合相关技术要求的调试效果，TOC 水质自动分析仪参照 COD_{Cr} 水质自动分析仪执行。

7.3.2 试运行

设备调试完成后，进入试运行阶段，根据实际水污染源排放特点及建设情况，编制水污染源在线监测系统运行与维护方案以及相应的记录表格，最终编制试运行报告。具体要求如下：

（1）试运行期间应保持对水污染源在线监测系统连续供电，连续正常运行 30 天。

（2）可设定任一时间（时间间隔不小于 24 小时），由水污染源在线系统自动调节零点和校准量程值。

（3）因排放源故障或在线监测系统故障造成试运行中断，在排放源或在线监测系统恢复正常后，重新开始试运行。

（4）试运行期间数据传输率应不小于 90%。

（5）数据控制系统已经和水污染源在线监测仪器正确连接，并开始向监控中心平台发送数据。

7.4　验收要求

自动监测设备完成安装、调试及试运行并与环保部门联网后，同时符合下列要求，建设方组织仪器供应商、管理部门等相关方实施技术验收工作，并编制在线验收报告。验收主要内容应进行建设验收、仪器设备验收、联网验收及运行与维护方案验收。验收前自动监测设备应满足如下条件：

（1）提供水污染源在线监测系统的选型、工程设计、施工、安装调试及性能等相关技术资料。

（2）水污染源在线监测系统已完成调试与试运行，并提交运行调试报告与试运行报告。

（3）提供流量计、标准计量堰（槽）的检定证书，水污染源在线监测仪器符合 HJ 353—2019 表 1 中技术要求的证明材料。

（4）水污染源在线监测系统所采用基础通信网络和基础通信协议应符合 HJ 212—2017 的相关要求，对通信规范的各项内容做出响应，并提供相关的自检报告。同时提供生态环境主管部门出具的联网证明。

（5）水质自动采样单元已稳定运行一个月，可采集瞬时水样和具有代表性的混合水样供水污染源在线监测仪器分析使用，可进行留样并报警。

（6）验收过程供电不间断。

（7）数据控制单元已稳定运行一个月，向监控中心平台及时发送数据，其间设备运转率应大于 90%，数据传输率应大于 90%。

7.4.1　建设验收要求

建设验收主要是对污染源排放口、流量监测单元、监测站房、水质自动采样

单元、数据控制单元进行验收,主要内容如下:

(1)污染源排放口应符合相关技术规范要求,具备便于水质自动采样单元和流量监测单元安装条件的采样口,并设置人工采样口。

(2)流量计安装处设置有对超声波探头检修和比对的工作平台,可方便实现对流量计的检修和比对工作。

(3)监测站房专室专用,新建监测站房面积应不小于 15 m²,站房高度不低于 2.8 m。

(4)水质自动采样单元应实现采集瞬时水样和混合水样,混匀及暂存水样,自动润洗及排空混匀桶的功能;实现混合水样和瞬时水样的留样功能;实现 pH 水质自动分析仪、温度计原位测量或测量瞬时水样功能;COD_{Cr}、TOC、NH_3-N、TP、TN 水质自动分析仪测量混合水样功能。

(5)数据控制单元可协调统一运行水污染源在线监测系统,采集、储存、显示监测数据及运行日志,向监控中心平台上传污染源监测数据。

7.4.2　在线监测仪器验收要求

7.4.2.1　基本验收要求

(1)水污染源在线监测仪器验收包括对化学需氧量(COD_{Cr})在线自动监测仪、总有机碳(TOC)水质自动分析仪、pH 水质自动分析仪、氨氮水质自动分析仪、总磷水质自动分析仪、总氮水质自动分析仪、超声波明渠污水流量计、水质自动采样器等技术指标验收。

(2)性能验收内容包括液位比对误差、流量比对误差、采样量误差、温度控制误差、24 小时漂移、准确度以及实际水样比对测试。

7.4.2.2　性能验收

(1)化学需氧量(COD_{Cr})在线自动监测仪、总有机碳(TOC)水质自动分

析仪、pH 水质自动分析仪、氨氮水质自动分析仪和总磷水质自动分析仪、总氮
水质自动分析仪验收应包括 24 小时漂移、准确度、实际水样比对。验收指标要求
见《水污染源在线监测系统（COD_{Cr}、$NH_3\text{-}N$ 等）验收技术规范》（HJ 354—2019）
表 2。

（2）超声波流量计验收应包括液位比对误差、流量比对误差。验收指标要求
见《水污染源在线监测系统（COD_{Cr}、$NH_3\text{-}N$ 等）验收技术规范》（HJ 354—2019）
表 2。

（3）水质自动采样器验收应包括采样量误差、温度控制误差。验收指标要求
见《水污染源在线监测系统（COD_{Cr}、$NH_3\text{-}N$ 等）验收技术规范》（HJ 354—2019）
表 2。

7.4.3　联网验收

联网验收由通讯验收、数据传输正确性验收、联网稳定性、现场故障模拟恢
复试验、生成统计报表等内容组成。

7.4.3.1　通讯验收

通讯验收包括通讯稳定性、数据传输安全性、通信协议正确性三部分内容。

（1）通讯稳定性：数据控制单元和监控中心平台之间通信稳定，不应出现经
常性的通信连接中断、数据丢失、数据不完整等通信问题。数据控制单元在线率
为 90%以上，正常情况下，掉线后应在 5 min 之内重新上线。数据采集传输仪每
日掉线次数在 5 次以内。数据传输稳定性在 99%以上，当出现数据错误或丢失时，
启动纠错逻辑，要求数据采集传输仪重新发送数据。

（2）数据传输安全性：数据采集传输仪在需要时可按照 HJ 212—2017 中规定
的加密方法进行加密处理传输，保证数据传输的安全性。

（3）通信协议正确性：采用的通信协议应完全符合 HJ 212—2017 的相关要求。

7.4.3.2　数据传输正确性验收

（1）系统稳定运行一个月后，任取其中不少于连续 7 天的数据进行检查，要求监控中心平台接收的数据和数据控制单元采集和存储的数据完全一致。

（2）同时检查水污染源在线连续自动分析仪器存储的测定值、数据控制单元所采集并存储的数据和监控中心平台接收的数据，这 3 个环节的实时数据误差小于 1%。

7.4.3.3　联网稳定性验收

在连续一个月内，系统能稳定运行，不出现除通信稳定性、通信协议正确性、数据传输安全性以外的其他联网问题。

7.4.3.4　其他要求

（1）验收过程中应进行现场故障模拟恢复试验，人为模拟现场断电、断水和断气等故障，在恢复供电等外部条件后，水污染源在线连续自动监测系统应能正常自启动和远程控制启动。在数据控制单元中保存故障前完整分析的分析结果，并在故障过程中不被丢失。数据控制系统完整记录所有故障信息。

（2）在线监测系统能够按照规定要求自动生成日统计表、月统计表和年统计表。

7.4.4　运行与维护方案验收

运行与维护方案应包含水污染源在线监测系统情况说明、运行与维护作业指导书及记录表格，并形成书面文件进行有效管理。

（1）水污染源在线监测系统情况说明应至少包含如下内容：排污单位基本情况，水污染源在线监测系统构成图，水质自动采样系统流路图，数据控制系统构成图，所安装的水污染源在线监测仪器方法原理、选定量程、主要参数、所用试剂，以及按照 HJ 355—2019 中规定建立的各组成部分的维护要点及维护程序。

（2）运行与维护作业指导书应至少包含如下内容：水污染在线监测系统各组

成部分的维护方法，所安装的水污染源在线监测仪器的操作方法、试剂配制方法、维护方法，流量监测单元、水样自动采集单元及数据控制单元维护方法。

（3）记录表格应满足运行与维护作业指导书中的设定要求。

7.4.5　验收报告要求

依据上述验收内容，编制验收报告［格式详见《水污染源在线监测系统（COD_{Cr}、NH_3-N 等）验收技术规范》（HJ 354—2019）附录 A］。验收报告后应附验收比对监测报告、联网证明和安装调试报告。验收报告内容全部合格或符合后，方可通过验收。

7.5　运行管理要求

污染源自动监测设备通过验收后，自动监测设备即被认定为已处于正常运行状态，设备运行维护单位应按照相关技术规范的要求做好日常运行管理。

7.5.1　总体要求

水污染源在线监测设备运维单位应根据相关技术规范及仪器使用说明书进行运行管理工作，并制定完善的水污染源自动监测设备运行维护管理制度，确定系统运行操作人员和管理维护人员的工作职责。运维人员应具备相关专业知识，通过相应的培训教育和能力确认/考核等活动，熟练掌握水污染源在线监测设备的原理、使用和维护方法。

设备验收完成后应对设备相关参数进行备案，备案参数应与设备参数保持一致。如需修改相关参数，应提交情况说明，重新进行备案。

7.5.2　运维单位

运维单位应在服务省市无不良运行维护记录，未出现过故意干扰在线监测仪器、在线监测数据弄虚作假的案例。运维单位应严格按照技术规范开展日常运行维护工作，建立完善的运行维护管理制度及档案资料备查，应备有所运行在线监测仪器的备用仪器，同时应配备相应仪器参比方法实际水样比对试验装置。能够提供驻地运行维护服务，设备出现故障12小时内到达现场及时处理，能与在线监测仪器建设单位保持良好沟通，确保最短时间内修复故障。

7.5.3　管理制度

运维单位应建立水污染源自动监测设备运行维护管理制度，主要包括仪器设备运行与维护的作业指导书，日常巡检制度及巡检内容，定期维护制度及定期维护内容，定期校验和校准制度及内容，易损、易耗品的定期检查和更换制度，废药剂的收集处置制度，设备故障及应急处理制度，运行维护记录内容等一系列管理制度。

7.5.4　日常维护总体要求

运维单位应按照相关技术规范及仪器使用说明书，建立日常巡检制度，开展日常巡检工作并做好记录。日常巡检内容主要包括每日通过远程检查或现场察看的方式检查仪器运行状态、数据传输系统以及视频监控系统是否正常，设备出现故障时应第一时间处理解决；除日常维护工作外，应按照相关要求和设备说明书完成每周、每月、每季度检查维护内容。每日数据传输情况、定期的设备检查及保养情况应记录并归档。每次进行备件或材料更换时，更换的备件或材料的品名、规格、数量等应记录并归档。如更换标准物质或标准样品，还需记录标准物质或标准样品的浓度、配置时间、更换时间、有效期等信息。对日常巡检或维护保养中发现的故障或问题，系统管理维护人员应及时处理并记录。

7.5.5　运行技术总体要求

运维单位应按照相关技术规范要求定期进行自动标样核查和自动校准，同时定期进行实际水样比对试验。

7.6　质量保证要求

7.6.1　总体要求

水污染源自动监测设备日常运行质量保证是保障设备正常稳定运行、持续提供有质量保证监测数据的必要手段。操作维护人员每日远程检查或现场察看检测设备运行状态，发现异常，应立即前往；操作维护人员每周至少一次对设备进行现场维护，包括试剂添加、设备状态检查、采样系统维护、供电系统检查等；操作维护人员每月一次对现场设备进行保养，包括检查和保养易损耗件、测量部件和设备外壳进行清洗；每季度检查及更换易损耗件，用专用容器回收仪器设备产生的废液；操作维护人员每月至少进行一次实际水样比对试验，定期对设备进行自动标样核查和自动校准。当设备出现因故障或维护原因不能正常运行时，应在 24 小时内报告当地生态环境主管部门。以月为周期，每月设备有效数据率不得小于90%，以保证监测数据的数量要求。

有效数据率=仪器实际获得的有效数据个数/应获得的有效数据个数×100%

7.6.2　日常检查维护

7.6.2.1　运行和日常维护

（1）每日远程检查或现场察看仪器运行状态，检查数据传输系统以及视频监控系统是否正常，如发现数据有持续异常情况，应立即前往站点进行检查。

（2）每周至少一次对监测系统进行现场维护，现场维护内容

检查自来水供应、泵取水情况，检查内部管路是否通畅，仪器自动清洗装置是否运行正常，检查各自动分析仪的进样水管和排水管是否清洁，必要时进行清洗；定期清洗水泵和过滤网。

检查站房内电路系统、通讯系统是否正常。

对于用电极法测量的仪器，检查标准溶液和电极填充液，进行电极探头的清洗。

若部分站点使用气体钢瓶，应检查载气气路系统是否密封，气压是否满足使用要求。

检查各仪器标准溶液和试剂是否在有效使用期内，按相关要求定期更换标准溶液和分析试剂。

观察数据采集传输仪运行情况，并检查连接处有无损坏，对数据进行抽样检查，对比自动分析仪、数据采集传输仪及监控中心平台接收到的数据是否一致。

检查水质自动采样系统管路是否清洁，采样泵、采样桶和留样系统是否正常工作，留样保存温度是否正常。

（3）每月现场维护内容

水质自动采样系统：根据情况更换蠕动泵管、清洗混合采样瓶等。

总有机碳（TOC）水质自动分析仪：检查 TOC-COD$_{Cr}$ 转换系数是否适用，必要时进行修正。对 TOC 水质自动分析仪的泵、管、加热炉温度等进行一次检查，检查试剂余量（必要时添加或更换），检查卤素洗涤器、冷凝器水封容器、增湿器，必要时加蒸馏水。

化学需氧量（COD$_{Cr}$）水质在线自动监测仪：检查内部试管是否污染，必要时进行清洗。

氨氮水质自动分析仪：气敏电极表面是否清洁，仪器管路进行保养、清洁。

流量计：检查超声波流量计液位传感器高度是否发生变化，检查超声波探头与水面之间是否有干扰测量的物体，对堰体内影响流量计测定的干扰物进行清理；检查管道电磁流量计的检定证书是否在有效期内。

pH 水质自动分析仪：用酸液清洗一次电极，检查 pH 电极是否钝化，必要时进行校准或更换。

温度计：每月至少进行一次现场水温比对试验，必要时进行校准或更换。

每月的现场维护应包括对水污染源在线监测仪器进行一次保养，对仪器分析系统进行维护；对数据存储或控制系统工作状态进行一次检查；检查监测仪器接地情况，检查监测站房防雷措施。检查和保养仪器易损耗件，必要时更换；检查及清洗取样单元、消解单元、检测单元、计量单元等。

（4）每季度现场维护内容

检查及更换仪器易损耗件，检查关键零部件可靠性，如计量单元准确性、反应室密封性等，必要时进行更换。对于水污染源在线监测仪器所产生的废液应以专用容器予以回收，交由有危险废物处理资质的单位处理，不得随意排放或回流入污水排放口。

（5）其他预防性维护

保证监测站房的安全性，进出监测站房应进行登记，包括出入时间、人员、出入站房原因等，应设置视频监控系统。

保持监测站房的清洁，保持设备的清洁，保证监测站房内的温度、湿度满足仪器正常运行的需求。

保持各仪器管路通畅，出水正常，无漏液。

对电源控制器、空调、排风扇、供暖、消防设备等辅助设备要进行经常性检查。

此处未提及的维护内容，按相关仪器说明书的要求进行仪器维护保养、易耗品的定期更换工作。

7.6.2.2 维护记录

操作人员应详细了解水污染源在线监测系统的基本情况，填写相关记录表格。在对系统进行日常维护时，应做好巡检维护记录表，巡检维护记录应包含日志检查、耗材检查、辅助设备检查、采样系统检查、水污染源在线监测仪器检查、数据采集传输系统检查等必检项目和记录，以及仪器使用说明书中规定的其他检查项目和仪器参数设置记录、标样核查及校准结果记录、检修记录、易耗品更换记录、标准样品更换记录、实际水样比对试验结果记录。

7.6.3 运行技术要求

运行技术要求包括自动标样核查和自动校准、实际水样比对试验。

7.6.3.1 自动标样核查和自动校准

选用浓度约为现场工作量程上限值 0.5 倍的标准样品定期进行自动标样核查。如果自动标样核查结果不满足《水污染源在线监测系统（COD$_{Cr}$、NH$_3$-N 等）运行技术规范》（HJ 355—2019）表 1（以下简称表 1）的规定，则应对仪器进行自动校准。仪器自动校准完后应使用标准溶液进行验证（可使用自动标样核查代替该操作），验证结果应符合表 1 的规定，如不符合则应重新进行校准和验证，6 小时内如仍不符合表 1 的规定，则应进入人工维护状态。

在线监测仪器自动校准及验证时间如果超过 6 小时则应采取人工监测的方法向相应环境保护主管部门报送数据，数据报送每天不少于 4 次，间隔不得超过 6 小时。

自动标样核查周期最长间隔不得超过 24 小时，校准周期最长间隔不得超过 7 d。

7.6.3.2 实际水样比对试验

除流量外，运行维护人员每月应对每个站点所有自动分析仪至少进行一次实际水样比对试验；对于超声波明渠流量计每季度至少用便携式明渠流量计比对装置进行一次比对试验，试验结果均应满足 HJ 355—2019 表 1 规定的要求。

（1）COD$_{Cr}$、TOC、NH$_3$-N、TP、TN 水质自动分析仪

每月至少进行一次实际水样比对试验，采用水质自动分析仪与国家环境监测分析方法标准分别对相同的水样进行分析，两者测量结果组成一个测定数据对，至少获得 3 个测定数据对，计算实际水样比对试验的绝对误差或相对误差。

当实际水样比对试验的结果不满足标准规定的性能指标要求时，应对仪器进行校准和标准溶液验证后再次进行实际水样比对试验。如第二次实际水样比对试验结果仍不符合性能指标要求，仪器应进入维护状态，同时此次实际水样比对试验至上次仪器自动校准或自动标样核查期间所有的数据均判断为无效数据。

仪器维护时间超过 6 小时时，应采取人工监测的方法向相应环境保护主管部门报送数据，数据报送每天不少于 4 次，间隔不得超过 6 小时。

（2）pH 水质自动分析仪和温度计

每月至少进行一次实际水样比对试验，采用 pH 水质自动分析仪和温度计分别与国家环境监测分析方法标准分别对相同的水样进行分析，计算仪器测量值与国家环境监测分析方法标准测定值的绝对误差。

如果比对结果不符合标准规定的性能指标要求，应对 pH 水质自动分析仪和温度计进行校准，校准完成后需再次进行比对，直至合格。

（3）超声波明渠流量计

每季度至少用便携式明渠流量计比对装置对现场安装使用的超声波明渠流量计进行一次比对试验（比对前应对便携式明渠流量计进行校准），如比对结果不符合标准规定的性能指标要求，应对超声波明渠流量计进行校准，校准完成后需再次进行比对，直至合格。

1）液位比对：分别用便携式明渠流量计比对装置（液位测量精度≤1 mm）和超声波明渠流量计测量同一水位观测断面处的液位值，进行比对试验，每 2 min 读取一次数据，连续读取 6 次，计算每一组数据的误差值，选取最大的一组误差值作为流量计的液位误差。

2）流量比对：分别用便携式明渠流量计比对装置和超声波明渠流量计测量同一水位观测断面处的瞬时流量，进行比对试验，待数据稳定后，开始计时，计时10 min，分别读取明渠流量比对装置该时段内的累积流量和超声波明渠流量计该时段内的累积流量，最终计算出流量比对误差。

7.6.3.3　有效数据率

以月为周期，计算每个周期内水污染源在线监测仪实际获得的有效数据的个数占应获得的有效数据的个数的百分比不得小于 90%，有效数据的判定参见HJ 356—2019 的相关规定。

7.6.4 检修和故障处理要求

污染源自动监测设备发生故障后，应该严格按照相关技术规范及管理要求进行设备检修，具体情况如下：

（1）水污染源在线监测系统需维修的，应在维修前报相应环境保护管理部门备案；需停运、拆除、更换、重新运行的，应经相应环境保护管理部门批准同意。

（2）因不可抗力和突发性原因致使水污染源在线监测系统停止运行或不能正常运行时，应当在 24 h 内报告相应环境保护管理部门并书面报告停运原因和设备情况。

（3）运行单位发现故障或接到故障通知，应在规定的时间内赶到现场处理并排除故障，无法及时处理的应安装备用仪器。

（4）水污染源在线监测仪器经过维修后，在正常使用和运行之前应确保其维修全部完成并通过校准和比对试验。若在线监测仪器进行了更换，在正常使用和运行之前，确保其性能指标满足 HJ 355—2019 表 1 的要求。维修和更换的仪器，可由第三方或运行单位自行出具比对检测报告。

（5）数据采集传输仪发生故障，应在相应环境保护管理部门规定的时间内修复或更换，并能保证已采集的数据不丢失。

（6）运行单位应备有足够的备品备件及备用仪器，对其使用情况进行定期清点，并根据实际需要进行增购。

（7）水污染源在线监测仪器因故障或维护等原因不能正常工作时，应及时向相应生态环境主管部门报告，必要时采取人工监测，监测周期间隔不大于 6 小时，数据报送每天不少于 4 次，监测技术要求参照《污水监测技术规范》（HJ 91.1—2019）执行。

7.6.5 运行比对监测要求

7.6.5.1 在线监测系统采样管理

比对监测时，应记录水污染源在线监测系统是否按照 HJ 353—2019 要求进行采样并在报告中说明有关情况。比对监测应及时正确地做好原始记录，并及时正确地粘贴样品标签，以免混淆。

7.6.5.2 仪器质量控制要求

比对监测时，应核查水污染源在线监测仪器参数设置情况，必要时进行标准溶液抽查，核查标准溶液是否符合相关规定要求，在记录和报告中说明有关情况；比对监测所使用的标准样品和实际水样应符合现场安装仪器的量程；比对监测期间，不允许对在线监测仪器进行任何调试。

7.6.5.3 比对监测仪器性能要求

比对监测期间应对水污染源在线监测仪器进行比对试验，并符合 HJ 355—2019 表 1 的要求。

7.6.6 运行档案与记录

（1）水污染源在线监测系统运行的技术档案包括仪器的说明书、HJ 353—2019 要求的系统安装记录和 HJ 354—2019 要求的验收记录、仪器的检测报告以及各类运行记录表格。

（2）运行记录应清晰、完整，现场记录应在现场及时填写。可从记录中查阅和了解仪器设备的使用、维修和性能检验等全部历史资料，以对运行的各台仪器设备做出正确评价。与仪器相关的记录可放置在现场并妥善保存。

（3）运行记录表格主要包括水污染源在线监测系统基本情况、巡检维护记录表、水污染源在线监测仪器参数设置记录表、标样核查及校准结果记录表、检修记录表、易耗品更换记录表、标准样品更换记录表、实际水样比对试验结果记录表、水污染源在线监测系统运行比对监测报告、运行工作检查表等（表格样式详见 HJ 355—2019），运行单位可根据实际需求及管理需要调整及增加不同的表格。

7.6.7　数据有效性判别流程

水污染源在线监测系统的运行状态分为正常采样监测时段和非正常采样监测时段。数据有效性判别流程见图 7-1。

图 7-1　水污染源在线监测系统数据有效性判别流程图

7.6.7.1　数据有效性判别指标

（1）实际水样比对试验误差

1）COD_{Cr}、TOC、NH_3-N、TP、TN 水质自动分析仪

对每个站点安装的 COD_{Cr}、TOC、NH_3-N、TP、TN 水质自动分析仪进行自动监测方法与 HJ 356—2019 表 1 中规定的国家环境监测分析方法标准的比对试

验，两者测量结果组成一个测定数据对，至少获得 3 个测定数据对。比对过程中应尽可能保证比对样品均匀一致，实际水样比对试验结果应满足 HJ 355—2019 表 1 的要求。

2）pH 水质自动分析仪与温度计

对每个站点安装的 pH 水质自动分析仪、温度计进行自动监测方法与 HJ 356—2019 表 1 中规定的国家环境监测分析方法标准的比对试验，两者测量结果组成一个测定数据对，比对过程中应尽可能保证比对样品均匀一致，实际水样比对试验结果应满足 HJ 355—2019 表 1 的要求。

（2）标准样品试验误差

标准样品试验包括自动标样核查、标准溶液验证。

对每个站点安装的 COD_{Cr}、TOC、NH_3-N、TP、TN 水质自动分析仪，采用有证标准样品作为质控考核样品，用浓度约为现场工作量程上限值 0.5 倍的标准样品进行自动标样核查试验，试验结果应满足 HJ 355—2019 表 1 的要求，否则应对仪器进行自动校准，仪器自动校准完成后应使用标准溶液进行验证（可使用自动标样核查代替该操作），验证结果应满足 HJ 355—2019 表 1 的要求。

（3）超声波明渠流量计比对试验误差

对每个站点安装的超声波明渠流量计进行自动监测方法与手工监测方法的比对试验，比对试验的方法按照 7.6.3.2 的相关规定进行，比对试验结果应满足 HJ 355—2019 表 1 的要求。

7.6.7.2　数据有效性判别方法

（1）有效数据判别

1）正常采样监测时段获取的监测数据，满足 7.6.7.1 的数据有效性判别标准，可判别为有效数据。

2）监测值为零值、零点漂移限值范围内的负值或低于仪器检出限时，需要通过现场检查、实际水样比对试验、标准样品试验等质控手段来识别，对于因实际排放浓度过低而产生的上述数据，仍判断为有效数据。

3）监测值如出现急剧升高、急剧下降或连续不变等情况，则需要通过现场检查、实际水样比对试验、标准样品试验等质控手段来识别，再做判别和处理。

4）水污染源在线监测系统的运维记录中应当记载运行过程中报警、故障维修、日常维护、校准等内容，运维记录可作为数据有效性判别的证据。

5）水污染源在线监测系统应可调阅和查看详细的日志，日志记录可作为数据有效性判别的证据。

（2）无效数据判别

1）当流量为零时，在线监测系统输出的监测值为无效数据。

2）水质自动分析仪、数据采集传输仪以及监控中心平台接收到的数据误差大于1%时，则监控中心平台接收到的数据为无效数据。

3）发现标准样品试验不合格、实际水样比对试验不合格时，从此次不合格时刻至上次校准校验（自动校准、自动标样核查、实际水样比对试验中的任何一项）合格时刻期间的在线监测数据均判断为无效数据，从此次不合格时刻起至再次校准校验合格时刻期间的数据，作为非正常采样监测时段数据，判断为无效数据。

4）水质自动分析仪停运期间、因故障维修或维护期间、有计划（质量保证和质量控制）地维护保养期间、校准和校验等非正常采样监测时间段内输出的监测值为无效数据，但对该时段数据做标记，作为监测仪器检查和校准的依据予以保留。

判断为无效的数据应注明原因，并保留原始记录。

7.6.7.3 有效均值的计算

（1）数据统计

正常采样监测时段获取的有效数据，应全部参与统计。

当监测值为零值、零点漂移限值范围内的负值或低于仪器检出限，并判断为有效数据时，应采用修正后的值参与统计。修正规则：COD_{Cr} 修正值为 2 mg/L、NH_3-N 修正值为 0.01 mg/L、TP 修正值为 0.005 mg/L、TN 修正值为 0.025 mg/L。

（2）有效日均值

有效日均值是对应于以每日为一个监测周期内获得的某个污染物（COD_{Cr}、$NH_3\text{-}N$、TP、TN）的所有有效监测数据的平均值，参与统计的有效监测数据数量应不少于当日应获得数据数量的 75%。有效日均值是以流量为权重的某个污染物的有效监测数据的加权平均值。

（3）有效月均值

有效月均值是对应于以每月为一个监测周期内获得的某个污染物（COD_{Cr}、$NH_3\text{-}N$、TP、TN）的所有有效日均值的算术平均值，参与统计的有效日均值数量应不少于当月应获得数据数量的 75%。

7.6.7.4　无效数据的处理

正常采样监测时段，当 COD_{Cr}、$NH_3\text{-}N$、TP 和 TN 监测值判断为无效数据，且无法计算有效日均值时，其污染物日排放量可以用上次校准校验合格时刻前 30 个有效日排放量中的最大值进行替代，污染物浓度和流量不进行替代。非正常采样监测时段，当 COD_{Cr}、$NH_3\text{-}N$、TP 和 TN 监测值判断为无效数据，且无法计算有效日均值时，优先使用人工监测数据进行替代，每天获取的人工监测数据应不少于 4 次，替代数据包括污染物日均浓度、污染物日排放量。如无人工监测数据替代，其污染物日排放量可以用上次校准校验合格时刻前 30 个有效日排放量中的最大值进行替代，污染物浓度和流量不进行替代。

流量为零时的无效数据不进行替代。

第 8 章　废气手工监测技术要点

与废水手工监测类似，废气手工监测也是一项全面性、系统性的工作。我国同样有一系列监测技术规范和方法标准用于指导和规范废气手工监测。本章立足现有的技术规范和标准，结合日常工作经验，分别针对有组织废气、无组织废气归纳总结了常见的方法和操作要求，以及方法使用过程中的重点注意事项。对于其中一些虽然适用，但不够便捷，目前实际应用很少的方法，本书中未列举，若排污单位根据实际情况，确实需要采用这类方法的，应严格按照方法的适用条件和要求开展相关监测活动。

8.1　有组织废气监测

8.1.1　监测方式

有组织废气监测主要是针对排污单位通过排气筒排放的污染物排放浓度、排放速率、排气参数等开展的监测，主要监测方式有现场测试和现场采样+实验室分析两种。

（1）现场测试：是指采用便携式仪器在污染源现场直接采集气态样品，通过预处理后进行即时分析，现场得到污染物的相关排放信息。目前，采用现场测试的主要指标包括二氧化硫、氮氧化物、颗粒物、硫化氢、一氧化碳、二氧化碳、排气参数（温度、氧含量、含湿量、流速）等。测试方法主要包括定电位电解法、非分散红外法、紫外吸收法、傅里叶变换红外吸收法、皮托管法、热电偶法、干湿球法等。

（2）现场采样+实验室分析：是指采用特定仪器采集一定量的污染源废气并妥善保存带回实验室进行分析。目前我国多数污染物指标仍采用这种监测方式，主要的采样方式包括直接采样法（气袋、注射器、真空瓶等）和富集（浓缩）采样法（活性炭吸附、滤筒、滤膜捕集、吸收液吸收等），主要的分析方法包括重量法、色谱法、质谱法、分光光度法等。

8.1.2　现场采样

8.1.2.1　现场采样方式

（1）现场直接采样

包括注射器采样、气袋采样、采样管采样和真空瓶（管）采样。现场采样时，应按照《固定污染源排气中颗粒物测定与气态污染物采样方法》（GB/T 16157—1996）规定配备相应的采样系统采样。

1）注射器采样

常用 100 mL 注射器采集样品。采样时，先用现场气体抽洗 2～3 次，然后抽取100 mL，密封进气口，带回实验室分析。样品应尽快分析，放置时间不超过 8 小时。

气相色谱分析法常采用此法取样。取样后，应将注射器进气口朝下，垂直放置，以使注射器内压略大于外压，避光保存。

2）气袋采样

应选不吸附、不渗漏，也不与样气中污染组分发生化学反应的气袋，如聚四氟乙烯袋、聚乙烯袋、聚氯乙烯袋和聚酯袋等，还有用金属薄膜作衬里（如衬银、衬铝）的气袋。

采样时，先用待测废气冲洗 2～3 次，再充满样气，夹封进气口，带回实验室尽快分析。

3）采样管采样

采样时，打开两端旋塞，用抽气泵接在采样管的一端，迅速抽进比采样管容积大 6～10 倍的待测气体，使采样管中原有气体被完全置换出，关上旋塞，采样管体积即为采气体积。

4）真空瓶采样

真空瓶是一种具有活塞的耐压玻璃瓶。采样前，先用抽真空装置把真空瓶内气体抽走，抽气减压到绝对压力为 1.33 kPa，采样时，打开旋塞采样，采完关闭旋塞，则采样体积即为真空瓶体积。

（2）富集（浓缩）采样法

主要包括溶液吸收法、填充柱阻留法和滤料阻留法等。

1）溶液吸收法

原理：采样时，用抽气装置将待测废气以一定流量抽入装有吸收液的吸收瓶采集一段时间。采样结束后，送实验室进行测定。

常用吸收液有酸碱溶液、有机溶剂等。

吸收液选用应遵循的原则：

①反应快，溶解度大；

②稳定时间长；

③吸收后利于分析；

④毒性小，价格低，易于回收。

2）填充柱阻留法

原理：填充柱是用一根长 6～10 cm、内径 3～5 mm 的玻璃管或塑料管，内装颗粒状填充剂制成。采样时，让气样以一定流速通过填充柱，待测组分因吸附、溶解或化学反应等作用被阻留在填充剂上，达到浓缩采样的目的。采样后，通过解吸或溶剂洗脱，使被测组分从填充剂上释放出来进行测定。

填充剂主要类型：

①吸附型：活性炭、硅胶、分子筛、高分子多孔微球等；

②分配型：涂高沸点有机溶剂的惰性多孔颗粒物；

③反应型：惰性多孔颗粒物、纤维状物表面能与被测组分发生化学反应。

3）滤料阻留法

原理：该方法是将过滤材料（滤筒、滤膜等）放在采样装置内，用抽气装置抽气则废气中的待测物质被阻留在过滤材料上，根据相应分析方法测定出待测物质的含量。

常用过滤材料：玻璃纤维滤筒、石英滤筒、刚玉滤筒、玻璃纤维滤膜、过氯乙烯滤膜、聚苯乙烯滤膜、微孔滤膜、核孔滤膜等。

8.1.2.2 现场采样技术要点

有组织废气排放监测时，采样点位布设、采样频次、时间、监测分析方法以及质量保证等均应符合《固定污染源排气中颗粒物测定与气态污染物采样方法》（GB/T 16157—1996）和《固定源废气监测技术规范》（HJ/T 397—2007）的规定。

（1）采样位置和采样点

1）采样位置应避开对测试人员操作有危险的场所。

2）采样位置应优先选择在垂直管段，应避开烟道弯头和断面急剧变化的部位。采样位置应设置在距弯头、阀门、变径管下游方向不小于 6 倍直径和距上述部件上游方向不小于 3 倍直径处。采样断面的气流速度最好在 5 m/s 以上。采样孔内径应不小于 80 mm，宜选用 90～120 mm 内径的采样孔。

3）当测试现场空间位置有限，很难满足上述要求时，可选择比较适宜的管段采样，但采样断面与弯头等的距离至少是烟道直径的 1.5 倍，并应适当增加测点的数量和采样频次。

4）对于气态污染物，由于混合比较均匀，其采样位置可不受上述规定限制，但应避开涡流区。

5）采样平台应有足够的工作面积以使工作人员可安全、方便地操作。监测平台长度≥2 m，宽度≥2 m 或不小于采样枪长度外延 1 m，周围设置 1.2 m 以上的安全护栏，有牢固并符合要求的安全措施；当采样平台设置在离地面高度≥2 m 的位置时，应有通往平台的斜梯（或 Z 字梯、旋梯），宽度≥0.9 m；当采样平台设置在离地面高度≥20 m 的位置时，应有通往平台的升降梯。

6）颗粒物和废气流量测量时，根据采样位置尺寸进行多点分布采样测量；排气参数（温度、含湿量、氧含量）和气态污染物一般情况在管道中心位置测定。

（2）排气参数的测定

1）温度的测定：常用测定方法为热电偶法或电阻温度计法。一般情况下可在靠近烟道中心的一点测定，封闭测孔，待温度计读数稳定后读取数据。

2）含湿量的测定：常用测定方法为干湿球法。在靠近烟道中心的一点测定，封闭测孔，使气体在一定的速度下流经干、湿球温度计，根据干、湿球温度计的读数和测点处排气的压力，计算出排气的水分含量。

3）氧含量的测定：常用测定方法为电化学法或氧化锆氧分仪法。在靠近烟道中心的一点测定，封闭测孔，待氧含量读数稳定后读取数据。

4）流速、流量的测定：常用测定方法为皮托管法。根据测得的某点处的动压、静压及温度、断面截面积等参数计算出排气流速和流量。

（3）采样频次和采样时间

采样频次和采样时间确定的主要依据为：相关标准和规范的规定和要求；实施监测的目的和要求；被测污染源污染物排放特点、排放方式及排放规律，生产设施和治理设施的运行状况；被测污染源污染物排放浓度的高低和所采用的监测分析方法的检出限。

具体要求如下：

1）相关标准中对采样频次和采样时间有规定的，按相关标准的规定执行。

2）相关标准中没有明确规定的，排气筒中废气的采样以连续 1 小时的采样获取平均值，或在 1 小时内，以等时间间隔采集 3～4 个样品，并计算平均值。

3）特殊情况下，若某排气筒的排放为间断性排放，排放时间小于 1 小时，应在排放时段内实行连续采样，或在排放时段内等间隔采集 2～4 个样品，并计算平均值；若某排气筒的排放为间断性排放，排放时间大于 1 小时，则应在排放时段内按 2）的要求采样。

（4）监测分析方法选择

监测分析方法选择时，应遵循以下原则：

1）监测分析方法的选用应充分考虑相关排放标准的规定、被测污染源排放特点、污染物排放浓度的高低、所采用监测分析方法的检出限和干扰等因素。

2）相关排放标准中有监测分析方法的规定时，应采用标准中规定的方法。

3）对相关排放标准未规定监测分析方法的污染物项目，应选用国家环境保护标准、环境保护行业标准规定的方法。

4）在某些项目的监测中，尚无方法标准的，可采用国际标准化组织（ISO）或其他国家的等效方法标准，但应经过验证合格，其检出限、准确度和精密度应能达到质控要求。

（5）质量保证要求

1）属于国家强制检定目录内的工作计量器具，必须按期送计量部门检定，检定合格，取得检定证书后方可用于监测工作。

2）排气温度、氧含量、含湿量、流速测定、烟气、烟尘测定等仪器应根据要求定期校准，对一些仪器使用的电化学传感器应根据使用情况及时更换。

3）采样系统采样前应进行气密性检查，防止系统漏气。检查采样嘴、皮托管等是否变形或损坏。

4）滤筒、滤料等外观无裂纹、空隙或破损，无挂毛或碎屑，能耐受一定的高温和机械强度。采样管、连接管、滤筒、滤料等不被腐蚀、不与待测组分发生化学反应。

5）样品采集后注意样品的保存要求，尽快送实验室分析。

8.1.3　指标测定

各监测指标除遵循本章 8.1.1 监测方式和 8.1.2 现场采样的相关要求外，还应遵循各自的具体要求。

8.1.3.1 二氧化硫（SO₂）

（1）常用方法

二氧化硫（SO₂）是有组织废气排放的主要常规污染物之一，目前主要的监测方法有定电位电解法、非分散红外吸收法、紫外吸收法、傅里叶变换红外吸收法 4 种现场测试方法，标准监测方法见表 8-1。

表 8-1 常用二氧化硫监测标准方法

序号	标准方法	原理及特点
1	《固定污染源废气 二氧化硫的测定 定电位电解法》（HJ 57—2017）	（1）废气被抽入主要由电解槽、电解液和电极组成的传感器中，二氧化硫通过渗透膜扩散到电极表面，发生氧化反应，产生的极限电流大小与二氧化硫浓度成正比。 （2）需要配备除湿性能好的预处理器，以去除水分对监测的影响。 （3）测定时，易受一氧化碳干扰
2	《固定污染源废气 二氧化硫的测定 非分散红外吸收法》（HJ 629—2011）	（1）二氧化硫气体在 6.82～9 μm 红外光谱波长具有选择性吸收。一束恒定波长为 7.3 μm 的红外光通过二氧化硫气体时，其光通量的衰减与二氧化硫的浓度符合朗伯-比尔定律定量。 （2）需要配备除湿性能好的预处理器，以消除或减少排出水分对监测结果的影响
3	《固定污染源废气 二氧化硫的测定 便携式紫外吸收法》（HJ 1131—2020）	（1）二氧化硫对紫外光区内 190～230 nm 或 280～320 nm 特征波长光具有选择性吸收。根据朗伯-比尔定律定量测定废气中二氧化硫的浓度。 （2）需要配备除湿性能好的预处理器，以消除或减少排出水分对监测结果的影响。 （3）应通过高效过滤除尘等方法消除或减少废气中颗粒物对仪器的污染
4	《固定污染源废气 气态污染物（SO₂、NO、NO₂、CO、CO₂）的测定 便携式傅里叶变换红外光谱法》（HJ 1240—2021）	（1）在一定条件下，红外吸收光谱中目标化合物的特征吸收峰强度与其浓度遵循朗伯-比尔定律，根据吸收峰强度可对目标化合物进行定量分析。 （2）需要配备除湿性能好的预处理器，以消除或减少排出水分对监测结果的影响。 （3）应通过高效过滤除尘等方法消除或减少废气中颗粒物对仪器的污染

（2）注意事项

1）水分对二氧化硫测定影响较大。废气中的高含水量和水蒸气会对测定结果造成负干扰，还会对仪器检测器/检测室造成损坏和污染，因此监测时，特别是在废气含湿量较高的情况下，应使用除湿性能较好的预处理设备，及时排空除湿装置的冷凝水，防止影响测定结果。

2）对于定电位电解法而言，一氧化碳对二氧化硫监测会存在一定程度的干扰。监测仪器应具有一氧化碳测试功能，当一氧化碳浓度高于 50 μmol/mol 时，应根据《固定污染源废气　二氧化硫的测定　定电位电解法》（HJ 57—2017）中的附录 A 进行一氧化碳干扰试验，确定仪器的适用范围，根据一氧化碳、二氧化硫浓度是否超出了干扰试验允许的范围，从而对二氧化硫数据是否有效进行判定。

3）监测结果一般应在校准量程的 20%～100%，特别是应注意不能超过校准量程，因此监测活动正式开展前，应根据历史监测资料，预判二氧化硫可能的浓度范围，从而选择合适的标准气体进行校准，确定校准量程。

4）开展监测活动全过程中，仪器不得关机。

5）定电位电解法仪器测定二氧化硫的传感器更换后，应重新开展干扰试验。对于未开展一氧化碳干扰试验的定电位电解法仪器，有组织废气监测过程中，一氧化碳浓度高于 50 μmol/mol 时同步测得的二氧化硫数据，应作为无效数据予以剔除。

8.1.3.2　氮氧化物（NO_x）

（1）常用方法

有组织废气中的氮氧化物（NO_x）包括以一氧化氮（NO）和二氧化氮（NO_2）两种形式存在的氮的氧化物，因此对有组织废气中氮氧化物（NO_x）的监测实际上是通过对一氧化氮（NO）和二氧化氮（NO_2）的监测实现的。

表 8-2 中给出了有组织废气中氮氧化物监测标准方法的原理及特点。

表 8-2　常用氮氧化物监测标准方法

序号	标准方法	原理及特点
1	《固定污染源废气 氮氧化物的测定　定电位电解法》(HJ 693—2014)	(1) 废气被抽入主要由电解槽、电解液和电极组成的传感器中，一氧化氮或二氧化氮通过渗透膜扩散到电极表面，发生氧化还原反应，产生的极限电流大小与一氧化氮或二氧化氮浓度成正比。 (2) 两个不同的传感器分别测定一氧化氮（结果以 NO_2 计）和二氧化氮，两者测定之和为氮氧化物（以 NO_2 计）
2	《固定污染源废气 氮氧化物的测定　非分散红外吸收法》（HJ 692—2014）	(1) 利用 NO 对红外光谱区，特别是 5.3 μm 波长光的选择性吸收，由朗伯-比尔定律定量 NO 和废气中 NO_2 通过转换器还原为 NO 后的浓度。 (2) 一般先将废气通入转换器，将废气中的二氧化氮还原为一氧化氮，再将废气通入非分散红外吸收法仪器进行监测，此时，由二氧化氮转化而来的一氧化氮，将和废气中原有的一氧化氮一起经过分析测试，测得结果为总的氮氧化物（以 NO_2 计）
3	《固定污染源废气　氮氧化物的测定　便携式紫外吸收法》（HJ 1132—2020）	(1) 一氧化氮对紫外光区内 200～235 nm 特征波长光，二氧化氮对紫外光区内 220～250 nm 或 350～500 nm 特征波长光具有选择性吸收。根据朗伯-比尔定律定量测定废气中一氧化氮和二氧化氮的浓度。 (2) 需要配备除湿性能好的预处理器，以消除或减少排出水分对监测结果的影响。 (3) 应通过高效过滤除尘等方法消除或减少废气中颗粒物对仪器的污染
4	《固定污染源废气　气态污染物（SO_2、NO、NO_2、CO、CO_2）的测定 便携式傅里叶变换红外光谱法》(HJ 1240—2021)	(1) 在一定条件下，红外吸收光谱中目标化合物的特征吸收峰强度与其浓度遵循朗伯-比尔定律，根据吸收峰强度可对目标化合物进行定量分析。 (2) 需要配备除湿性能好的预处理器，以消除或减少排出水分对监测结果的影响。 (3) 应通过高效过滤除尘等方法消除或减少废气中颗粒物对仪器的污染

从表 8-2 中可以看出，常用的有组织废气中氮氧化物（NO_x）监测方法主要包括定电位电解法、非分散红外吸收法、紫外吸收法、傅里叶变换红外吸收法 4 种现场测试方法，这 4 种方法实现氮氧化物测定的过程方式是有所不同的，但最终的监测结果均以 NO_2 计。

（2）注意事项

1）测定结果一般应在校准量程的 20%～100%，特别是应注意不能超过校准量程（当检测结果小于测定下限时不受本条限制）。

2）开展监测活动全过程中，仪器不得关机。

3）非分散红外吸收法测定 NO_x 时，应注意至少每半年做一次 NO_2 的转化效率的测定，转化效率不能低于 85%，否则应更换还原剂；监测活动中，进入转换器的 NO_2 浓度不能大于 200 µmol/mol。

8.1.3.3　颗粒物

（1）常用方法

颗粒物的监测一般使用重量法，采用现场采样+实验室分析的监测方式，利用等速采样原理，抽取一定量的含颗粒物的废气，根据所捕集到的颗粒物质量和同时抽取的废气体积，计算出废气中颗粒物的浓度。

目前颗粒物监测方法标准主要有《固定污染源排气中颗粒物测定与气态污染物采样方法》（GB/T 16157—1996）及修改单和《固定污染源废气　低浓度颗粒物的测定　重量法》（HJ 836—2017）。根据环境保护部的相关规定，在测定有组织废气中颗粒物浓度时，应遵循表 8-3 中的规定选择合适的监测标准方法。

表 8-3　常用颗粒物监测标准方法的适用范围

序号	废气中颗粒物浓度范围	适用的标准方法
1	≤20 mg/m³	《固定污染源废气　低浓度颗粒物的测定　重量法》（HJ 836—2017）
2	>20 mg/m³，且≤50 mg/m³	《固定污染源废气　低浓度颗粒物的测定　重量法》（HJ 836—2017）、《固定污染源排气中颗粒物测定与气态污染物采样方法》（GB/T 16157—1996），均适用
3	>50 mg/m³	《固定污染源排气中颗粒物测定与气态污染物采样方法》（GB/T 16157—1996）

依据《固定污染源排气中颗粒物测定与气态污染物采样方法》（GB/T 16157—1996）

进行颗粒物监测时，仅将滤筒作为样品，进行采样前、后的分析称量，依据《固定污染源废气 低浓度颗粒物的测定 重量法》（HJ 836—2017）进行低浓度颗粒物监测时，需要将装有滤膜的采样头作为样品，进行采样前、后的整体称量。

（2）注意事项

1）样品采集时，采样嘴应对准气流方向，与气流方向的偏差不得大于 10°；不同于气态污染物，颗粒物在排气筒监测断面（横截面）上的分布是不均匀的，须多点等速、等时长采样，每个点采样时间不少于 3 min。

2）应选择气流平稳的工况下进行采样。采样前后，排气筒内气流流速变化不应大于 10%，否则应重新测量。

3）每次开展低浓度颗粒物监测时，每批次应采集全程序空白样品。实际监测样品的增重若低于全程序空白样品的增重，则认定该实际监测样品无效，低浓度颗粒物样品采样体积为 1 m³ 时，方法检出限为 1.0 mg/m³；废气中颗粒物浓度低于方法检出限时，全程序空白样品采样前后重量之差的绝对值不得超过 0.5 mg。

4）采样前后样品称重环境条件应保持一致。低浓度颗粒物样品称重使用的恒温恒湿设备的温度控制在 15～30℃任意一点，控温精度±1℃；相对湿度应保持在（50±5）% RH 范围内。

8.1.3.4 汞

（1）常用方法

废气中汞监测主要依据《固定污染源废气 汞的测定 冷原子吸收分光光度法（暂行）》（HJ 543—2009），采用气泡吸收管+烟气采样器进行现场吸收液采集样品，实验室采用冷原子吸收分光光度法进行分析测定。

（2）注意事项

1）由于橡皮管对汞有吸附，采样管与吸收管之间应采用聚乙烯管连接，接口处用聚四氟乙烯生料带密封。

2）当汞浓度较高时，可采用大型冲击式吸收采样瓶。全部玻璃器皿在使用前要用 10%硝酸溶液浸泡过液或用（1+1）硝酸溶液浸泡 40 min，以除去器壁上吸附的汞。

　　3）测定样品前必须做试剂空白实验，空白值不超过 0.005 µg 汞。

　　4）采样结束后，封闭吸收管进出气口，置于样品箱内运输，并注意避光，样品采集后应尽快测定。若不能及时测定，应置于冰箱内 0～4℃保存，5 d 内测定。

8.1.3.5　重金属（除汞）

（1）常用方法

重金属监测主要依据的方法标准见表 8-4。有的重金属物质有不同的方法，排污单位可以根据实际情况选择合适的方法开展监测。主要的采样方式为富集采样法，采用滤筒+颗粒物采样器进行现场滤筒捕集采样或者使用气泡吸收管+小流量采样器进行现场吸收液采集样品，妥善保存后带回实验室进行分析，可采用光谱法、质谱法和分光光度法进行测定。

表 8-4　重金属监测方法对照表

监测项目	监测方法标准
砷、镉、镍、铅、锑、锡	《空气和废气　颗粒物中金属元素的测定　电感耦合等离子体发射光谱法》（HJ 777—2015）
	《空气和废气　颗粒物中铅等金属元素的测定　电感耦合等离子体质谱法》（HJ 657—2013）
镍	《大气固定污染源　镍的测定　火焰原子吸收分光光度法》（HJ/T 63.1—2001）
	《大气固定污染源　镍的测定　石墨炉原子吸收分光光度法》（HJ/T 63.2—2001）
	《大气固定污染源　镍的测定　丁二酮肟-正丁醇萃取分光光度法》（HJ/T 63.3—2001）
镉	《大气固定污染源　镉的测定　火焰原子吸收分光光度法》（HJ/T 64.1—2001）
	《大气固定污染源　镉的测定　石墨炉原子吸收分光光度法》（HJ/T 64.2—2001）
	《大气固定污染源　镉的测定　对-偶氮苯重氮氨基偶氮苯磺酸分光光度法》（HJ/T 64.3—2001）
铅	《固定污染源废气　铅的测定　火焰原子吸收分光光度法（暂行）》（HJ 538—2009）
	《固定污染源废气　铅的测定　火焰原子吸收分光光度法》（HJ 685—2014）
	《环境空气　铅的测定　火焰原子吸收分光光度法》（GB/T 15264—1994）
	《环境空气　铅的测定　石墨炉原子吸收分光光度法》（HJ 539—2015）
锡	《大气固定污染源　锡的测定　石墨炉原子吸收分光光度法》（HJ/T 65—2001）
砷	《固定污染源废气　砷的测定　二乙基二硫代氨基甲酸银分光光度法（发布稿）》（HJ 540—2016）

（2）注意事项

1）采集颗粒物中的重金属时，应使用颗粒物采样器采样，采样材料应使用玻璃纤维滤筒或石英滤筒，要求其对粒径大于 0.3 μm 颗粒物的阻留效率不低于99.9%。空白滤筒中目标金属元素含量应不得高于排放标准限值的 1/10，不符合要求则不能使用。

2）采样前要彻底清洗采样管的采样嘴和弯管，并吹干。将玻璃纤维滤筒或石英滤筒装入采样管头部的滤筒夹内，根据所选择的等速采样方法，再连接好采样系统，连接管要尽可能短，并检查系统的气密性和可靠性。

3）当重金属质量浓度较低时可适当增加采样体积。如管道内烟气温度高于需采集的相关金属元素熔点，应采取降温措施，使进入滤筒前的烟气温度低于相关金属元素的熔点。使用滤筒采样时，每次采样至少取同批号滤筒两个，带到采样现场作为现场空白样品。

4）采样结束后，滤筒样品应将封口向内折叠、编号后，竖直放回原采样盒中，样品在干燥、通风、避光、室温环境下保存。

5）砷、铅、镍等金属元素具有一定的毒性，试验过程中应做好安全防护工作。

8.1.3.6　氨

（1）常用方法

废气中氨监测主要依据《环境空气与废气　氨的测定　纳氏试剂分光光度法》（HJ 533—2009）。用稀硫酸溶液吸收空气中的氨，生成的铵离子与纳氏试剂反应生成黄棕色络合物，该络合物在 420 nm 波长处的吸光度与氨的含量成正比，根据吸光度计算氨的含量。

环境空气采样：用 10 mL 吸收管，以 0.5～1.0 L/min 的流量采集，至少 45 min。

固定污染源废气采样：用 50 mL 吸收管，以 0.5～1.0 L/min 的流量采集，采气时间视具体情况而定。

（2）注意事项

1）采样时应带全程空白吸收管。

2）吸收液需密封避光保存。采样后应尽快分析。若不能立即分析，2～5℃可保存 7 天。

8.1.3.7 氟化物

（1）常用方法

废气中氟化物监测主要依据《大气固定污染源 氟化物的测定 离子选择电极法》（HJ/T 67—2001）。污染源中尘氟和气态氟共存时，采用烟尘采样方法进行等速采样，在采样管的出口串联 3 个装有 75 mL 吸收液的大型冲击式吸收瓶，分别捕集尘氟和气态氟。若污染源中只存在气态氟时，可采用烟尘采样方法，在采样管出口串联 2 个装有 50 mL 吸收液的多孔玻板吸收瓶，以 0.5～2.0 L/min 的流速采集 5～20 min。

（2）注意事项

1）采样管和采样瓶之间的连接管应选用聚四氟乙烯管，并尽可能短。

2）吸收瓶中样品全部转移至聚乙烯瓶中，并用少量水洗涤 3 次吸收瓶，洗涤液并入聚乙烯瓶中。采样管与连接管先用 50 mL 吸收液洗涤，再用 400 mL 水冲洗，全部并入聚乙烯瓶中。

8.1.3.8 氯化氢、氯化物（以 HCl 计）

（1）常用方法

废气中氯化氢、氯化物（以 HCl 计）监测主要依据《固定污染源排气中氯化氢的测定 硫氰酸汞分光光度法》（HJ/T 27—1999）、《固定污染源废气 氯化氢的测定 硝酸银容量法》（HJ 548—2016）和《环境空气和废气 氯化氢的测定 离子色谱法》（HJ 549—2016）。采用多孔玻板吸收瓶（或冲击式吸收瓶）+小流量采样器进行现场样品采集，样品送往实验室后按照相应分析方法进行分析测定。

（2）注意事项

1）按照《固定污染源排气中氯化氢的测定 硫氰酸汞分光光度法》（HJ/T 27—1999）方法监测。

①采样管用硬质玻璃或氟树脂材质，具有适当尺寸的管料，并应附有可加热至 120℃以上的保温夹套。样品吸收装置采用 50 mL 多孔玻板吸收瓶。

②串联两支各装 25 mL 氢氧化钠吸收液的多孔玻板吸收瓶，以 0.5 L/min 流量采样 5～30 min。采样过程中，根据排气温度和湿度调节采样管保温夹套温度，以避免水汽于吸收瓶之前凝结。

③如果样品采集后不能当天测定，应将试样密封后置于冰箱 3～5℃保存，保存期不超过 48 h。

④若废气中含有氯化物颗粒性物质，应在吸收瓶之前接装滤膜夹。采样管、吸收瓶之间应用聚乙烯管或聚四氟乙烯管内接外套法连接。用过的吸收瓶、具塞比色管、连接管等，将溶液倒出后，直接用去离子水洗涤，不能用自来水洗涤。

2）按照《固定污染源废气 氯化氢的测定 硝酸银容量法》（HJ 548—2016）方法监测。

①吸收瓶应严密不漏气，多孔玻板吸收瓶发泡要均匀，当流量为 0.5 L/min 时，其阻力应在 5 kPa±0.7 kPa。

②采样时，串联两支内装 50 mL 氢氧化钠吸收液的吸收瓶，按照气态污染物采集方法，以 0.5～1.0 L/min 的流量，连续 1 小时采样，或在 1 小时内以等时间间隔采集 3～4 个样品。在采样过程中，应保持采样保温夹套温度为 120℃，以避免水汽在采样管路中凝结。采样完毕后，用连接管密封吸收瓶，待测。

③当废气中湿度较大，氯化氢吸湿并主要以颗粒态存在时，其采样点位布设及采样应按照 GB/T 16157 中颗粒物采集的相关规定执行。在烟尘采样器后连接加热装置（内含分流阀及内含乙酸纤维微孔滤膜的滤膜夹），之后通过分流阀再按照气态采样方法进行采集，采样过程中，烟气采样器和加热装置温度保持在 120℃。

④采集的样品及全程序空白，应当天尽快测定，若不能及时测定，应于 4℃

以下冷藏、密封保存，48 小时内完成分析测定。

⑤废气中含有颗粒态氯化物，应在采样枪与吸收瓶之间连接装有乙酸纤维微孔滤膜的滤膜夹；采样枪与吸收瓶之间的连接管应尽可能短，并检查系统的气密性和可靠性；采样器应在使用前进行气密性检查和流量校准；每批样品至少要带两个实验室空白和两个全程序空白，空白测定值应小于方法检出限。

3）按照《环境空气和废气　氯化氢的测定　离子色谱法》（HJ 549—2016）方法监测。

①75 mL 的冲击式吸收瓶用水预先清洗至洗液电导率小于 1.0 μS/cm，置于清洁的环境中晾干备用。采样前，装入吸收液并用连接管密封保存运输。

②串联两支各装 50 mL 吸收液的 75 mL 冲击式吸收瓶，按照气态污染物采集方法，以 0.5～1.0 L/min 的流量，连续 1 小时采样，或在 1 小时内以等时间间隔采集 3～4 个样品，采样前后流量偏差应≤5%。在采样过程中，应保持采样管保温夹套温度为 120℃，以避免水汽于吸收瓶之前凝结，若废气中含有颗粒态氯化物，应在吸收瓶之前接装放入滤膜的滤膜夹。

③当废气中氯化氢质量浓度高于 100 mg/m³ 时，吸收液质量浓度可适当增加，测定时应稀释至与淋洗液质量浓度相当。

④当废气中含有氯气时，串联 4 支吸收瓶，前 2 支为各装 50 mL 硫酸吸收液的 75 mL 冲击式吸收瓶，后 2 支为各装 50 mL 碱性吸收液的 75 mL 冲击式吸收瓶，前、后两组吸收瓶分别吸收氯化氢和氯气，以避免氯气干扰。

⑤当废气湿度较大，氯化氢吸湿并主要以颗粒态存在时，其采样点位布设及采样应按照 GB/T 16157 中颗粒物采集的相关规定执行。在烟尘采样器后连接加热装置（内含分流阀及内含乙酸纤维微孔滤膜的滤膜夹），之后通过分流阀再按照气态采样方法进行采集，采样过程中烟气采样器和加热装置温度保持在 120℃。

⑥样品采集后用连接管密封吸收瓶，于 4℃冷藏保存，48 小时内完成分析测定。如不能及时分析，应将样品转移至聚乙烯瓶中，于 4℃以下冷藏可保存 7 d。

⑦吸收瓶、连接管及各器皿均应用试验用水反复洗涤并防止被污染，操作中

应防止自来水、空气微尘及手上氯化物干扰；采样器、滤膜夹、吸收瓶之间连接管应尽可能短，并检查系统的气密性和可靠性；每次分析样品结束后，用淋洗液清洗仪器管路，试验结束后用实验室用水清洗仪器泵及抑制器，以免受到淋洗液腐蚀；如出现仪器分析精度下降，应检查柱效及抑制器工作状态，必要时进行更换。

8.1.3.9　硫酸雾

废气中硫酸雾包括硫酸小液滴、三氧化硫及颗粒物中可溶性硫酸盐，监测主要依据为《固定污染源废气中硫酸雾的测定　离子色谱法》（HJ 544—2016）。

（1）常用方法

用玻璃纤维滤筒（石英纤维滤筒）串联内装 50 mL 吸收液的吸收瓶采集有组织排放废气中硫酸雾样品，烟枪加热温度不低于烟气温度，连续 1 小时采样或 1 小时内等时间间隔采集 3～4 个样品。在采集硫酸雾样品时，由于雾滴极易黏附在采样嘴和弯管内壁，且很难脱离，采样前应将采样嘴和弯管内壁清洗干净，采样后用少量乙醇冲洗采样嘴和弯管内壁，合并在样品中，尽量减少样品损失，保证采样的准确性。

（2）注意事项

1）每次采集样品至少带两套同批次全程序空白样品。将同批次滤筒以及装好吸收液的吸收瓶带至采样现场，不与采样器连接，采样结束后带回实验室待测。

2）滤筒和滤膜应选用空白较低且数值稳定的产品，空白滤筒和空白滤膜的硫酸根含量应低于方法测定下限。

3）第二支吸收瓶中硫酸根浓度应小于样品总量的10%，否则应重新采集样品。

4）采集的样品及全程序空白应于 0～4℃密封保存。

8.1.3.10　氯气

（1）常用方法

废气中氯气监测主要依据《固定污染源废气　氯气的测定　碘量法》（HJ 547—2017）。串联两个内装 40 mL 氢氧化钠吸收液的多孔玻板吸收瓶，将其连接到采样系统中，以 0.5～1 L/min 流量恒流采样 20～30 min。若废气中含有固体颗粒物时，应将滤膜置于滤膜夹内，接装在采样管前端。当废气温度高于环境温度或含湿量较大时，需要加热滤膜夹内的滤膜及采样管，保持采样管保温夹套温度在 120℃，防止水分凝结。

（2）注意事项

1）将同批次各装 40 mL 氢氧化钠吸收液的两个串联吸收瓶带至采样现场，不与采样器连接，采样结束后将其同样品一同带回实验室。

2）样品采集后应尽快分析，若不能当天测定，应于 4℃ 以下冷藏，48 小时内完成测定。

3）当氯气浓度高、含湿量大（烟气含湿量在 25% 以上）时，须进行等速采样。

4）采样时吸收瓶进气口端和串联的两个吸收瓶之间不可用乳胶管连接，应采用聚四氟乙烯软管或聚乙烯塑料管以内接外套法连接，即将塑料管插入吸收瓶管口，用聚四氟乙烯胶带缠好后，外面再用一段硅橡胶管接好管口，连接管应尽量短。

8.2　无组织废气监测

8.2.1　监测方式

无组织废气监测是指排污单位对没有经过排气筒、无规则排放的废气，或者废气虽经排气筒排放但排气筒高度没有达到有组织排放要求的低矮排气筒排放的废气污染物浓度进行监测。

无组织废气排放监测的主要方式为现场采样+实验室分析，与有组织废气的方式相同，是指采用特定仪器采集一定量的无组织废气并妥善保存带回实验室进行分析。主要采样方式包括现场直接采样法（注射器、气袋、采样管、真空瓶等）和富集（浓缩）采样法（活性炭吸附、滤筒、滤膜捕集、吸收液吸收等），主要分析方法包括重量法、色谱法、质谱法、分光光度法等。

8.2.2 现场采样

8.2.2.1 现场采样技术要点

无组织废气排放监测的主要参考标准为《大气污染物无组织排放监测技术导则》（HJ/T 55—2000）、《大气污染物综合排放标准》（GB 16297—1996）和排污单位具体执行的行业标准。

（1）控制无组织排放的基本方式

按照《大气污染物综合排放标准》（GB 16297—1996）所做的规定，我国以控制无组织排放所造成的后果来对无组织排放实行监督和限制。采用的基本方式是规定设立监控点（监测点）和规定监控点的污染物浓度限值。在设置监测点时，有的污染物要求除在下风向设置监控点外，还要在上风向设置对照点，监控浓度限值为监控点与参照点的浓度差值。有的污染物要求只在周界外浓度最高点设置监控点。

（2）设置监控点的位置和数目

根据《大气污染物综合排放标准》（GB 16297—1996）的规定，二氧化硫、氮氧化物、颗粒物和氟化物的监控点设在无组织排放源下风向 2～50 m 的浓度最高点，相对应的参照点设在排放源上风向 2～50 m 内；其余物质的监控点设在单位周界外 10 m 范围内的浓度最高点。按规定监控点最多可设 4 个，参照点只设 1 个。

（3）采样频次的要求

按照《大气污染物无组织排放监测技术导则》（HJ/T 55—2000）规定对无组织排放实行监测时，实行连续 1 小时的采样，或者实行在 1 小时内以等时间间隔采集 4 个样品计平均值。在进行实际监测时，为了捕捉到监控点最高浓度的时段，实际安排的采样时间可超过 1 小时。

（4）工况的要求

由于大气污染物排放标准对无组织排放实行限制的原则是在最大负荷下生产和排放，以及在最不利于污染物扩散稀释的条件下，无组织排放监控值不应超过排放标准所规定的限制。因此，监测人员应在不违反上述原则的前提下，选择尽可能高的生产负荷及不利于污染物扩散稀释的条件进行监测。

针对以上基本要求，如果排污单位执行的行业排放标准中对无组织排放有明确要求的，按照行业标准执行。

8.2.2.2　监测前准备工作

（1）单位基本情况调查

1）主要原、辅材料和主、副产品，相应用量和产量、来源及运输方式等，重点了解用量大和可产生大气污染的材料和产品，列表说明，并予以必要的注释。

2）注意车间和其他主要建筑物的位置和尺寸，有组织排放和无组织排放口位置及其主要参数，排放污染物的种类和排放速率；单位周界围墙的高度和性质（封闭式或通风式）；单位区域内的主要地形变化等。对单位周界外的主要环境敏感点（影响气流运动的建筑物和地形分布、有无排放被测污染物的源存在）进行调查，并标于单位平面布置图中。

3）了解环境保护影响评价、工程建设设计、实际建设的污染治理设施的种类、原理、设计参数、数量以及目前的运行情况等。

（2）无组织排放源基本情况调查

除调查排放污染物的种类和排放速率（估计值）外，还应重点调查被监测无组织排放源的形状、尺寸、高度及其处于建筑群的具体位置等。

（3）仪器设备准备

按照被测物质的对应标准分析方法中有关无组织排放监测的采样部分所规定仪器设备和试剂做好准备。所用仪器应通过计量监督部门的性能检定合格，并在使用前做必要调试和检查。采样时应注意检查电路系统、气路部分、校正流量计。

（4）监测条件

监测时，被测无组织排放源的排放负荷应处于相对较高或者正常生产和排放状态。主导风向（平均风速）利于监控点的设置，并可使监控点和被测无组织排放源之间的距离尽可能缩小。通常情况下，选择冬季微风的日期，避开阳光辐射较强烈的中午时段进行监测是比较适宜的。

8.2.3 监测指标的监测

根据《铝工业污染物排放标准》（GB 25465—2010）、《铅锌工业污染物排放标准》（GB 25466—2010）、《铜镍钴工业污染物排放标准》（GB 25467—2010）、《镁钛工业污染物排放标准》（GB 25468—2010）、《锡、锑、汞工业污染物排放标准》（GB 30770—2014），纳入国家排放标准管控的废气无组织污染物包括颗粒物、二氧化硫、氟化物、硫酸雾、氯气、氯化氢、铅、汞、砷、镍、锡、锑、镉共 13 项指标，排污单位废气无组织监测指标以排放标准规定的污染物为依据。在监测这些污染物时除根据本章 8.2.1 的监测方式和 8.2.2 的现场采样要求外，主要从以下方面进行考虑。

（1）监控点布设方法

根据《大气污染物综合排放标准》（GB 16297—1996）规定，监控点布设方法有两种：

1）在排放源上、下风向分别设置参照点和监控点的方法：对于 1997 年 1 月 1 日之前设立的污染源，监测二氧化硫、颗粒物和氟化物污染物无组织排放时，在排放源的上风向设参照点，下风向设监控点，监控点设于排放源下风向的浓度最高点，不受单位周界的限制。

2）在单位周界外设置监控点的方法：对于 1997 年 1 月 1 日之后设立的污染源，监测其污染物无组织排放时，监控点设置在单位周界外污染物浓度最高点处，监控点设置方法参照《大气污染物无组织排放监测技术导则》（HJ/T 55—2000）标准文本中条目 9.1。对于 1997 年 1 月 1 日之前设立的污染源，监测除二氧化硫、颗粒物和氟化物之外的污染物无组织排放时，也用此方法布设监控点。

参照点设置原则：参照点应不受或尽可能少受被测无组织排放源的影响，参照点要力求避开其近处的其他无组织排放源和有组织排放源的影响，尤其要注意避开那些可能对参照点造成明显影响而同时对监控点无明显影响的排放源；参照点的设置，要以能够代表监控点的污染物本底浓度为原则。具体设置方法参见《大气污染物无组织排放监测技术导则》（HJ/T 55—2000）标准文本中条目 9.2.1。

监控点设置原则：监控点应设置于无组织排放下风向，距排放源 2～50 m 范围内的浓度最高点。设置监控点不需要回避其他源的影响。具体设置方法参见《大气污染物无组织排放监测技术导则》（HJ/T 55—2000）标准文本中条目 9.2.2。

3）复杂情况下的监控点设置

在特别复杂的情况下，不可能单独运用上述各点的内容来设置监控点，需对具体情况做仔细分析，综合运用《大气污染物综合排放标准》（GB 16297—1996）和《大气污染物无组织排放监测技术导则》（HJ/T 55—2000）的有关条目设置监控点。同时，也不大可能对污染物的运动和分布做确切的描述和得出确切的结论，此时监测人员应尽可能利用现场可利用的条件，如利用无组织排放废气的颜色、嗅味、烟雾分布、地形特点等，甚至采用人造烟源或其他措施，以分析污染物的运动和可能的浓度最高点，并据此设置监控点。

（2）样品采集

1）有与大气污染物排放标准相配套的国家标准分析方法的污染物项目，应按照配套标准分析方法中适用于无组织排放采样的方法执行。

2）尚缺少配套标准分析方法的污染物项目，应按照环境空气监测方法中的采样要求进行采样。

3）无组织排放监测的采样频次，参见本章 8.2.2.1（3）。

（3）分析方法

1）有与大气污染物排放标准相配套的国家标准分析方法的污染物项目，应按照配套标准分析方法（其中适用于无组织排放部分）执行。

2）个别没有配套标准分析方法的污染物项目，应按照适用于环境空气监测的标准分析方法执行。

各监测指标常用的监测方法参见表 8-5。

表 8-5 无组织废气指标常用监测方法

序号	项目	分析方法	吸收（吸附）管及填充剂	采样方法	采样流量/（L/min）	采样量/m³ 或采样时间/min	样品运输及保存条件	其他特殊要求	方法来源
1	氟化物	滤膜·氟离子选择电极法	乙酸-硝酸纤维微孔滤膜	2 张磷酸氢二钾浸渍滤膜，中间用 2~3 mm 厚的滤膜垫圈隔开	50	45 min	将滤膜对折放入塑料盒（袋）中密封，贮存在密闭容器中，40 天内分析完成	取用滤膜的实验室过程中应佩戴防静电的一次性手套，并用不锈钢或聚四氟乙烯的镊子进行操作	HJ 955—2018
2	二氧化硫	甲醛吸收副玫瑰苯胺分光光度法	甲醛缓冲溶液	10 mL 吸收液多孔玻板吸收瓶	0.5	45~60 min	采样、运输和贮存时应避免日光照射，24 小时内分析	吸收液温度应控制在 23~29℃	HJ 482—2009
3	硫酸雾	离子色谱法	0.45 μm 超细玻璃纤维滤膜或石英纤维滤膜	中流量采样	100	30 min，视浓度可增加采样时间	—	若硫酸雾浓度过低，可适当延长采样时间	HJ 544—2016
4	氯气	甲基橙分光光度法	甲基橙吸收液	串联 2 支 10 mL 吸收液多孔玻板吸收瓶	0.6	吸收液颜色有明显减退，如不褪色，采集不少于 60 min	常温下 15 天	—	HJ/T 30—1999
5	氯化氢	离子色谱法	聚四氟乙烯滤膜或石英滤膜+水（吸收液）	串联 2 支装有 10 mL 水作为吸收液的 25 mL 冲击式吸收瓶	0.5~1.0	60 min 或 60 min 内等时间间隔采集 3~4 个样品	0~4℃冷藏，48 小时内分析	每次分析样品结束后，应用淋洗液清洗仪器管理	HJ 549—2016

序号	项目	分析方法	吸收（吸附）管及填充剂	采样方法	采样流量/（L/min）	采样量/m³ 或采样时间/min	样品运输及保存条件	其他特殊要求	方法来源
6	汞	冷原子吸收分光光度法	富集管	—	1.0	60 min	用聚乙烯或聚四氟乙烯塞子塞紧样品富集管的两端，置于聚乙烯自封袋或专用具塞玻璃管中保存	富集管反复使用后，金膜微粒在石英管中会发生松动，影响对汞的富集效果，故使用时需塞压实	HJ 910—2017
7	颗粒物	重量法	玻璃纤维滤膜、石英滤膜等无机滤膜或四氟乙烯、聚氯乙烯、聚丙烯、混合纤维等有机滤膜	大流量或中流量采样	1 050/100	60 min	运输中不得倒置、挤压或发生较大的振动。滤膜采集后及时称量，在不高于采样时环境温度条件下保存，最长采样不超过30天	滤膜称量前，应进行检查、滤膜表面应边缘平整，表面无毛刺，无针孔，无松散杂质，且无折痕、受到污染或任何破损。在恒温恒湿设备（室）中平衡至少24 h后称量	HJ 1263—2022
8	镉	石墨炉原子吸收分光光度法	过氯乙烯滤膜	—	100	60 min	—	采样后放入洁净容器中	HJ/T 64.2—2001
9	锡	石墨炉原子吸收分光光度法	过氯乙烯滤膜	—	100	60 min	—	采样后放入洁净容器中	HJ/T 65—2001

序号	项目	分析方法	吸收（吸附）管及填充剂	采样方法	采样流量/（L/min）	采样量/m³ 或采样时间/min	样品运输及保存条件	其他特殊要求	方法来源
10	镍	石墨炉原子吸收分光光度法	过氯乙烯滤膜	—	100	60 min	—	采样后放入洁净容器中	HJ/T 63.2—2001
11	铅	石墨炉原子吸收分光光度法	乙酸纤维或过氯乙烯滤膜	—	100	10 m³	—	采样后放入洁净容器中	HJ 539—2015
12	锑	原子荧光光法	滤膜	—	—	60 min 或 60 min 内等时间间隔采集 4 个样品	滤膜采集后放入样品盒或样品袋中保存	—	HJ 1133—2020
13	砷	原子荧光法	滤膜	—	—	60 min 或 60 min 内等时间间隔采集 4 个样品	滤膜采集后放入样品盒或样品袋中保存	—	HJ 1133—2020
14	砷、镉、镍、锑、铅、锡	电感耦合等离子体发射光谱法	滤膜	—	—	10 m³	滤膜采集后将有尘面两次向内对折，放入样品盒或样品袋中保存	—	HJ 777—2015

（4）计值方法

1）在污染源单位周界外设监控点的监测结果，以最多 4 个监控点中的测定浓度最高点的监测值作为无组织排放监控浓度值。注意：浓度最高点的监测值应是 1 小时连续采样或由等时间间隔采集的 4 个样品所得的 1 小时平均值。

2）在无组织排放源上、下风向分别设置参照点和监控点的监测结果，以最多 4 个监控点中的浓度最高点监测值扣除参照点监测值所得之差值，作为无组织排放监控浓度值。注意：监控点和参照点测值是指 1 小时连续采样或由等时间间隔采集的 4 个样品所得的 1 小时平均值。

第 9 章　废气自动监测技术要点

废气自动监测系统因其实时、自动等功能，在环境管理中发挥着越来越大的作用。如何确保废气自动监测数据能够有效应用，这就要求排污单位加强废气自动监测系统的运维和管理，使其能够稳定、良好的运行。本章基于《固定污染源烟气（SO_2、NO_x、颗粒物）排放连续监测技术规范》（HJ 75—2017）、《固定污染源烟气（SO_2、NO_x、颗粒物）排放连续监测系统技术要求及检测方法》（HJ 76—2017）标准，对废气自动监测系统的建设、验收、运行维护应注意的技术要点进行了梳理。

9.1　废气自动监测系统组成及性能要求

9.1.1　基本概念

废气自动监测系统通常是指烟气排放连续监测系统（Continuous Emission Monitoring System，CEMS），该系统能够实现对固定污染源排放的颗粒物和（或）气态污染物的排放浓度和排放量进行连续、实时的自动监测。废气自动监测管理是指对系统中包含的所有设备进行规范安装、调试、验收、运行维护，从而实现对自动监测数据的质量保证与质量控制的技术工作。

9.1.2　CEMS 组成和功能要求

一套完整的 CEMS 主要包括：颗粒物监测单元、气态污染物监测单元、烟气参数监测单元、数据采集与传输单元以及相应的建筑设施等组成。

颗粒物监测单元：主要对排放烟气中的颗粒物浓度进行测量。

气态污染物监测单元：主要对排放烟气中 SO_2、NO_x、CO、HCl 等气态形式存在的污染物进行监测。

烟气参数监测单元：主要对排放烟气的温度、压力、湿度、含氧量等参数进行监测，用于污染物排放量的计算，以及将污染物的实测浓度折算成标准干烟气状态下或排放标准中规定的过剩空气系数下的浓度。

数据采集与传输单元：主要完成测量数据的采集、存储、统计功能，并按相关标准要求的格式将数据传输到环境监管部门。

对于配有锅炉的制革及毛皮加工排污单位，废气自动监测时主要包括颗粒物、SO_2、NO_x 等主要污染物的自动监测。在选择 CEMS 时，应选择具备测量烟气中颗粒物、SO_2、NO_x 浓度和烟气参数（温度、压力、流速或流量、湿度、含氧量等），同时计算出烟气中污染物的排放速率和排放量，显示（可支持打印）和记录各种数据和参数，形成相关图表，并通过数据、图文等方式传输至管理部门等功能。

对于氮氧化物监测单元，NO_2 可以直接测量，也可通过转化炉转化为 NO 后一并测量，但不允许只监测烟气中的 NO。NO_2 转换为 NO 的效率不小于 95%。

排污单位在进行自动监控系统安装选型时，应当根据国家对每个监测设备的具体技术要求进行选型安装。选型安装在线监测仪器时，应根据污染物浓度和排放标准，选择检测范围与之匹配的在线监测仪器，监测仪器满足国家对应仪器的技术要求。如二氧化硫、氮氧化物、颗粒物应符合《固定污染源烟气（SO_2、NO_x、颗粒物）排放连续监测技术规范》（HJ 75—2017）和《固定污染源烟气（SO_2、NO_x、颗粒物）排放连续监测系统技术要求及检测方法》（HJ 76—2017）等相关规范要求。选型安装数据传输设备时，应按照《污染物在线监控（监测）系统数据传输标准》（HJ 212—2017）和《污染源在线自动监控（监测）数据采集传输仪技术要求》（HJ 477—2009）规范要求设置，不得添加其他可能干扰监测数据存储、处理、传输的软件或设备。

在污染源自动监测设备建设、联网和管理过程中，当地生态环境管理部门有相关规定的，应同时参考地方的规定要求。

9.2 CEMS 现场安装要求

CEMS 的现场安装主要涉及现场监测站房、废气排放口、自动监控点位设置及监测断面等内容。现场监测站房必须能满足仪器设备功能需求且专室专用，保障供电、给排水、温湿度控制、网络传输等必需的运行条件，配备安装必要的电源、通讯网络、温湿度控制、视频监视和安全防护设施；排放口应设置符合《环境保护图形标志——排放口（源）》（GB 15562.1—1995）要求的环境保护图形标志牌。排放口的设置应按照生态环境部和地方生态环境主管部门的相关要求，进行规范化设置；自动监控点位的选取应尽可能选取固定污染源烟气排放状况有代表性的点位。具体要求见 5.3 的相关部分内容。

9.3 CEMS 技术指标调试检测

CEMS 在现场安装运行以后，在接受验收前，应对其进行技术性能指标和联网情况的调试检测。

9.3.1 CEMS 调试检测的技术指标

（1）颗粒物 CEMS 零点漂移、量程漂移；

（2）颗粒物 CEMS 线性相关系数、置信区间、允许区间；

（3）气态污染物 CEMS 和氧气 CMS 零点漂移、量程漂移；

（4）气态污染物 CEMS 和氧气 CMS 示值误差；

（5）气态污染物 CEMS 和氧气 CMS 系统响应时间；

（6）气态污染物 CEMS 和氧气 CMS 准确度；

（7）流速 CMS 速度场系数；

（8）流速 CMS 速度场系数精密度；

（9）温度 CMS 准确度；

（10）湿度 CMS 准确度。

9.3.2　联网调试检测

安装调试完成后 15 天内，按《污染物在线监控（监测）系统数据传输标准》（HJ 212—2017）技术要求与生态环境主管部门联网。

9.4　CEMS 验收要求

技术验收包括 CEMS 技术指标验收和联网验收。

CEMS 在完成安装、调试检测并与生态环境主管部门联网后，同时符合下列要求后，可组织实施技术验收工作。

（1）CEMS 的安装位置及手工采样位置应符合 5.3 的相关部分内容的要求。

（2）数据采集和传输以及通信协议均应符合《污染物在线监控（监测）系统数据传输标准》（HJ 212—2017）的要求，并提供一个月内数据采集和传输自检报告，报告应对数据传输标准的各项内容做出响应。

（3）根据本章 9.3.1 的要求进行 72 小时的调试检测，并提供调试检测合格报告及调试检测结果数据。

（4）调试检测后至少稳定运行 7 天。

9.4.1 CEMS 技术指标验收

9.4.1.1 验收要求

CEMS 技术指标验收包括颗粒物 CEMS、气态污染物 CEMS、烟气参数 CMS 技术指标验收。符合下列要求后，即可进行技术指标验收。

（1）现场验收期间，生产设备应正常且稳定运行，可通过调节固定污染源烟气净化设备达到某一排放状况，该状况在测试期间应保持稳定。

（2）日常运行中更换 CEMS 分析仪表或变动 CEMS 取样点位时，应进行再次验收。

（3）现场验收时必须采用有证标准物质或标准样品，较低浓度的标准气体可以使用高浓度的标准气体采用等比例稀释方法获得，等比例稀释装置的精密度在 1%以内。标准气体要求贮存在铝或不锈钢瓶中，不确定度不超过±2%。

（4）对于光学法颗粒物 CEMS，校准时须对实际测量光路进行全光路校准，确保发射光先经过出射镜片，再经过实际测量光路，到校准镜片后，再经过入射镜片到达接收单元，不得只对激光发射器和接收器进行校准。对于抽取式气态污染物 CEMS，当对全系统进行零点校准和量程校准、示值误差和系统响应时间的检测时，零气和标准气体应通过预设管线输送至采样探头处，经由样品传输管线回到站房，经过全套预处理设施后进入气体分析仪。

（5）验收前检查直接抽取式气态污染物采样伴热管的设置，设置的加热温度应≥120℃，并高于烟气露点温度 10℃以上，实际温度能够在机柜或系统软件中查询。冷干法 CEMS 冷凝器的设置和实际控制温度应保持在 2～6℃。

9.4.1.2 验收内容

颗粒物 CEMS 技术指标验收包括颗粒物的零点漂移、量程漂移和准确度验收。气态污染物 CEMS 和氧气 CMS 技术指标验收包括零点漂移、量程漂移、示值误差、系统响应时间和准确度验收。

现场验收时，先做示值误差和系统响应时间的验收测试，不符合技术要求的，可不再继续开展其余项目验收。

通入零气和标气时，均应通过 CEMS 系统，不得直接通入气体分析仪。

示值误差、系统响应时间、零点漂移和量程漂移验收技术指标需满足表 9-1 要求。

表 9-1　示值误差、系统响应时间、零点漂移和量程漂移验收技术要求

检测项目			技术要求
气态污染物 CEMS	二氧化硫	示值误差	当满量程≥100 μmol/mol（286 mg/m³）时，示值误差不超过±5%（相对于标准气体标称值）；当满量程<100 μmol/mol（286 mg/m³）时，示值误差不超过±2.5%（相对于仪表满量程值）
		系统响应时间	≤200 s
		零点漂移、量程漂移	不超过±2.5%
	氮氧化物	示值误差	当满量程≥200 μmol/mol（410 mg/m³）时，示值误差不超过±5%（相对于标准气体标称值）；当满量程<200 μmol/mol（410 mg/m³）时，示值误差不超过±2.5%（相对于仪表满量程值）
		系统响应时间	≤200 s
		零点漂移、量程漂移	不超过±2.5%
氧气 CMS	氧气	示值误差	±5%（相对于标准气体标称值）
		系统响应时间	≤200 s
		零点漂移、量程漂移	不超过±2.5%
颗粒物 CEMS	颗粒物	零点漂移、量程漂移	不超过±2.0%

注：氮氧化物以 NO_2 计。

准确度验收技术指标需满足表 9-2 的要求。

表 9-2　准确度验收技术要求

检测项目			技术要求
气态污染物 CEMS	二氧化硫	准确度	排放浓度≥250 μmol/mol（715 mg/m³）时，相对准确度≤15%
			50 μmol/mol（143 mg/m³）≤排放浓度<250 μmol/mol（715 mg/m³）时，绝对误差不超过±20 μmol/mol（57 mg/m³）
			20 μmol/mol（57 mg/m³）≤排放浓度<50 μmol/mol（143 mg/m³）时，相对误差不超过±30%
			排放浓度<20 μmol/mol（57 mg/m³）时，绝对误差不超过±6 μmol/mol（17 mg/m³）
	氮氧化物	准确度	排放浓度≥250 μmol/mol（513 mg/m³）时，相对准确度≤15%
			50 μmol/mol（103 mg/m³）≤排放浓度<250 μmol/mol（513 mg/m³）时，绝对误差不超过±20 μmol/mol（41 mg/m³）
			20 μmol/mol（41 mg/m³）≤排放浓度<50 μmol/mol（103 mg/m³）时，相对误差不超过±30%
			排放浓度<20 μmol/mol（41 mg/m³）时，绝对误差不超过±6 μmol/mol（12 mg/m³）
	其他气态污染物	准确度	相对准确度≤15%
氧气 CMS	氧气	准确度	>5.0%时，相对准确度≤15%
			≤5.0%时，绝对误差不超过±1.0%
颗粒物 CEMS	颗粒物	准确度	排放浓度>200 mg/m³时，相对误差不超过±15%
			100 mg/m³<排放浓度≤200 mg/m³时，相对误差不超过±20%
			50 mg/m³<排放浓度≤100 mg/m³时，相对误差不超过±25%
			20 mg/m³<排放浓度≤50 mg/m³时，相对误差不超过±30%
			10 mg/m³<排放浓度≤20 mg/m³时，绝对误差不超过±6 mg/m³
			排放浓度≤10 mg/m³，绝对误差不超过±5 mg/m³
流速 CMS	流速	准确度	流速>10 m/s时，相对误差不超过±10%
			流速≤10 m/s时，相对误差不超过±12%
温度 CMS	温度	准确度	绝对误差不超过±3℃
湿度 CMS	湿度	准确度	烟气湿度>5.0%时，相对误差不超过±25%
			烟气湿度≤5.0%时，绝对误差不超过±1.5%

注：氮氧化物以 NO_2 计，以上各参数区间划分以参比方法测量结果为准。

9.4.2　联网验收

联网验收由通信及数据传输验收、现场数据比对验收和联网稳定性验收三部分组成。

9.4.2.1　通信及数据传输验收

按照《污染物在线监控（监测）系统数据传输标准》（HJ 212—2017）的规定检查通信协议的正确性。数据采集和处理子系统与监控中心之间的通信应稳定，不出现经常性的通信连接中断、报文丢失、报文不完整等通信问题。为保证监测数据在公共数据网上传输的安全性，所采用的数据采集和处理子系统应进行加密传输。监测数据在向监控系统传输的过程中，应由数据采集和处理子系统直接传输。

9.4.2.2　现场数据比对验收

数据采集和处理子系统稳定运行一周后，对数据进行抽样检查，对比上位机接收到的数据和现场机存储的数据是否一致，精确至 1 位小数。

9.4.2.3　联网稳定性验收

在连续 1 个月内，子系统能稳定运行，不出现除通信稳定性、通信协议正确性、数据传输正确性以外的其他联网问题。

9.4.2.4　联网验收技术指标要求

表 9-3　联网验收技术指标要求

验收检测项目	技术指标要求
通信稳定性	1. 现场机在线率为 95% 以上； 2. 正常情况下，掉线后，应在 5 min 内重新上线； 3. 单台数据采集传输仪每日掉线次数在 3 次以内； 4. 报文传输稳定性在 99% 以上，当出现报文错误或丢失时，启动纠错逻辑，要求数据采集传输仪重新发送报文
数据传输安全性	1. 对所传输的数据应按照 HJ 212—2017 中规定的加密方法进行加密处理传输，保证数据传输的安全性。 2. 服务器端对请求连接的客户端进行身份验证

验收检测项目	技术指标要求
通信协议正确性	现场机和上位机的通信协议应符合 HJ 212—2017 的规定，正确率 100%
数据传输正确性	系统稳定运行一周后，对一周的数据进行检查，对比接收的数据和现场的数据一致，精确至 1 位小数，抽查数据正确率达 100%
联网稳定性	系统稳定运行一个月，不出现除通信稳定性、通信协议正确性、数据传输正确性以外的其他联网问题

9.5　CEMS 日常运行管理要求

9.5.1　总体要求

CEMS 运维单位应根据 CEMS 使用说明书和本节要求编制仪器运行管理规程，确定系统运行操作人员和管理维护人员的工作职责。运维人员应当熟练掌握烟气排放连续监测仪器设备的原理、使用和维护方法。CEMS 日常运行管理应包括日常巡检、日常维护保养和 CEMS 的校准和检验。

9.5.2　日常巡检

CEMS 运维单位应根据本节要求和仪器使用说明中的相关要求制定巡检规程，严格按照规程开展日常巡检工作并做好记录。日常巡检记录应包括检查项目、检查日期、被检项目的运行状态等内容，每次巡检应记录并归档。CEMS 日常巡检时间间隔不超过 7 天。

日常巡检可参照《固定污染源烟气（SO_2、NO_x、颗粒物）排放连续监测技术规范》（HJ 75—2017）附录 G 中的表 G.1～表 G.3 表格形式记录。

9.5.3　日常维护保养

运维单位应根据 CEMS 说明书的要求对 CEMS 系统保养内容、保养周期或耗材更换周期等做出明确规定，每次保养情况应记录并归档。每次进行备件或材料更换时，更换的备件或材料的品名、规格、数量等应记录并归档。如更换有证标准物质或标准样品，还需记录新标准物质或标准样品的来源、有效期和浓度等信息。对日常巡检或维护保养中发现的故障或问题，运维人员应及时处理并记录。

CEMS 日常运行管理参照《固定污染源烟气（SO_2、NO_x、颗粒物）排放连续监测技术规范》（HJ 75—2017）附录 G 中的格式记录。

9.5.4　CEMS 的校准和检验

运维单位应根据本章 9.6 节规定的方法和质量保证规定的周期制订 CEMS 系统的日常校准和校验操作规程。校准和校验记录应及时归档。

9.6　CEMS 日常运行质量保证要求

9.6.1　总体要求

CEMS 日常运行质量保证是保障 CEMS 正常稳定运行、持续提供有质量保证监测数据的必要手段。当 CEMS 不能满足技术指标而失控时，应及时采取纠正措施，并应缩短下一次校准、维护和校验的间隔时间。

9.6.2　定期校准

CEMS 运行过程中的定期校准是质量保证中的一项重要工作，定期校准应做到：

（1）具有自动校准功能的颗粒物 CEMS 和气态污染物 CEMS 每 24 小时至少自动校准一次仪器零点和量程，同时测试并记录零点漂移和量程漂移；

（2）无自动校准功能的颗粒物 CEMS 每 15 天至少校准一次仪器的零点和量程，同时测试并记录零点漂移和量程漂移；

（3）无自动校准功能的直接测量法气态污染物 CEMS 每 15 天至少校准一次仪器的零点和量程，同时测试并记录零点漂移和量程漂移；

（4）无自动校准功能的抽取式气态污染物 CEMS 每 7 天至少校准一次仪器零点和量程，同时测试并记录零点漂移和量程漂移；

（5）抽取式气态污染物 CEMS 每 3 个月至少进行一次全系统的校准，要求零气和标准气体从监测站房发出，经采样探头末端与样品气体通过的路径（应包括采样管路、过滤器、洗涤器、调节器、分析仪表等）一致，进行零点和量程漂移、示值误差和系统响应时间的检测；

（6）具有自动校准功能的流速 CMS 每 24 小时至少进行一次零点校准，无自动校准功能的流速 CMS 每 30 天至少进行一次零点校准；

（7）校准技术指标应满足表 9-4 要求。定期校准记录按《固定污染源烟气（SO_2、NO_x、颗粒物）排放连续监测技术规范》（HJ 75—2017）附录 G 中的表 G.4 表格形式记录。

表 9-4　CEMS 定期校准校验技术指标要求及数据失控时段的判别

项目	CEMS 类型		校准功能	校准周期	技术指标	技术指标要求	失控指标	最少样品数/对
定期校准	颗粒物 CEMS		自动	24 小时	零点漂移	不超过±2.0%	超过±8.0%	—
					量程漂移	不超过±2.0%	超过±8.0%	
			手动	15 天	零点漂移	不超过±2.0%	超过±8.0%	
					量程漂移	不超过±2.0%	超过±8.0%	
定期校准	气态污染物 CEMS	抽取测量或直接测量	自动	24 小时	零点漂移	不超过±2.5%	超过±5.0%	—
					量程漂移	不超过±2.5%	超过±10.0%	
		抽取测量	手动	7 天	零点漂移	不超过±2.5%	超过±5.0%	
					量程漂移	不超过±2.5%	超过±10.0%	
		直接测量	手动	15 天	零点漂移	不超过±2.5%	超过±5.0%	
					量程漂移	不超过±2.5%	超过±10.0%	
	流速 CMS		自动	24 小时	零点漂移或绝对误差	零点漂移不超过±3.0%或绝对误差不超过±0.9 m/s	零点漂移超过±8.0%且绝对误差超过±1.8 m/s	—
			手动	30 天	零点漂移或绝对误差	零点漂移不超过±3.0%或绝对误差不超过±0.9 m/s	零点漂移超过±8.0%且绝对误差超过±1.8 m/s	—
定期校验	颗粒物 CEMS		3 个月或 6 个月		准确度	满足本标准 9.3.8	超过本标准 9.3.8 规定范围	5
	气态污染物 CEMS							9
	流速 CMS							5

9.6.3 定期维护

CEMS 运行过程中的定期维护是日常巡检的一项重要工作，维护频次按照《固定污染源烟气（SO₂、NOₓ、颗粒物）排放连续监测技术规范》（HJ 75—2017）附录 G 中的表 G.1～表 G.3 说明的进行，定期维护应做到：

（1）污染源停运到开始生产前应及时到现场清洁光学镜面。

（2）定期清洗隔离烟气与光学探头的玻璃视窗，检查仪器光路的准直情况；定期对清吹空气保护装置进行维护，检查空气压缩机或鼓风机、软管、过滤器等部件。

（3）定期检查气态污染物 CEMS 的过滤器、采样探头和管路的结灰和冷凝水情况、气体冷却部件、转换器、泵膜老化状态。

（4）定期检查流速探头的积灰和腐蚀情况、反吹泵和管路的工作状态。

（5）定期维护记录按 HJ 75—2017 附录 G 中的表 G.1～表 G.3 表格形式记录。

9.6.4 定期校验

CEMS 投入使用后，燃料、除尘效率的变化、水分的影响、安装点的振动等都会对测量结果的准确性产生影响。定期校验应做到：

（1）有自动校准功能的测试单元每 6 个月至少做 1 次校验，没有自动校准功能的测试单元每 3 个月至少做 1 次校验；校验用参比方法和 CEMS 同时段数据进行比对，按《固定污染源烟气（SO₂、NOₓ、颗粒物）排放连续监测技术规范》（HJ 75—2017）进行。

（2）校验结果应符合表 9-4 要求，不符合时，则应扩展为对颗粒物 CEMS 的相关系数的校正和（或）评估气态污染物 CEMS 的准确度或/和流速 CMS 的速度场系数（或相关性）的校正，直到 CEMS 达到表 9-2 要求，方法见 HJ 75—2017 附录 A。

（3）定期校验记录按《固定污染源烟气（SO₂、NOₓ、颗粒物）排放连续监测技术规范》（HJ 75—2017）附录 G 中的表 G.5 表格形式记录。

9.6.5　常见故障分析及排除

当 CEMS 发生故障时，系统管理维护人员应及时处理并记录。设备维修记录见《固定污染源烟气（SO_2、NO_x、颗粒物）排放连续监测技术规范》（HJ 75—2017）附录 G 中的表 G.6。维修处理过程中，要注意以下几点：

（1）CEMS 需要停用、拆除或者更换的，应当事先报经主管部门批准。

（2）运维单位发现故障或接到故障通知，应在 4 小时内赶到现场处理。

（3）对于一些容易诊断的故障，如电磁阀控制失灵、膜裂损、气路堵塞、数据采集仪死机等，可携带工具或者备件到现场进行针对性维修，此类故障维修时间不应超过 8 小时。

（4）仪器经过维修后，在正常使用和运行之前应确保维修内容全部完成，性能通过检测程序，按 9.6.2 对仪器进行校准检查。若监测仪器进行了更换，在正常使用和运行之前应对系统进行重新调试和验收。

（5）若数据存储/控制仪发生故障，应在 12 小时内修复或更换，并保证已采集的数据不丢失。

（6）监测设备因故障不能正常采集、传输数据时，应及时向主管部门报告，缺失数据按 9.7.2 处理。

9.6.6　定期校准校验技术指标要求及数据失控时段的判别与修约

（1）CEMS 在定期校准、校验期间的技术指标要求及数据失控时段的判别标准见表 9-4。

（2）当发现任一参数不满足技术指标要求时，应及时按照仪器说明书等的相关要求，采取校准、调试乃至更换设备重新验收等纠正措施直至满足技术指标要求。当发现任一参数数据失控时，应记录失控时段（即从发现失控数据起到满足技术指标要求后停止的时间段）及失控参数，并进行数据修约。

9.7　数据审核和处理

9.7.1　数据审核

固定污染源生产状况下，经验收合格的 CEMS 正常运行时段为 CEMS 数据有效时间段。CEMS 非正常运行时段（如 CEMS 故障期间、维修期间、超过 9.6.2 规定的期限未校准时段、失控时段以及有计划的维护保养、校准等时段）均为 CEMS 数据无效时段。

污染源计划停运一个季度以内的，不得停运 CEMS，日常巡检和维护要求仍按照 9.5 和 9.6 规定执行；计划停运超过一个季度的，可停运 CEMS，但应报当地生态环境主管部门备案。污染源启运前，应提前启运 CEMS 系统，并进行校准，在污染源启运后的两周内进行校验，满足表 9-4 技术指标要求的，视为启运期间自动监测数据有效。

9.7.2　数据无效时间段数据处理

CEMS 故障、维修、超规定期限未校准及有计划的维护保养、校准等时段均为 CEMS 数据无效时间段。CEMS 故障、维修、维护保养、校准及其他异常时段的污染物排放量修约按表 9-5 处理；亦可以用参比方法监测的数据替代，频次不低于一天一次，直至 CEMS 技术指标调试到符合表 9-1 和表 9-2 时为止。如使用参比方法监测的数据替代，则监测过程应按照《固定污染源排气中颗粒物测定与气态污染物采样方法》（GB/T 16157—1996）、《固定污染源废气　低浓度颗粒物的测定　重量法》（HJ 836—2017）和《固定源废气监测技术规范》（HJ/T 397—2007）等要求进行，替代数据包括污染物浓度、烟气参数和污染物排放量。

CEMS 系统超规定期限未校准的时段视为数据失控时段，失控时段的污染物排放量按照表 9-6 进行修约，污染物浓度和烟气参数不修约。

表 9-5　维护期间和其他异常导致的数据无效时段的处理方法

季度有效数据捕集率（α）	连续无效小时数（N）/h	修约参数	选取值
α≥90%	N≤24	二氧化硫、氮氧化物、颗粒物的排放量	失效前 180 个有效小时排放量最大值
	N>24		失效前 720 个有效小时排放量最大值
75%≤α<90%	—		失效前 2 160 个有效小时排放量最大值

表 9-6　失控时段的数据处理方法

季度有效数据捕集率（α）	连续失控小时数（N）/h	修约参数	选取值
α≥90%	N≤24	二氧化硫、氮氧化物、颗粒物的排放量	上次校准前 180 个有效小时排放量最大值
	N>24		上次校准前 720 个有效小时排放量最大值
75%≤α<90%	—		上次校准前 2 160 个有效小时排放量最大值

9.7.3　数据记录与报表

9.7.3.1　记录

按《固定污染源烟气（SO_2、NO_x、颗粒物）排放连续监测技术规范》（HJ 75—2017）附录 D 的表格形式记录监测结果。

9.7.3.2　报表

按《固定污染源烟气（SO_2、NO_x、颗粒物）排放连续监测技术规范》（HJ 75—2017）附录 D（表 D.9、表 D.10、表 D.11、表 D.12）的表格形式定期将 CEMS 监测数据上报，报表中应给出最大值、最小值、平均值、累计排放量以及参与统计的样本数。

第 10 章　厂界环境噪声及周边环境影响监测

　　厂界环境噪声和周边环境质量监测应按照相关的标准和规范开展。对于厂界噪声而言，重点是监测点位的布设，应能够反映厂内噪声源对厂外，尤其是对厂外居民区等敏感点的影响。对周边环境质量监测，不同的有色金属工业排污单位对地表水、地下水、近岸海域海水和周边土壤有不同程度的影响，在方案制定时依据相关标准规范和管理要求，若无明确要求的，有色金属工业排污单位可结合本单位实际排污情况，选择有必要开展监测的对象，结合本单位实际排污环境，适当选择应监测的对象，确保监测项目、监测点位的代表性和监测采样的规范性。本章围绕厂界环境噪声、地表水、近岸海域海水、地下水和土壤监测的关键点进行介绍和说明。

10.1　厂界环境噪声监测

10.1.1　环境噪声的含义

　　《噪声污染防治法》第二条规定：本法所称噪声污染，是指超过噪声排放标准或者未依法采取防控措施产生噪声，并干扰他人正常生活、工作和学习的现象。所以在测量厂界环境噪声时应重点关注：①噪声排放是否超过标准规定的排放限值；②是否干扰他人正常生活、工作和学习。

10.1.2　厂界环境噪声布点原则

《工业企业厂界环境噪声排放标准》（GB 12348—2008）中规定厂界环境噪声监测点的选择应根据工业企业声源、周围噪声敏感建筑物的布局以及毗邻的区域类别，在工业企业厂界布设多个点位，包括距噪声敏感建筑物较近的以及受被测声源影响大的位置。《总则》则更具体地指出了厂界环境噪声监测点位设置应遵循的原则：①根据厂内主要噪声源距厂界位置布点；②根据厂界周围敏感目标布点；③"厂中厂"是否需要监测根据内部和外围排污单位协商确定；④面临海洋、大江、大河的厂界原则上不布点；⑤厂界紧邻交通干线不布点；⑥厂界紧邻另一个排污单位的，在临近另一个排污单位侧是否布点由排污单位协商确定。

厂界一侧长度在 100 m 以下，原则上可布设 1 个监测点位；300 m 以下的可布设点位 2～3 个；300 m 以上的可布设点位 4～6 个。通常所说的厂界，是指由法律文书（如土地使用证、土地所有证、租赁合同等）中所确定的业主所拥有的使用权（或所有权）的场所或建筑边界，各种产生噪声的固定设备的厂界为其实际占地边界。

设置测量点时，一般情况下，应选在工业企业厂界外 1 m，高度 1.2 m 以上，距任一反射面距离不小于 1 m 的位置；当厂界有围墙且周围有受影响的噪声敏感建筑物时，测点应选在厂界外 1 m、高于围墙 0.5 m 以上的位置；当厂界无法测量到声源的实际排放状况时（如声源位于高空、厂界设有声屏障等），应在工业企业厂界外 1 m，高度 1.2 m 以上、距任一反射面距离不小于 1 m 的位置设置测点，同时在受影响的噪声敏感建筑物的户外 1 m 处另设测点，建筑物高于 3 层时，可考虑分层布点；室内噪声测量时，测量点位设在距任何反射面至少 0.5 m、距地面 1.2 m 高度处，在受噪声影响方向的窗户开启状态下测量；固定设备结构传声至噪声敏感建筑物室内，在噪声敏感建筑物室内测量时，测点应距任何反射面至少 0.5 m、距地面 1.2 m，距外窗 1 m 以上，窗户关闭状态下测量，具体要求参照《环境噪声监测技术规范　结构传播固定设备室内噪声》（HJ 707—2014）。

10.1.3　环境噪声测量仪器

测量厂界环境噪声使用的测量仪器为积分平均声级计或环境噪声自动监测仪，其性能应不低于《电声学　声级计　第 1 部分：规范》（GB/T 3785.1—2010）中对 2 型仪器的要求。测量 35 dB 以下的噪声时应使用 1 型声级计，且测量范围应满足所测量噪声的需要。校准所用仪器应符合《电声学　声校准器》（GB/T 15173—2010）对 1 级或 2 级声校准器的要求。当需要进行噪声的频谱分析时，仪器性能应符合《电声学　倍频程和分数倍频程滤波器》（GB/T 3241—2010）中对滤波器的要求。

测量仪器和校准仪器应定期检定合格，并在有效使用期限内使用；每次测量前后必须在测量现场进行声学校准，其前后校准示值偏差不得大于 0.5 dB（A），否则测量结果无效。测量时传声器加防风罩。测量仪器时间计权特性设为"F"档，采样时间间隔不大于 1 s。

10.1.4　环境噪声监测注意事项

测量应在无雨雪、无雷电天气，风速为 5 m/s 以下时进行。不得不在特殊气象条件下测量时，应采取必要措施保证测量准确性，同时注明当时所采取的措施及气象情况，测量应在被测声源正常工作时间进行，同时注明当时的工况。

分别在昼间、夜间两个时段测量。夜间有频发、偶发噪声影响时同时测量最大声级。被测声源是稳态噪声，采用 1 min 的等效声级。被测声源是非稳态噪声，测量被测声源有代表性时段的等效声级，必要时测量被测声源整个正常工作时段的等效声级。噪声超标时，必须测量背景值，背景噪声的测量及修正按照《环境噪声监测技术规范　噪声测量值修正》（HJ 706—2014）进行。

10.1.5　监测结果评价

各个测点的测量结果应单独评价。同一测点每天的测量结果按昼间、夜间进行评价。最大声级直接评价。当厂界与噪声敏感建筑物距离小于 1 m，厂界环境噪声在噪声敏感建筑物室内测量时，应将相应的噪声标准限制减 10 dB（A）作为评价依据。

10.2　地表水监测

本节仅针对监测断面设置和现场采样进行介绍，样品保存、运输以及实验室分析部分参考第 6 章内容。

10.2.1　监测断面设置

排污单位厂界周边的地表水环境质量影响监测点位应参照排污单位环境影响评价文件及其批复和其他环境管理要求设置。

如环境影响评价文件及其批复和其他文件中均未做出要求，排污单位需要开展周边环境质量影响监测的，环境质量影响监测点位设置的原则和方法参照《建设项目环境影响评价技术导则　总纲》（HJ 2.1—2016）、《环境影响评价技术导则　地表水环境》（HJ 2.3—2018）和《地表水环境质量监测技术规范》（HJ 91.2—2022）等执行。

《环境影响评价技术导则　地表水环境》（HJ 2.3—2018）规定环境影响评价中，应提出地表水环境质量监测计划，包括监测断面或点位位置（经纬度）、监测因子、监测频次、监测数据采集与处理、分析方法等。地表水环境质量监测断面或点位设置需与水环境现状监测、水环境影响预测的断面或点位相协调，并应强化其代表性、合理性。

10.2.1.1　河流监测断面设置

根据《环境影响评价技术导则　地表水环境》（HJ 2.3—2018）、《地表水环境质量监测技术规范》（HJ 91.2—2022）的规定，应布设对照断面和控制断面。对照断面宜布置在排放口上游 500 m 以内。控制断面应根据受纳水域水环境质量控制管理要求设置。控制断面可结合水环境功能区或水功能区、水环境控制单元区划情况，直接采用国家及地方确定的水质控制断面。评价范围内不同水质类别区、水环境功能区或水功能区、水环境敏感区及需要进行水质预测的水域，应布设水质监测断面。评价范围以外的调查或预测范围，可以根据预测工作需要增设相应的水质监测断面。水质取样断面上取样垂线的布设与各垂线上的采样点的设置按照《地表水环境质量监测技术规范》（HJ 91.2—2022）的规定执行。

10.2.1.2　湖库监测点位设置

根据《环境影响评价技术导则　地表水环境》（HJ 2.3—2018），水质取样垂线的设置可采用以排放口为中心，沿放射线布设或网格布设的方法，按照下列原则及方法设置：一级评价在评价范围内布设的水质取样垂线数宜不少于 20 条；二级评价在评价范围内布设的水质取样线宜不少于 16 条。评价范围内不同水质类别区、水环境功能区或水功能区、水环境敏感区、排放口和需要进行水质预测的水域，应布设取样垂线。水质取样垂线上取样点的布设按照《地表水环境质量监测技术规范》（HJ 91.2—2022）的规定执行。

10.2.2　水样采集

10.2.2.1　基本要求

（1）河流

对开阔河流采样时，应包括下列几个基本点：用水地点的采样；污水流入河流后，对充分混合的地点及流入前的地点采样；支流合流后，对充分混合的地点及混合前的主流与支流地点的采样；主流分流后地点的选择；根据其他需要设定的采样地点。各采样点原则上应在河流横向及垂向的不同位置采集样品。采样时间一般选择在采样前至少连续两天晴天，水质较稳定的时间。

（2）水库和湖泊

水库和湖泊的采样，由于采样地点和温度的分层现象可引起很大的水质差异。

在调查水质状况时，应考虑成层期与循环期的水质明显不同。了解循环期水质，可布设和采集表层水样；了解成层期水质，应按照深度布设及分层采样。

10.2.2.2　水样采集要点内容

（1）采样器材

采样器材包括采样器、静置容器、样品瓶、水样保存剂和其他辅助设备。采样器材的材质和结构、水样保存等应符合标准分析方法要求，如标准分析方法中无要求则按 HJ 493—2009 规定执行。采样器包括表层采样器、深层采样器、自动采样器、石油类采样器等。水样容器包括聚乙烯瓶（桶）、硬质玻璃瓶和聚四氟乙烯瓶。聚乙烯瓶一般用于大多数无机物的样品，硬质玻璃瓶用于有机物和生物样品，玻璃或聚四氟乙烯瓶用于微量有机污染物（挥发性有机物）样品。

（2）采样量

在地表水质监测中通常采集瞬时水样。采样量参照规范要求，即考虑重复测定和质量控制的需要的量，并留有余地。

（3）采样方法

可以采用船只采样、桥上采样、涉水采样等方式采集水样。使用船只采样时，采样船应位于采样点的下游，逆流采集水样，避免搅动底部沉积物。采样人员应尽量在船只前部采样，尽量使采样器远离船体。在桥上采样时，采样人员应能准确控制采样点位置，确定合适的汲水场合，采用合适的方式采样，如可用系着绳子的水桶投入水中汲水，要注意不能混入漂浮于水面上的物质。涉水采样时，采样人员应站在采样点下游，逆流采集水样，避免搅动底部沉积物。

一般情况下，不允许采集岸边水样，监测断面目视范围内无水或仅有不连贯的积水时，可不采集水样，但要做好现场情况记录。

（4）水样保存

在水样采入或装入容器中后，应按规范要求加入保存剂。

10.2.2.3　注意事项

地表水水样的采集需按照《地表水环境质量监测技术规范》（HJ 91.2—2022）要求进行。需要注意《地表水环境质量标准》（GB 3838—2002）中规定的部分项目，除标准分析方法有特殊要求的监测项目外，均要求水样采集后自然沉降 30 min。水样采集过程中还应注意以下方面：

（1）采样时不可搅动水底的沉积物。除标准分析方法有特殊要求的监测项目外，采集到的水样倒入静置容器中，自然沉降 30 min。

（2）使用虹吸装置取上层不含沉降性固体的水样，虹吸装置进水尖嘴应保持插至水样表层 50 mm 以下位置。

（3）采样时应保证采样点的位置准确，必要时用定位仪（GPS）定位。

（4）采样结束前，核对采样方案、记录和水样是否正确，否则补采。认真填写采样记录表。

（5）石油类、BOD_5、溶解氧（DO）、硫化物、粪大肠菌群、悬浮物、叶绿素 a 或标准分析方法有特殊要求的项目要单独采样。

（6）测定油类水样，应在水面至 30 cm 范围内采集柱状水样，并单独采集，全部用于测定，样品瓶不得用采集水样荡洗。

（7）测定溶解氧、生化需氧量、硫化物和有机物等项目时，水样必须注满容器，上部不留空间，并用水封口。

10.3　近岸海域海水影响监测

10.3.1　监测点位设置

排污单位厂界周边的海水环境质量影响监测点位应参照排污单位环境影响评价文件及其批复和其他环境管理要求设置。

　　如环境影响评价文件及其批复和其他文件中均未做出要求，排污单位需要开展周边环境质量影响监测的，环境质量影响监测点位设置的原则和方法参照《建设项目环境影响评价技术导则　总纲》（HJ 2.1—2016）、《环境影响评价技术导则　地表水环境》（HJ 2.3—2018）、《近岸海域环境监测技术规范　第八部分　直排海污染源及对近岸海域水环境影响监测》（HJ 442.8—2020）、《近岸海域环境监测点位布设技术规范》（HJ 730—2014）等执行。

　　根据《环境影响评价技术导则　地表水环境》（HJ 2.3—2018），一级评价可布设 5～7 个取样断面，二级评价可布设 3～5 个取样断面。根据垂向水质分布特点，参照《海洋调查规范》（GB/T 12763—2007）、《近岸海域环境监测技术规范　第八部分　直排海污染源及对近岸海域水环境影响监测》（HJ 442.8—2020）、《近岸海域环境监测点位布设技术规范》（HJ 730—2014）执行。排放口位于感潮河段内的，其上游设置的水质取样断面，应根据实际情况参照河流决定，其下游断面的布设与近岸海域相同。

10.3.2　水样采集基本要求

10.3.2.1　采样前环境情况检查

每次采样前均应仔细检查装置的性能及采样点周围的状况。

（1）岸上采样

如果水是流动的，采样人员站在岸边，必须面对水流动方向操作。若底部沉积物受到扰动，则不能继续取样。

（2）船上采样

由于船体本身就是一个重要污染源，船上采样要始终采取适当措施防止船上各种污染源可能带来的影响。采痕量金属水样应尽量避免使用铁质或其他金属制成的小船，采用逆风逆流采样，一般应在船头取样，将来自船体的各种沾污控制在一个尽量低的水平上。当船体到达采样点位后，应该根据风向和流向，立即将采样船周围海面划分为船体沾污区、风成沾污区和采样区三部分，然后在采样区采样。或者待发动机关闭后，当船体仍在缓慢前进时，将抛浮式采水器从船头部位尽力向前方抛出，或者使用小船离开大船一定距离后采样；采样人员应坚持向风操作，采样器不能直接接触船体任何部位，裸手不能接触采样器排水口，采样器内的水样先放掉一部分后再取样；采样深度的选择是采样的重要部分，通常要特别注意避开微表层采集表层水样，也不要在被悬浮沉积物富集的底层水附近采集底层水样；采样时应避免剧烈搅动水体，如发现底层水浑浊，应停止采样；当水体表面漂浮杂质时，应防止其进入采样器，否则重新采样；采集多层次深水水域的样品，按从浅到深的顺序采集；因采水器容积有限不能一次完成时，可进行多次采样，将各次采集的水样集装在大容器中，分样前应充分摇匀。混匀样品的方法不适用于溶解氧、BOD_5、油类、细菌学指标、硫化物及其他有特殊要求的项目；测溶解氧、BOD_5、pH 等项目的水样，采样时需充满，避免残留空气对测项的干扰；其他测项，装水样至少留出容器体积 10%的空间，以便样品分析前充分摇匀；取样时，应沿样品瓶内壁注入，除溶解氧等特殊要求外放水管不要插入液面下装样；除现场测定项目外，样品采集后应按要求进行现场加保存剂，颠倒数次使保存剂在样品中均匀分散；水样取好后，仔细塞好瓶塞，不能有漏水现象。如将水样转送他处或不能立刻分析时，应用石蜡或水漆封口。对不同水深，采样层次按照《近岸海域环境监测规范》（HJ 442—2008）确定。

10.3.2.2　现场采样注意事项

（1）项目负责人或技术负责人同船长协调海上作业与船舶航行的关系，在保证安全的前提下，航行应满足监测作业的需要。

（2）按监测方案要求，获取样品和资料。

（3）水样分装顺序的基本原则是：不过滤的样品先分装，需过滤的样品后分装；一般按悬浮物和溶解氧（生化需氧量）→pH→营养盐→重金属→化学需氧量→叶绿素 a→浮游植物（水采样）的顺序进行；如化学需氧量和重金属汞需测试非过滤态,则按悬浮物和溶解氧(生化需氧量)→化学需氧量→汞→pH→盐度→营养盐→其他重金属→叶绿素 a→浮游植物(水采样)的顺序进行。

(4)在规定时间内完成应在海上现场测试的样品,同时做好非现场检测样品的预处理。

(5)采样事项:船到达点位前 20 min,停止排污和冲洗甲板,关闭厕所通海管路,直至监测作业结束;严禁用手玷污所采样品,防止样品瓶塞(盖)沾污;观测至采样结束,应立即检查有无遗漏,然后方可通知船方启航;在大雨等特殊气象条件下应停止海上采样工作;遇有赤潮和溢油等情况,应按应急监测规定要求进行跟踪监测。

10.4 地下水监测

10.4.1 监测点位布设

环境管理要求或有色金属工业排污单位的环境影响评价文件及其批复[仅限 2015 年 1 月 1 日(含)后取得环境影响评价批复的]对厂界周边的地下水环境质量监测有明确要求的,按要求执行。如环境影响评价文件及其批复和其他文件中均未做出要求,排污单位认为有必要开展周边环境质量影响监测的,地下水环境质量影响监测点位设置的原则和方法参照《环境影响评价技术导则 地下水环境》(HJ 610—2016)、《地下水环境监测技术规范》(HJ 164—2020)等执行。

参考《环境影响评价技术导则 地下水环境》(HJ 610—2016),根据排污单位类别及地下水环境敏感程度,划分排污单位对地下水环境影响的等级见表 10-1,进而确定地下水监测点(井)的数量及分布。

地下水环境质量影响监测点位(井)数量及设置要求:影响等级为一级、二级的排污单位,点位数量一般不少于 3 个,应至少在排污单位建设场地上、下游各布设 1 个。一级排污单位还应在重点污染风险源处增设监测点。影响等级为三级的排污单位，点位数量一般不少于 1 个，应至少在排污单位下游布设 1 个。

表 10-1　排污单位周边地下水环境影响等级分级表

敏感程度② ＼ 项目类别①	Ⅰ 类项目	Ⅱ 类项目	Ⅲ 类项目
敏感	一级	一级	二级
较敏感	一级	二级	三级
不敏感	二级	三级	三级

注：①参见《环境影响评价技术导则　地下水环境》（HJ 610—2016）附录 A；
　　②参见《环境影响评价技术导则　地下水环境》（HJ 610—2016）表 1。

10.4.2　监测井的建设与管理

开展周边地下水环境质量影响监测时，排污单位可选择符合点位布设要求、常年使用的现有井（如经常使用的民用井）作为监测井，在无合适现有井时，可设置专门的监测井。多数情况下地下水可能存在污染的部分集中在接近地表的潜水中，排污单位应根据所在地及周边水文地质条件确定地下水埋藏深度，进而确定地下水监测井井深或取水层位置。

地下水监测井的建设与管理，应符合《地下水环境监测技术规范》（HJ 164—2020）中第 5 章的规定。

地下水样品的现场采集、保存、实验室分析及质量控制的具体操作过程，应符合《地下水环境监测技术规范》（HJ 164—2020）中第 6 章、第 7 章、第 8 章、第 10 章的规定。

10.5　土壤监测

环境管理要求或有色金属工业排污单位的环境影响评价文件及其批复［仅限 2015 年 1 月 1 日（含）后取得环境影响评价批复的］对厂界周边土壤环境质量监

测有明确要求的，按要求执行。如环境影响评价文件及其批复和其他文件中均未做出要求，排污单位认为有必要开展周边环境质量影响监测的，土壤环境质量影响监测点位设置的原则和方法参照《环境影响评价技术导则　土壤环境（试行）》（HJ 964—2018）、《土壤环境监测技术规范》（HJ/T 166—2004）等执行。

参考《环境影响评价技术导则　土壤环境（试行）》（HJ 964—2018）中有关污染影响型建设项目的要求，根据排污单位类别、占地面积大小及土壤环境的敏感程度，确定监测点位布设的范围、数量及采样深度。

根据表 10-2 的规定，确定排污单位对周边土壤环境影响的等级，在确定排污单位土壤环境影响的等级后，可根据表 10-3 的规定确定监测点布设的范围及点位数量。

表 10-2　排污单位周边土壤环境影响等级分级表

建设项目类别[①] 占地面积[②] 敏感程度[③]	I 类项目			II 类项目			III 类项目		
	大	中	小	大	中	小	大	中	小
敏感	一级	一级	一级	二级	二级	二级	三级	三级	三级
较敏感	一级	一级	二级	二级	二级	三级	三级	三级	—
不敏感	一级	二级	二级	二级	三级	三级	三级	—	—

注：①参见《环境影响评价技术导则　土壤环境（试行）》（HJ 964—2018）中附录 A；
　　②排污单位占地面积分为大型（≥50 hm²）、中型（5～50 hm²）、小型（≤5 hm²）；
　　③参见《环境影响评价技术导则　土壤环境（试行）》（HJ 964—2018）中表 3。

表 10-3　排污单位周边土壤环境质量影响监测点位布设范围及数量

土壤环境影响等级	周边土壤环境监测点的布设范围[①]	点位数量
一级	1 km	4 个表层点[②]
二级	0.2 km	2 个表层点[②]
三级	0.05 km	—[③]

注：①涉及大气沉降途径影响的，可根据主导风向下风向最大浓度落地点适当调整监测点位布设范围；
　　②表层点一般在 0～0.2 m 采样；
　　③影响等级为三级的排污单位，除有特殊要求的，一般可不考虑布设周边土壤环境监测点。

土壤样品的现场采集、样品流转、制备、保存、实验室分析及质量控制的具体过程应符合《土壤环境监测技术规范》（HJ/T 166—2004）中的相关技术规定。

10.6　环境空气监测

10.6.1　监测点位布设

环境管理要求或有色金属工业排污单位的环境影响评价文件及其批复［仅限 2015 年 1 月 1 日（含）后取得环境影响评价批复的］对厂区周边环境空气质量监测有明确要求的，按要求执行。如环境影响评价文件及其批复和其他文件中均未做出要求，排污单位认为有必要开展周边环境质量影响监测的，环境空气质量影响监测点位设置的原则和方法参照《环境空气质量监测点位布设技术规范（试行）》（HJ 664—2013）执行。

监测点位布设时，根据监测目的和任务要求来确定具有代表性的监测点位。对于为监测固定污染源对当地环境空气质量影响而设置的监测点，代表范围一般为半径 100～500 m，如果考虑较高的点源对地面浓度影响时，半径也可以扩大到 500～4 000 m。

污染监控点应依据排放源的强度和主要污染项目布设，设置在源的主导风向和第二主导风向的下风向最大落地浓度区内，以捕捉到最大污染特征为原则进行布设。

监测点采样口周围水平面应保证有 270°以上的捕集空间，不能有阻碍空气流动的高大建筑、树木或其他障碍物；如果采样口一侧靠近建筑，采样口周围水平面应有 180°以上的自由空间。从采样口到附近最高障碍物之间的水平距离，应为该障碍物与采样口高度差的两倍以上，或从采样口到建筑物顶部与地平线的夹角小于30°。

10.6.2　现场采样和注意事项

有色金属工业排污单位厂界周边的环境空气现场采样主要参照《环境空气质

量手工监测技术规范》（HJ 194—2017）和具体的监测指标采用的分析方法来确定现场采样方法、采样时间和频率。现场采样的主要方法有溶液吸收采样、吸附管采样、滤膜采样、滤膜-吸附剂联用采样和直接采样等方法，根据不同监测指标的分析方法来确定其采样方法。

溶液吸收采样时，采样前注意检查管路是否清洁，进行系统的气密性检查；采样前后流量误差应小于 5%；采样时注意吸收管进气方向不要接反，防止倒吸；采样过程中有避光、温度控制等要求的项目按照相关监测方法标准执行，及时记录采样起止时间、流量、温度、压力等参数；采样结束后，需要避光、冷藏、低温保存的按照相关标准要求采取相应措施妥善保存，尽快送到实验室，并在有效期内完成分析；运输过程中避免样品受到撞击或剧烈振动而损坏；按照相关监测标准要求采集足够数量的全程序空白样品。

吸附管采样时，采样前进行系统的气密性检查；采样前后流量误差应小于 5%；采样过程中有避光、温度控制等要求的项目按照相关监测方法标准执行，及时记录采样起止时间、流量、温度、压力等参数；采样结束后，需要避光、冷藏、低温保存的按照相关标准要求采取相应措施妥善保存，尽快送到实验室，并在有效期内完成分析；运输过程中避免样品受到撞击或剧烈振动而损坏；按照相关监测标准要求采集足够数量的全程序空白样品。

滤膜采样时，采样前清洗切割器，保证切割器清洁；检查采样滤膜的材质、本底、均匀性、稳定性是否符合所采项目监测方法标准要求，滤膜边缘是否平滑，薄厚是否均匀，且无毛刺、无污染、无碎屑、无针孔、无折痕、无损坏；检查采样器的流量、温度、压力是否在误差允许范围内；采样结束后，用镊子轻轻夹住滤膜边缘，取下样品滤膜，并检查是否有破裂或滤膜上尘积面的边缘轮廓是否清晰、完整；采样前后流量误差应小于 5%；样品采集后，立即装盒（袋）密封，尽快送至实验室分析；运输过程中，应避免剧烈振动，对于需要平放的滤膜，保持滤膜采集面向上。

第 11 章　监测质量保证与质量控制体系

监测质量保证与质量控制是提高监测数据质量的重要保障，是监测过程的重中之重，同时也涉及监测过程各方面内容。本章立足现有经验，对污染源监测应关注的重点内容、质控要点进行梳理，提供了经验性的参考，但仍难以做到面面俱到。排污单位或社会化检测机构在开展污染源监测过程中，可参考本章的内容，结合自身实际情况，制定切实有效的监测质量保证与质量控制方案，提高监测数据质量。

11.1　基本概念

监测质量保证和质量控制是环境监测过程中的两个重要概念。《环境监测质量管理技术导则》（HJ 630—2011）中这样定义：质量保证是指为了提供足够的信任表明实体能够满足质量要求，而在质量体系中实施并根据需要证实的全部有计划和有系统的活动。质量控制是指为达到质量要求所采取的作业技术或活动。

采取质量保证的目的是获取他人对质量的信任，是为使他人确信某实体提供的数据、产品或者服务等能满足质量要求而实施的并根据需要进行证实的全部有计划、有系统的活动。质量控制则是通过监视质量形成过程，消除生产数据、产品或者提供服务的所有阶段中可能引起不合格或不满意效果的因素，使其达到质量要求而采用的各种作业技术和活动。

环境监测的质量保证与质量控制，是依靠系统的文件规定来实施的内部技术和管理手段。它们既是生产出符合国家质量要求检测数据的技术管理制度和活动，也是一种"证据"，即向任务委托方、环境管理机构和公众等表明该检测数据是在严格的质量管理中完成的，具有足够的管理和技术上的保证手段，数据是准确可信的。

11.2 质量体系

证明数据质量可靠性的技术管理制度与活动可以千差万别，但是也有其共同点。为了实现质量保证和质量控制的目的，往往需要建立一套并保证有效运行的质量体系。它应覆盖环境检测活动所涉及的全部场所、所有环节，以使检测机构的质量管理工作程序化、文件化、制度化和规范化。

建立一个良好运行的质量体系，对于专业的向政府、企事业单位或者个人提供排污情况监测数据的社会化检测机构，按照国家《检验检测机构资质认定管理办法》（质检总局令 第163号）、《检验检测机构资质认定评审准则》和《检验检测机构资质认定评审准则及释义》的要求建立并运行质量体系是必要的。若检测实验室仅为排污单位内部提供数据，质量管理活动的目的则是为本单位管理层、环境管理机构和公众提供证据，证明数据准确可信，质量手册不是必需的，但有利于检测实验室数据质量得到保证的一些程序性规定和记录是必要的（如实验室具体分析工作的实施流程、数据质量相关的管理流程等的详细规定，具体方法或设备使用的指导性详细说明，数据生产过程和监督数据生产需使用的各种记录表格等）。

建立质量体系不等于需要通过资质认定。质量体系的繁简程度与检测实验室的规模、业务范围、服务对象等密切相关，有时还需要根据业务委托方的要求修改完善质量体系。质量体系一般包括质量手册、程序文件、作业指导书和记录。有效的质量控制体系应满足"对检测工作进行全面规范，且保证全过程留痕"的基本要求。

11.2.1　质量手册

质量手册是检测实验室质量体系运行的纲领性文件，阐明检测实验室的质量目标，描述检测实验室全部检测质量活动的要素，规定检测质量活动相关人员的责任、权限和相互之间的关系，明确质量手册的使用、修改和控制的规定等。质量手册至少应包括批准页、自我声明、授权书、检测实验室概述、检测质量目标、组织机构、检测人员、设施和环境、仪器设备和标准物质，以及检测实验室为保证数据质量所做的一系列规定等。

（1）批准页：批准页的主要内容是说明编制质量体系的目的以及质量手册的内容，并由最高管理者批准实施。

（2）自我声明：检测实验室关于独立承担法律责任、遵守《中华人民共和国计量法》和监测技术标准规范等相关法律法规、客观出具数据等的承诺。

（3）授权书：检测实验室有多种情形需要授权，包括但不限于：在最高管理者外出期间，授权给其他人员替其行使职权；最高管理者授权人员担任质量负责人、技术负责人等关键岗位；授权检测实验室的大型贵重仪器的人员使用等。

（4）检测实验室概述：简要介绍检测实验室的地理位置、人员构成、设备配置概况、隶属关系等基本信息。

（5）检测质量目标：检测质量目标即定量描述检测工作所达到的质量。

（6）组织结构：即明确检测实验室与检测工作相关的外部管理机构的关系，与本单位中其他部门的关系，完成检测任务相关部门之间的工作关系等，通常以组织结构框图的方式表明。与检测任务相关的各部门的职责应予以明确和细化。例如，可规定检测质量管理部具有下列职责：

1）牵头制订检测质量管理年度计划、监督实施，并编制质量管理年度总结。

2）负责组织质量管理体系建设、运行管理，包括质量体系文件编制、宣贯、修订、内部审核、管理评审、质量督察、检测报告抽查、实验室和现场监督检查、质量保证和质量控制等工作。

3）负责组织人员开展内部持证上岗考核相关工作。

4）负责组织参加外部机构组织的能力验证、能力考核、比对抽测等各项考核工作。

5）负责组织仪器设备检定/校准工作，包括编制检定/校准计划、组织实施和确认。

6）负责标准物质管理工作，包括建立标准物质清册、管理标准物质样品库、标准样品的验收、入库、建档及期间核查等。

（7）检测人员：包括检测岗位划分和检测人员管理两部分内容。

检测岗位划分是指检测实验室将检测相关工作分为若干具体的检测工序，并明确各检测工序的职责。以检测实验室为例，岗位划分可描述为质量负责人、技术负责人、报告签发人、采样岗位、分析岗位、质量监督人、档案管理人等。可以由同一个人兼任不同的岗位，也可以专职从事某一个岗位。但报告编制、审核和签发应为三个不同的人员承担，不能由一个人兼任其中的两个及以上职责。

检测人员管理部分则规定从事采样、分析等检测相关工作的人员应接受的教育、培训，应掌握的技能，应履行的职责等。以分析岗位为例，人员管理可描述为以下几个方面：

1）分析人员必须经过培训，熟练掌握与本承担分析项目有关的标准监测方法或技术规范及有关法规，且具备对检验检测结果做出评价的判断能力，经内部考核合格后持证上岗。

2）熟练掌握所用分析仪器设备的基本原理、技术性能，以及仪器校准、调试、维护和常见故障的排除技术。

3）熟悉并遵守质量手册的规定，严格按监测标准、规范或作业指导书开展监测分析工作，熟悉记录的控制与管理程序，按时完成任务，保证监测数据准确可靠。

4）认真做好样品分析前的各项准备工作，分析样品的交接工作以及样品分析工作，确保按业务通知单或监测方案要求完成样品分析。

5）分析人员必须确保选用的分析方法现行有效，分析依据正确。

6）负责所使用仪器设备的日常维护、使用和期间核查，编制/修订其操作规程、维护规程、期间核查规程和自校规程，并在计量检定/校准有效期内使用。负责做好使用、维护和期间核查记录。

7）确保分析质控措施和质控结果符合有关监测标准或技术规范及相关规定要求。

8）当分析仪器设备、分析环境条件或被测样品不符合监测技术标准或技术规范要求时，监测分析人员有权暂停工作，并及时向上级报告。

9）认真做好分析原始记录并签字，要求字迹清楚、内容完整、编号无误。

10）分析人员对分析数据的准确性和真实性负责。

11）校对上级安排的其他检测人员的分析原始记录。

检测实验室建立人员配备情况一览表（表 11-1），有助于提高人员管理效率。

表 11-1　检测人员一览表（样表）

序号	姓名	性别	出生年月	文化程度	职务/职称	所学专业	从事本技术领域年限	所在岗位	持证项目情况	备注
1	张三	男	1988年8月	本科	工程师	分析化学	5	分析岗	水和废水：化学需氧量、氨氮	质量负责人
……										

（8）设施和环境：检测实验室的设施和环境条件指检测实验室配备必要的设施硬件，并建立制度保证监测工作环境适应监测工作需求。检测实验室的设施通常包括空调、除湿机、干湿度温度计、通风橱、纯水机、冷藏柜、超声波清洗仪、电子恒温恒湿箱、灭火器等检测辅助设备。至少应明确以下规定：

1）防止交叉污染的规定。例如，规定监测区域应有明显标识；严格控制进入和使用影响检测质量的实验区域；对相互有影响的活动区域进行有效隔离，防止交叉污染。比较典型的交叉污染例子有：挥发酚项目的检测分析会对在同一实验室进行的氨氮检测分析造成交叉污染的影响；在分析总砷、总铅、总汞、总镉等项目时，如果不同的样品间浓度差异较大，规定高、低浓度的采样瓶和分析器皿分别用专用酸槽浸泡洗涤，以免交叉污染。必要时，用优级纯酸稀释后浸泡超低浓度样品所用器皿等。

2）对可能影响检测结果质量的环境条件，规定检测人员进行监控和记录，保证其符合相关技术要求。例如，万分之一以上精度的电子天平正常工作对环境温度、湿度有控制要求，检测实验室应有监控设施，并有记录表格记录环境条件。

3）规定有效控制危害人员安全和人体健康的潜在因素。如配备通风橱、消防器材等必要的防护和处置措施。

4）对化学品、废弃物、火、电、气和高空作业等安全相关因素做出规定等。

（9）仪器设备和标准物质：检测用仪器设备和标准物质是保障检测数据量值溯源的关键载体。检测实验室应配备满足检测方法规定的原理、技术性能要求的设备，应对仪器设备的购置、使用、标识、维护、停用、租借等管理做出明确规定，保证仪器设备得到合理配置、正确使用和妥善维护，提高检测数据的准确可靠性。例如，对于设备的配备可规定：

1）根据检测项目和工作量的需要及相关技术规范的要求，合理配备采样、样品制备、样品测试、数据处理和维持环境条件所要求的所有仪器设备种类和数量，并对仪器技术性能进行科学的分析评价和确认。

2）如果需要借用外单位的仪器设备，必须严格按本单位仪器设备的管理受到有效控制。建立仪器设备配备情况一览表，往往有助于提高设备管理效率，仪器设备配备情况参考样表见表 11-2。

表 11-2　仪器设备配备情况一览表（样表）

序号	设备名称	设备型号	出厂编号	检定/校准方式	检定/校准周期	仪器摆放位置
1	电子天平	TE212L	####	检定	一年	205 室
……						

　　此外，应根据检测项目开展情况配备标准物质，并做好标准物质管理。配备的标准物质应该是有证标准物质，保证标准物质在其证书规定的保存条件下贮存，建立标准物质台账，记录标准物质名称、购买时间、购买数量、领用人、领用时间和领用量等信息。

　　（10）其他：为保证建立的质量管理体系覆盖检测的各个方面、环节，所有场所，且能持续有效地指导实施质量管理活动，还应对以下质量管理活动做出原则性的规定：

　　1）质量体系在哪些情形下，由谁提出、谁批准同意修改等。

　　2）如何正确使用管理质量体系各类管理和技术文件，即如何编制、审批、发放、修改、收回、标识、存档或销毁等处理各种文件。

　　3）如何购买对监测质量有影响的服务（如委托有资质的机构检定仪器即为购买服务），以及如何购买、验收和存储设备、试剂、消耗材料。

　　4）检测工作中出现的与相关规定不符合的事项，应如何采取措施。

　　5）质量管理、实际样品检测等工作中相关记录的格式模板应如何编制，以及在实际工作过程中如何填写、更改、收集、存档和处置记录。

　　6）如何定期组织单位内部熟悉检测质量管理相关规定的人员，对相关规定的执行情况进行内部审核。

　　7）管理层如何就内部审核或者日常检测工作中发现的相关问题，定期研究解决。

　　8）检测工作中，如何选用、证实/确认检测方法。

　　9）如何对现场检测、样品采集、运输、贮存、接收、流转、分析、监测报告编制与签发等检测工作全过程的各个环节都采取有效的质量控制措施，以保证监测工作质量。

　　10）如何编制监测报告格式模板，实际检测工作中如何编写、校核、审核、修改和签发检测报告等。

11.2.2　程序文件

程序文件是规定质量活动方法和要求的文件，是质量手册的支持性文件，主要目的是要求产生检测数据的各个环节、各个影响因素和各项工作全面规范。包括人员、设备、试剂、耗材、标准物质、检测方法、设施和环境、记录和数据录入发布等各关键因素，明确详细地规定某一项与检测相关的工作，如执行人员是谁、经过什么环节、留下哪些记录，以实现高时效地完成工作的同时保证数据质量。

编写程序文件时，应明确每个程序的控制目的、适用范围、职责分配、活动过程规定和相关质量技术要求，从而使程序文件具有可操作性。例如，制定检测工作程序，包括检测任务的下达、检测方案的制定、采样器皿和试剂的准备、样品采集和现场检测、实验室内样品分析，以及测试原始积累的填写等诸多环节，规定分别由谁来实施，以及实施过程中应该填写哪些记录，以保证工作有序开展。

档案管理也是一项涉及较多环节的工作，涉及档案产生后的暂存、收集、交接、保管和借阅查询使用等一系列环节，在各个细节又需要保证档案的完整性，制定一个档案管理程序就显得比较重要了。这个程序可以规定档案产生人员如何暂存档案，暂存的时限是多长，档案收集由谁来负责，交给档案收集人员时应履行的手续，档案集中后由谁来负责建立编号，如何保存，借阅查阅时应履行的手续等。

又如检测方案的制定，方案制定人员需要弄清楚的文件有环评报告中的监测章节内容、环保部门做出的环评批复、执行的排放标准、许可证管理的相关要求、行业涉及的自行监测指南等。在明确管理要求后所制定的检测方案，宜请熟悉环境管理、环境监测、生产工艺和治理工艺的专业人员对方案进行审核把关，既有利于保证检测内容和频次等满足管理要求，又避免不必要的人力、物力浪费。

一般来说，检测实验室需制定的程序性规定应包括人员培训程序、检测工作程序、设备管理程序、标准物质管理程序、档案管理程序、质量管理程序、服务和供应品的采购和管理程序、内务和安全管理程序、记录控制与管理程序等。

11.2.3　作业指导书

作业指导书是指特定岗位工作或活动应达到的要求和遵循的方法。对于下列情形往往需要检测机构制定作业指导书：

（1）标准检测方法中规定可采取等效措施，而检测机构又的确采取了等效措施。

（2）使用非母语的检测方法。

（3）操作步骤复杂的设备。

作业指导书应写得尽可能具体，且语言简洁不令人产生歧义，以保证各项操作的可重复。

11.2.4　记录

记录包括质量记录和技术记录。质量记录是质量体系活动产生的记录，如内审记录、质量监督记录等；技术记录是各项监测工作所产生的记录，如《pH 值分析原始记录表》《废水流量监测记录（流速仪法）》。记录是保证从检测方案的制定开始，到样品采集、样品运输和保存、样品分析、数据计算、报告编制、数据发布的各个环节留下关键信息的凭证，证明数据产生过程满足技术标准和规范要求的基础。检测实验室的记录既要简洁易懂，也要信息量足够让检测工作重现。这就要求认真学习国家的法律法规等管理规定和技术标准规范，把握必须记录备查的关键信息，在设计记录表格样式的时候予以考虑。比如对于样品采集，除采样时间、地点、人员等基础信息外，还应包括检测项目、样品表观（定性描述颜色，悬浮物含量）、样品气味、保存剂的添加情况等信息。对于具体的某一项污染物的分析，需记录分析方法名称及代码、分析时间、分析仪器的名称型号、标准/校准曲线的信息、取样量、样品前处理情况、样品测试的信号值、计算公式、计算结果以及质控样品分析的结果等。

11.3　自行监测质控要点

自行监测的质量控制，既要考虑人员、设备、监测方法、试剂耗材等关键因素，也要重视设施环境等影响因素。每一项检测任务都应有足够证据表明其数据质量可信，在制定该项检测任务实施方案的同时，制定一个质控方案，或者在实施方案中有质量控制的专门章节，明确该项工作应有针对性地采取哪些措施来保证数据质量。自行监测工作中，监测方案应包含自行监测点位、项目和频次、采样、制样和分析执行哪些技术规范等信息，并通过生态环境部门审查；日常监测工作中，需要落实负责现场监测和采样、制样和分析样品、报告编制工作的具体人员，以及应采取的质控措施。应采取的质控措施可以是一个专门的方案，规定承担采样、制样和分析样品的人员应该具有的技能（如经过适当的培训后持有上岗证），各环节的执行人员应该落实哪些措施来自证所开展工作的质量，质量控制人员应该如何查证各环节执行人员工作的有效性等。通常来说，质控方案就是保证数据质量所需要满足的人员、设备、监测方法、试剂耗材和环境设施等的共性要求。

11.3.1　人员

人员技能水平是自行监测质量的决定性因素，因此检测机构制定的规章制度性文件中，要明确规定不同岗位人员应具有的技术能力。例如应该具有的教育背景，工作经历，胜任该工作应接受的再教育培训，并以考核方式确认是否具有胜任岗位的技能。对于人员适岗的再教育培训，如行业相关的政策法规、标准方法、操作技能等，由检测机构内部组织或者参加外部培训均可。适岗技能考核确认的方式也是多样化的，如笔试或者提问、操作演示、实样测试、盲样考核等。无论采用哪种培训、考核方式，均应有记录来证实工作过程。例如内部培训，应至少有培训教材，培训签到表；外部培训有会议通知，培训考核结果证明材料等。需注意对于口头提问和操作演示等考核方式，也应有记录，如口头提问，记录信息至少包括考核者姓名、提问内容、被考核者姓名、回答要点，以及对于考核结果的评价；操作演示的考核记录至少包括考核者姓名、要求考核演示的内容、被考核者姓名、演示情况的概述以及评价结论。在具体执行过程中，切忌人员技能培训走过场，杜绝出现徒有各种培训考核记录但人员技能依然不高的窘境。例如某厂自行监测厂界噪声的原始记录中，背景值仅为 30 dB，暴露出监测人员对仪器性能和环境噪声缺乏基本的认知。

11.3.2　仪器设备

监测设备是决定数据质量的另一关键因素。2015 年 1 月 1 日起开始施行的《中华人民共和国环境保护法》第二章第十七条明确规定：监测机构应当使用符合国家标准的监测设备，遵守监测规范。所谓符合国家标准，首先应根据排放标准规定的监测方法选用监测设备，也就是仪器的测定原理、检测范围，测定精密度、准确度以及稳定性等满足方法的要求；其次，设备应根据国家计量的相关要求和仪器性能情况确定检定/校准，列入《中华人民共和国强制检定的工作计量器具目录》或有检定规程的仪器应送有资质的单位进行检定，如烟尘监测仪、天平、砝码、烟气采样器、大气采样器、pH 计、分光光度计、声级计、压力表等。属于非强制检定的仪器与设备可以送有资质的计量检定机构进行校准，无法送去检定或者送去校准的仪器设备，应由仪器使用单位自行溯源，即自己制定校准规范，对部分计量性能或参数进行检测，以确认仪器性能准确可靠。

对于投入使用的仪器，要确保其得到规范使用。应明确规定如何使用、维护、维修和性能确认仪器设备。例如，编写仪器设备操作规程（仪器操作说明书）和维护规程（仪器维护说明书），以保证使用人员能够正确使用或者维护仪器。与采样和监测结果的准确性和有效性相关的仪器设备，在投入使用前，必须进行量值溯源，即用前述的检定、校准或者自校手段确认仪器性能。对于送到有资质的检定或者校准单位的仪器，收到设备的检定或者校准证书后，应查看检定/校准单位实施的检定/校准内容是否符合实际的检测工作要求。例如，配备有多个传感器的仪器，检测工作需要使用的传感器是否都得到了检定；对于有多个量程的仪器，其检定或者校准范围是否满足日常工作需求。对于仪器的检定，校准或者自校，并不是一劳永逸的，应根据国家的检定/校准规程或者使用说明书要求，周期性地定期实施检定/校准或者自校，保持仪器在检定/校准或者自校有效期内使用，且每次监测前，都要使用分析标准溶液、标准气体等方式确认仪器量值，在证实其量值持续符合相应技术要求后使用。如定电位电解法规定烟气中二氧化硫、氮氧化物，每次测量前必须用标气进行校准，示值误差≤±5%方可使用。此外，应规定仪器设备的唯一性标识、状态标识，避免误用。仪器设备的唯一性标识既可以是仪器的出厂编码，也可以是检测单位自行制定的规则编写的代码。

仪器的相关记录应妥善保存。建议给检测仪器建立一仪一档。档案的目录包括仪器说明书、仪器验收技术报告、仪器的检定/校准证书或者自校原始记录和报告、仪器的使用日志、维护记录、维修记录等，建议这些档案一年归一次档，以免遗失。应特别注意及时如实填写仪器使用日志，切忌事后补记，否则不实的仪器使用记录会影响数据是否真实的判断。比较常见的明显与事实不符的记录有：同一台现场检测仪器在同一时间，出现在相距几百公里的两个不同检测任务中；仪器使用日志中记录的分析样品量远大于该仪器最大日分析能力等，这种记录会让检查人员对数据的真实性打上巨大的问号。应建立制度规范，明确在必须对原始记录修改时应如何修改，避免原始记录被误改。

11.3.3　记录

规范使用监测方法，优先使用被检测对象适用的污染物排放标准中规定的监测方法。若有新发布的标准方法替代排放标准中指定的监测方法，应采用新标准。若新发布的监测方法与排放标准指定的方法不同，但适用范围相同的，也可使用。例如《固定污染源废气　氮氧化物的测定　非分散红外吸收法》（HJ 692—2014）、《固定污染源废气　氮氧化物的测定　定电位电解法》（HJ 693—2014）的适用范围明确为"固定污染源废气"，因此两项方法均适用于火电厂废气中氮氧化物的监测。

正确使用监测方法。污染源排放情况监测所使用的方法包括国家标准方法和国务院行业部门以文件、技术规范等形式发布的标准方法，特殊情况下也会用等效分析方法。为此，检测机构或者实验室往往需要根据方法的来源确定应实施方法证实还是方法确认，其中方法证实适用于国家标准方法和国务院行业部门以文件、技术规范等形式发布的方法，方法确认适用于等效分析方法。为实现正确使用监测方法，仅仅是检测机构实施了方法证实是不够的，还需要检测机构要求使用该监测方法的每个人员，使用该方法获得的检出限、空白、回收率、精密度、准确度等各项指标均满足方法性能的要求，方可认为检测人员掌握了该方法，才算为正确使用监测方法奠定了基础。当然，并非每次检测工作中均需对方法进行证实。一般认为，初次使用标准方法前，应证实能够正确运用标准方法；标准方法发生了变化，应重新予以证实。

通常而言，方法证实至少应包括以下 6 个方面的内容：

（1）人员：人员的技能是否得到更新；是否能够适应方法的工作要求；人员数量是否满足工作要求。

（2）设备：设备性能是否满足方法要求；是否需要添置前处理设备等辅助设备；设备数量是否满足要求。

（3）试剂耗材：方法对试剂种类、纯度等的要求如何；数量是否满足；是否建立了购买使用台账。

（4）环境设施条件：方法及其所用设备是否对温度湿度有控制要求；环境条件是否得到监控。

（5）方法技术指标：使用日常工作所用的标准和试剂做方法的技术指标，如校准曲线、检出限、空白、回收率、精密度、准确度等，是否均达到了方法要求。

（6）技术记录：日常检测工作须填写的原始记录格式是否包含了足够的关键信息。

11.3.4　试剂耗材

规范使用标准物质，包括以下注意事项：

（1）应优先考虑使用国家批准的有证标准样品，以保证量值的准确性、可比性与溯源性。

（2）选用的标准样品与预期检测分析的样品，尽可能在基体、形态、浓度水平等性状方面接近。其中基体匹配是需要重点考虑的因素，因为只有使用与被测样品基体相匹配的标准样品，在解释试验结果时才很少有或没有困难。

（3）应特别注意标准样品证书中所规定的取样量与取样方法。证书中规定的固体最小取样量、液体稀释办法等是测量结果准确性和可信度的重要影响因素，宜严格遵守。

（4）应妥善贮存标准样品，并建立标准样品使用情况记录台账。有些标准样品有特殊的储存条件要求，应根据标准样品证书规定的储存条件保存标准样品，并在标准样品的有效期内使用，否则可能会影响标准样品量值的准确性。

严格按照方法要求购买和使用试剂/耗材。每种方法都规定了试剂的纯度，需要注意的是，市售的与方法要求的纯度一致的试剂，不一定能满足方法的使用要求，对数据结果有影响的试剂、新购品牌或者产品批次不一致时，在正式用于样品分析前应进行空白样品试验，以验证试剂质量是否满足工作需求。对于试剂纯度不满足方法需求的情形，应购买更高纯度的试剂或者由分析人员自行净化。比较典型的案例是分析水中苯系物的二硫化碳，市售分析纯二硫化碳往往需要实验室自行重蒸，或者购买优级纯的才能满足方法对空白样品的要求；与此类似的还有分析重金属的盐酸、硝酸等，采用分析纯的酸往往会导致较高的空白和背景值，建议筛选品质可靠的优级纯酸。

牢记试剂/耗材有使用寿命。对于试剂，尤其是已经配制好的试剂，应注意遵守检测方法中对试剂有效期的规定。若没有特殊规定，建议参考执行《化学试剂标准滴定溶液的制备》（GB/T 601—2002）中关于标准滴定溶液有效期的规定，即常温（15～25℃）下保存时间不超过 2 个月。应特别注意表观不被磨损类耗材的质保期，比如定电位电解法的传感器，pH 计的电极等，这些仪器的说明书中明确规定了传感器或者电极的使用次数或者最长使用寿命，应严格遵守，以保证量值的准确性。

11.3.5　数据处理

数据的计算和报出也可能会发生失误，应高度重视。以火电厂排放标准为例，排放标准根据热能转化设施类型的不同，规定了不同的基准氧含量，实测的火电厂烟尘、二氧化硫、氮氧化物和汞及其化合物排放浓度，须折算为基准氧含量下的排放浓度，若忽略了此要求，将现场测试所得结果直接报出，必然导致较大偏差。对于废水检测，须留意在发生样品稀释后检测时，稀释倍数是否纳入了计算。已经完成的测定结果，还应注意计量单位是否正确，最好有熟悉该项目的工作人员校核，各项目结果汇总后，由专人进行数据审核后发出。录入电脑或者信息平台时，注意检查是否有小数点输入的错误。

完备的质量控制体系运行离不开有效的质量监督。检测机构或者实验室应设置覆盖其检测能力范围的监督员，这些监督员可以是专职的，也可以是兼职的。但是无论是哪种情形，监督员应该熟悉检测程序、方法，并能够评价检测结果，发现可能的异常情况。为了使质量监督达到预期效果，最好在年初就制订监督计划，明确监督人、被监督对象、被监督的内容、被监督的频次等。通常情况下，新进上岗人员，使用新分析方法或者新设备，以及生产治理工艺发生变化的初期等实施的污染排放情况检测应受到有效监督。监督的情况应以记录的形式予以妥善保存。此外，检测机构或者实验室应定期总结监督情况，编写监督报告，以保证质量体系中的各标准、规范和质量措施等切实得到落实。

第 12 章　信息记录与报告

　　监测信息记录和报告是相关法律法规的要求，也是排污许可证制度实施的重要内容，是排污单位必须开展的工作。信息记录和报告的目的是将排污单位与监测相关的内容记录下来，供管理部门和排污单位使用，同时定期按要求进行信息报告，以说明环境守法状况，同时也为社会公众监督提供依据。本章围绕制革及毛皮加工行业应开展的信息记录和报告的内容进行说明，为制革及毛皮加工排污单位提供参考。

12.1　信息记录的目的与意义

　　明确污染物排放状况，自证是否正常运行污染治理设施、是否依法排污，按相关法律法规排污是法律赋予排污单位的权利和义务。自证守法，首先要有可以作为证据的相关资料，信息记录就是要将所有可以作为证据的信息保留下来，在需要的时候有据可查。具体来说，信息记录的目的和意义体现在以下几个方面。

　　首先，便于监测结果溯源。监测的环节很多，任何一个环节出现问题，都可能造成监测结果的错误。通过信息记录，将监测过程中的重要环节的原始信息记录下来，一旦发现监测结果存在可疑之处，就可以通过查阅相关记录，检查哪个环节出现了问题。对于不影响监测结果的问题，可以通过追溯监测过程进行校正，从而获得正确的结果。

其次，便于规范监测过程。认真记录各个监测环节的信息，便于规范监测活动，避免由于个别时候的疏忽而遗忘个别程序，从而影响监测结果。通过对记录信息的分析，可以发现影响监测过程的一些关键因素，这也有利于监测过程的改进。

再次，可以实现信息间的相互校验。记录各种过程信息，可以更好地反映排污单位的生产、污染治理、排放状况，从而便于建立监测信息与生产、污染治理等相关信息的逻辑关系，从而为实现信息间的互相校验、加强数据间的质量控制提供基础。通过记录各类信息，可以形成排污单位生产、污染治理、排放等全链条的证据链，避免单方面的信息不足以说明排污状况的情形。

最后，丰富基础信息，利于科学研究。排污单位生产、污染治理、排放过程中一系列过程信息，对研究排污单位污染治理和排放特征具有重要的意义。监测信息记录，极大地丰富了污染源排放和治理的基础信息，也为开展科学研究提供了大量基础信息。基于这些基础信息，利用大数据分析方法，可以更好地探索污染排放和治理的规律，为科学制定相关技术要求奠定良好基础。

12.2　信息记录要求和内容

12.2.1　信息记录要求

信息记录是一项具体而琐碎的工作，做好信息记录对于排污单位和管理部门都很重要，一般来说，信息记录应该符合以下要求。

首先，信息记录的目的在于真实反映排污单位生产、污染治理、排放、监测的实际情况，因此信息记录不需要专门针对需要记录的内容进行额外整理，只要保证所要求的记录内容便于查阅即可。因此，排污单位应尽可能根据一般逻辑习惯将信息记录整理成台账保存。保存方式可以为电子台账，也可以为纸质台账，以便于查阅为原则。

其次，信息记录的内容不限于标准规范中要求的内容，其他排污单位认为有利于说清楚本单位排污状况的相关信息，也可以予以记录。考虑到排污单位污染排放的复杂性，影响排放的因素有很多，而排污单位最了解哪些因素会影响排污状况，因此，排污单位应根据本单位的实际情况，梳理本单位应记录的具体信息，丰富台账资料的内容，从而更好地建立生产、治理、排放的逻辑关系。

12.2.2　信息记录内容

12.2.2.1　手工监测的记录

采用手工监测的指标，至少应记录以下几方面内容：

（1）采样相关记录，包括采样日期、采样时间、采样点位、混合取样的样品数量、采样器名称、采样人姓名等。

（2）样品保存和交接相关记录，包括样品保存方式、样品传输交接记录。

（3）样品分析相关记录，包括分析日期、样品处理方式、分析方法、质控措施、分析结果、分析人姓名等。

（4）质控相关记录，包括质控结果报告单等。

12.2.2.2　自动监测运维记录

自动监测的正确运行需要定期进行校准、校验和日常运行维护，校准、校验结果、日常运行维护开展情况直接决定了自动监测设备是否能够稳定正常运行，而通过检查运维公司对自动监测设备的运行维护记录，可以对自动监测设备日常运行状态进行初步判断。因此，排污单位或者负责运行维护的公司要如实记录对自动监测设备的运行维护情况，具体包括自动监测系统运行状况、系统辅助设备运行状况、系统校准、校验工作等，仪器说明书及相关标准规范中规定的其他检查项目，校准、维护保养、维修记录等。

12.2.2.3　生产和污染治理设施运行状况

首先，污染物排放状况与排污单位生产和污染治理设施运行状况密切相关，记录生产和污染治理设施运行状况，有利于更好地说清楚污染物排放状况。

其次，考虑到受监测能力的限制，无法做到全面连续监测，记录生产和污染治理设施运行状况可以辅助说明未监测时段的排放状况，同时也可以对监测数据是否具有代表性进行判断。

最后，由于监测结果可能受到仪器设备、监测方法等各种因素的影响，从而造成监测结果的不确定性，记录生产和污染治理设施运行状况，通过不同时段监测信息和其他信息的对比分析，可以对监测结果的准确性进行总体判断。

对于生产和污染治理设施运行状况，主要记录内容包括监测期间企业及各主要生产设施（至少涵盖废气主要污染源相关生产设施）运行状况（包括停机、启动情况）、产品产量、主要原辅料使用量、取水量、主要燃料消耗量、燃料主要成分、污染治理设施主要运行状态参数、污染治理主要药剂消耗情况等。日常生产中上述信息也需整理成台账保存备查。

12.2.2.4　工业固体废物（危险废物）产生与处理状况

工业固体废物作为重要的环境管理要素，排污单位应对一般工业固体废物和危险废物的产生、处理情况进行记录，同时一般工业固体废物和危险废物信息也可以作为废水、废气污染物产生排放的辅助信息。关于一般工业固体废物和危险废物的记录内容包括各类一般工业固体废物和危险废物的产生量、综合利用量、处置量、贮存量，危险废物还应详细记录其具体去向。

12.3　生产和污染治理设施运行状况

应详细记录企业以下生产及污染治理设施运行状况，日常生产中也应参照以下内容记录相关信息，并整理成台账保存备查。

12.3.1　生产运行状况记录

根据厂区内生产布置和生产运行实际情况，记录厂内每条生产线的原辅材料用量和产量情况。若厂内不同生产线原辅材料交叉使用，且无法估算各生产线的原辅材料使用量或产量，也可以合起来进行记录，但要进行说明。

取水量（新鲜水）是指调查年度从各种水源提取的并用于工业生产活动的水量总和，包括城市自来水用量、自备水（地表水、地下水和其他水）用量、水利工程供水量，以及企业从市场购得的其他水（如其他企业回用水量）。工业生产活动用水主要包括工业生产用水、辅助生产（包括机修、运输、空压站等）用水。厂区附属生活用水（厂内绿化、职工食堂、浴室、保健站、生活区居民家庭用水、企业附属幼儿园、学校、游泳池等的用水量）如果单独计量且生活污水不与工业废水混排的水量不计入取水量。

主要原辅料（矿石、熔剂、还原剂、氧化剂等）使用量，根据本厂实际从外购买的原辅材料进行整理记录，重点记录与污染物产生相关的原辅材料使用情况。

12.3.2　污水处理运行状况记录

为了佐证废水监测数据情况，按日记录废水处理量、废水回用量、废水排放量、综合污泥产生量（记录含水率）、含铬污泥产生量（记录含水率）、废水处理使用的药剂名称及用量、鼓风机电量等；记录污水处理设施运行、故障及维护情况。

12.4　固体废物产生和处理情况

记录一般工业固体废物和危险废物的产生量、综合利用量、处置量、贮存量，危险废物还应详细记录其具体去向，原料或辅助工序中产生的其他危险废物的情况也应进行记录。

危险废物应严格执行危险废物相关管理记录与报告要求。根据生态环境部《关于推进危险废物环境管理信息化有关工作的通知》（环办固体函〔2020〕733号）和《关于进一步推进危险废物环境管理信息化有关工作的通知》（环办固体函〔2022〕230号）要求，排污单位应强化主体责任意识，危险废物产生单位应按照国家有关规定通过"全国固体废物管理信息系统"定期申报危险废物的种类、产生量、流向、贮存、处置等有关资料；危险废物转移单位，应当通过国家固废信息系统填写、转运危险废物电子转移联单；危险废物处置单位应按照国家有关规定通过国家固废信息系统如实报告危险废物利用处置情况。

对于委托外单位处置利用一般工业固体废物或者危险废物的，以及接收外单位一般工业固体废物或者危险废物的，应详细记录固体废物处理处置情况。对于自行综合利用、自行处置一般工业固体废物和危险废物的，还应当对本单位所拥有的处置场、焚烧装置等综合利用和处置设施及运行情况进行记录。

固体废物的记录可参照《排污许可证申请与核发技术规范　工业固体废物（试行）》（HJ 1200—2021）相关要求。

12.5　信息报告及信息公开

12.5.1　信息报告要求

为了排污单位更好掌握本单位实际排污状况，也便于更好地向公众说明本单位的排污状况和监测情况，排污单位应编写自行监测年度报告，年度报告至少应包含以下内容：

（1）监测方案的调整变化情况及变更原因。

（2）企业及各主要生产设施（至少涵盖废气主要污染源相关生产设施）全年运行天数，各监测点、各监测指标全年监测次数、超标情况、浓度分布情况。

（3）按要求开展的周边环境质量影响状况监测结果。

（4）自行监测开展的其他情况说明。

（5）排污单位实现达标排放所采取的主要措施。

自行监测年报不限于以上信息，任何有利于说明本单位自行监测情况和排放状况的信息，都可以写入自行监测年报中。另外，对于领取了排污许可证的排污单位，按照排污许可证管理要求，每年应提交年度执行报告，其中自行监测情况属于年度执行报告中的重要组成部分，排污单位可以将自行监测年报作为年度执行报告的一部分一并提交。

12.5.2　应急报告要求

由于排污单位非正常排放会对环境或者污水处理设施产生影响，因此对于监测结果出现超标的，排污单位应加密监测，并检查超标原因。短期内无法实现稳定达标排放的，应向生态环境主管部门提交事故分析报告，说明事故发生的原因，采取减轻或防止污染的措施，以及今后的预防及改进措施等；若因发生事故或者其他突发事件，排放的污水可能危及城镇排水与污水处理设施安全运行的，应当立即采取措施消除危害，并及时向城镇排水主管部门和生态环境主管部门等有关部门报告。

12.5.3　信息公开要求

排污单位应根据排污许可证、《企业环境信息依法披露管理办法》（生态环境部令　第 24 号）及《国家重点监控企业自行监测及信息公开办法（试行）》（环发〔2013〕81 号）执行信息公开，但不仅限于此，排污单位还可以采取其他便于公众获取的方式进行信息公开。

信息公开应重点考虑两类群体的信息需求。一是排污单位周围居民的信息需求，周边居民是污染排放的直接影响对象，最关心污染物排放状况对自身及环境的影响，因此对污染物排放状况及周边环境质量状况有强烈的需求。二是排污单位同类行业或者其他相关者的信息需求，同一行业不同排污单位之间存在一定的竞争关系，当然都希望在污染治理上得到相对公平的待遇，因此会格外关心同行的排放状况，对同类行业其他排污单位的排放状况信息有同行监督需求。

　　为了照顾这两类群体的信息需求，信息公开的方式应该便于这两大类群体获取。排污单位可以通过在厂区外或当地媒体上发布监测信息，使周边居民及时了解排污单位的排放状况，这类信息公开相对灵活，以便于周边居民获取。而为了实现同行监督和一些公益组织的监督，也为了便于政府监督，有组织的信息公开方式更有效率。目前，生态环境部通过"排污许可证信息管理平台"开展排污许可证申请、核发及排污许可证执行情况管理与信息公开，排污单位在平台上填报自行监测信息后可实现统一公开。

第 13 章 自行监测手工数据报送

为了方便排污单位信息报送和管理部门收集相关信息，受生态环境部生态环境监测司委托，中国环境监测总站组织开发了"全国污染源监测数据管理与共享系统"。为落实《排污许可管理条例》第二十三条信息公开有关规定，全国污染源监测数据管理与共享系统和全国排污许可证管理信息平台实现了互联互通，排污单位登录全国排污许可证管理信息平台，通过"监测记录"模块跳转至全国污染源监测数据管理与共享系统填报自行监测手工数据结果。自行监测手工数据填报完成后，在全国排污许可证管理信息平台查看自行监测手工数据信息公开内容。

13.1 自行监测手工数据报送系统总体架构设计

根据《关于印发 2015 年中央本级环境监测能力建设项目建设方案的通知》（环办函〔2015〕1596 号），中国环境监测总站负责建设"全国污染源监测数据管理与信息共享系统"，面向企业用户、环保用户、委托机构用户、系统管理用户 4 类用户，针对各自不同业务需求，系统提供数据采集、监测业务管理、数据查询处理与分析、决策支持、数据采集移动终端版、自行监测知识库、排放标准管理、个人工作台、统一应用支撑、数据交换等功能。

另外，面向其他污染源监测信息采集系统（包括部级建设的固定污染源系统、全国排污许可证管理信息平台、各省重点污染源监测系统）使用数据交换平台进行数据交换，减少企业重复填报。

系统总体架构采用 SOA 面向服务的五层三体系的标准成熟电子政务框架设计，以总线为基础，依托公共组件、通用业务组件和开发工具实现应用系统快速开发和系统集成。系统由基础层、数据层、支撑层、应用层、展现层五层及贯穿项目始终保障项目顺利实施和稳定、安全运行的系统运行保障体系、安全保障体系及标准规范体系构成。

基础层：在利用监测总站现有的软硬件及网络环境的基础上配置相应的系统运行所需软硬件设备及安全保障设备。

数据层：建设项目的基础数据库、元数据库，并在此基础上建设主题数据库、空间数据库提供数据挖掘和决策支持。数据库依据环境保护部相关标准及能力建设项目的数据中心相关标准建设。

支撑层：在应用支撑平台企业总线及相关公共组件的基础上，建设本系统的组件，为系统提供足够的灵活性和扩展性，为应用集成提供灵活的框架，也为将来业务变化引起的系统变化提供快速调整的支撑。

应用层：通过 ESB、数据交换实现与包括部级建设的固定污染源系统、全国排污许可证管理信息平台、各省（区、市）污染源监测系统在内的其他系统对接。

展现层：面向生态环境主管部门用户、企业用户及委托机构用户提供互联网访问服务。

标准规范体系：制定全国污染源监测数据管理与共享系统数据交换标准规范，确保各应用系统按照统一的数据标准进行数据交换。

为保持系统安全稳定运行，同步配套设计和建设了安全保障体系和系统运行保障体系。

系统整体架构如图 13-1 所示。

图 13-1　系统总体架构

13.2　自行监测手工数据报送系统应用层设计

全国污染源监测数据管理与信息共享系统提供的业务应用包括数据采集、监测业务管理、数据查询处理与分析、决策支持、数据采集移动终端版、自行监测知识库、排放标准管理、个人工作台、统一应用支撑及数据交换 10 个子系统。系统功能架构见图 13-2。

图 13-2　系统功能架构

（1）数据采集：主要对企业自行监测手工数据和管理部门开展的执法监测数据进行采集。面向全国已核发排污许可证的企业采集监测数据，提供信息填报、审核、查询、发布功能，并形成关联以持续监督。

系统能够满足各级生态环境主管部门录入执法监测数据、质控抽测数据、监督检查信息与结果、监测站标准化建设情况、环境执法与监管情况等。企业的基础信息由全国排污许可证管理信息平台直接获取，在系统中不可更改。企业自行监测方案由全国排污许可证管理信息平台直接获取，生态环境主管部门不再进行审核，企业自主确定自行监测方案执行时间。自行监测方案中除排污许可不包括的要素外，其余要素在系统中不可更改。由于不同来源数据的采集频次和采集方式不同，系统能够提供不同的数据接入方式。

（2）监测业务管理：根据管理要求，汇总监测体系建设运行总体情况，生成表格。实现按时间、空间、行业、污染源类型等统计应开展监测的企业数量、不具备监测条件的企业数量及原因、实际开展监测的企业数量以及监测点位数量、监测指标数量等各指标的具体情况。

（3）数据查询处理与分析：查询条件可以保存为查询方案，查询时可调用查询方案进行查询。

（4）决策支持：系统除采用基本的数据分析方法外，可支持 OLAP 等分析技术，对数据中心数据进行快速分析访问，向用户显示重要的数据分类、数据集合、数据更新的通知以及用户自己的数据订阅等信息。

提供环保搜索功能，用户可按权限快速查询各类环境信息，也可以直接从系统进行汇总、平均或读取数据，实现多维数据结构的灵活表现。

（5）数据采集移动终端版：数据采集移动端帮助环保用户随时随地了解企业情况并上报检查信息，提高污染源数据采集信息的及时性和准确性。

（6）自行监测知识库：企业自行监测知识库系统对排污单位提供自行监测相关的法律法规、政策文件、排放标准、监测技术规范和方法、自行监测方案范例、相关处罚案例等查询服务，帮助和指导企业做好自行监测工作。

（7）排放标准管理：提供排放标准的维护管理和达标评价功能。管理用户可以对标准进行增、删、改、查操作，以保持标准为最新版本。提供接口，数据录入编辑和数据进行发布时均可调用该接口判定该数据是否超标，超标的给予提示并按超标比例的不同给出不同颜色提醒。

（8）个人工作台：包括信息提醒（邮件和短信）、通知管理、数据报送情况查询、数据校验规则设置与管理等。为不同用户提供针对性强的用户体验，方便用户使用。

（9）统一应用支撑：实现系统维护相关功能，系统维护人员和数据管理人员基于这些功能对数据采集和服务进行管理，综合信息管理主要包括系统管理、个人工作管理、数据管理等方面的功能。

（10）数据交换：建立数据交换共享平台，实现系统中各子系统间的内部数据交换，以及实现与外部系统的数据交换。

内部交换包括采集子系统与查询分析子系统，各子系统与信息发布子系统之间进行数据交换。

外部交换主要是与其他信息系统的数据对接，将依据能力建设项目的相关标准制定监测数据标准、交换的工作流程标准、安全标准及交换运行保障标准等标准，制定统一的数据接口供各地现行污染源监测信息管理与数据共享。各相关系统按数据标准生成数据 XML 文件通过接口传递到本系统解析入库，以实现与本系统的互联互通，减少企业重复录入，提高数据质量。

13.3　自行监测手工数据报送系统报送方式和内容

13.3.1　报送方式

排污单位自行监测手工数据报送方式为登录全国排污许可证管理信息平台，通过"监测记录"模块跳转至全国污染源监测数据管理与共享系统填报自行监测手工数据结果。自行监测手工数据填报完成后，在全国排污许可证管理信息平台查看自行监测手工数据信息公开内容。自行监测手工数据报送流程如图 13-3 所示。

图 13-3　排污单位自行监测数据报送流程

13.3.2　具体流程

　　企业相关基础信息由全国排污许可证管理信息平台直接获取，在系统中不可更改。由全国排污许可证管理信息平台直接获取的企业自行监测方案相关要素（废气、废水、无组织）在系统中不可更改，企业可补充完善自行监测方案中的其他要素（周边环境、厂界噪声）。自行监测方案补充完善后，生态环境主管部门不再进行审核，企业自主确定自行监测方案执行时间。

　　自行监测数据的填报流程。自行监测方案到企业自主设定的执行时间后，企业按监测方案开展监测并按要求填报自行监测手工数据结果，手工监测数据需经过企业内部审核，审核通过的进行发布，不通过的退回企业填报用户修改。具有审核权限的填报用户也可以直接发布。

13.3.3　具体内容

　　（1）企业基本信息：企业名称、社会信用代码、组织机构代码（与统一社会信用代码二选一）、行业类别、企业注册地址、企业生产地址、企业地理位置、流域信息、环保联系人及其联系方式、法定代表人及其联系方式、技术负责人等由全国排污许可证管理信息平台直接获取，在系统中不可修改。如发现上述信息错误，应通过全国排污许可证管理信息平台进行修改完善。

　　（2）监测方案信息：废气监测、废水监测、无组织监测等排污许可证中明确了自行监测相关要求的各项内容来源于全国排污许可证管理信息平台，在系统中不可更改。如发现上述信息错误，应通过全国排污许可证管理信息平台进行修改完善。许可证中未载明的周边环境监测和厂界噪声监测相关内容可在系统中进行补充完善。

　　（3）监测数据：各监测点位开展监测的各项污染物的排放浓度、相关参数信息、未监测原因等。

13.4　自行监测信息完善

13.4.1　监测方案信息完善

排污单位自行监测方案信息（废气、废水、无组织监测）自动从全国排污许可证管理信息平台导入本系统中，排污许可证未载明的周边环境和厂界噪声自行监测要求企业可在本系统补充完善。

企业用户在系统主界面进入"数据采集—企业信息填报—监测方案信息"。在【选择方案版本】中如果选择"版本号名称"即可查看相应版本号的监测信息。如果想修改监测信息，点击右侧【加载该版本】即可，然后在【选择方案版本】处选择【当前编辑】。修改的过程可参照下面介绍的录入过程。录入新的监测信息，应在【选择方案版本】处选择【当前编辑】，然后点击右侧的【编辑】按钮进行编辑。如图 13-4 所示。

图 13-4　企业监测方案信息加载界面

在监测方案信息当前编辑中，会有从全国排污许可证管理信息平台同步过来的监测方案信息，包含相关排放设备、监测点、监测项目、排放标准、限值、监测频次等信息。如图 13-5 所示。

图 13-5 许可证系统导入企业的监测方案信息界面

13.4.1.1 周边环境和厂界噪声监测信息录入

（1）添加周边环境和厂界噪声监测点

在编辑页面下，点击周边环境和厂界噪声监测点右上方的【增加监测点】，弹出监测点新增页面。输入【排序序号】【监测点名称】【监测点编号】，选择【经度】【纬度】【开始时间】【结束时间】，周边环境还需选择【监测类型】。点击【新增标准】弹出新增标准页面，新增标准成功后，点击【提交】按钮回到新增监测点页面，在此页面确定填写完全部信息后，点击【立即提交】按钮即可。这三类监测点的新增页面类似，如图 13-6、图 13-7 所示。

图 13-6 新增周边环境监测点信息

图 13-7　新增厂界噪声监测点信息

（2）添加周边环境和厂界噪声监测项目

一个监测点可能有多个监测项目，在添加完【监测点】之后，点击【增加项目】，弹出监测项目新增页面，录入相关信息。如图 13-8 所示。

图 13-8　新增监测项目信息

（3）修改周边环境和厂界噪声监测信息项目

修改周边环境和厂界噪声监测点、监测项目时，点击相应的名称，即可进入修改页面，修改过程可参照本小节中（1）和（2）的新增过程。如图 13-9 所示。

图 13-9　修改监测项目信息

（4）删除周边环境和厂界噪声监测信息项目

修改周边环境和厂界噪声监测点、监测项目时，点击相应名称右侧的【删除】按钮即可。如图 13-10 所示。

图 13-10　删除监测项目信息

13.4.1.2　完成监测方案

周边环境和厂界噪声监测信息录入完成后，点击页面上的【保存成方案】按钮，会弹出新建监测方案页面，输入【方案名称】【方案版本】等，选择【公开开始时间】【公开结束时间】【编制日期】，上传【单位平面图】【监测点位示意图】，设置方案开始执行时间，最后可点击暂存或者生成正式方案按钮。如图 13-11、图 13-12 所示。

图 13-11　监测方案内容

图 13-12 监测方案基本信息

13.4.1.3 监测方案管理

企业用户在系统主界面进入"数据采集—企业信息填报—监测方案管理"。

（1）查看

根据查询列表结果，点击每条数据右侧的查看 🔍 按钮，即可查看方案的部分信息。如图 13-13 所示。

图 13-13 查看监测方案位置

进入监测方案查看信息页面后，点击右下方的【查看详情】按钮，即可查看相应的详细信息。如图 13-14、图 13-15 所示。

图 13-14 监测方案下载与查看

图 13-15 监测方案内容查看

（2）修改

针对方案状态【暂存】的情况可以对方案进行修改，点击右侧的【修改】按钮，可对方案基本信息进行修改，修改完成后点击【生成正式方案】按钮。如图 13-16 所示。

图 13-16 监测方案修改

（3）删除

针对方案状态【暂存】的情况可以对方案进行删除，点击右侧的【删除】按钮，即可对方案进行删除。如图 13-17 所示。

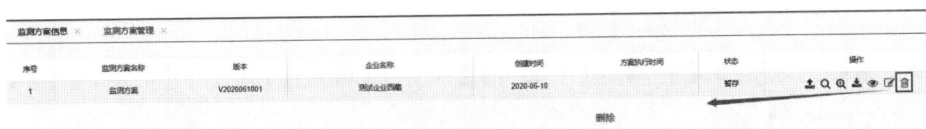

图 13-17　删除监测方案

13.4.2　监测数据录入

企业填报账户登录系统进入主界面"数据采集—企业信息填报—手工监测结果录入"。到达企业自主设定的方案开始执行时间后，方案正式生效，企业可针对监测项目，录入手工监测结果。

（1）录入手工监测结果

针对相应监测项目，选择需要录入手工监测结果的采样日期，"黄色"代表未填报完成，"绿色"代表填报完成，"橘色"代表未填报完成且超期，"红色矩形框"代表有超标数据。如图 13-18 所示。

图 13-18　手工监测结果录入

企业选择完填报日期后，可选择不同的提交状态：【未提交】【已提交】【已发布】，下方会有【废水】【废气】【无组织】【周边环境】【噪声】中的一项或多项。

废水录入项有【监测点】【流量】【工作负荷】【监测项目】【频次单位】【频次】【截止日期】【监测结果】【备注原因】。

废气录入项有【排放设备】【监测点】【流量】【温度】【湿度】【含氧量】【流速】【生产负荷】【监测项目】等。

无组织录入项有【监测点】【风向】【风速】【温度】【压力】【监测项目】【频次单位】【频次】等。

周边环境录入项有【环境空气监测点】【湿度】【气温】【气压】【风速】【风向】【监测项目】【频次单位】等。

若录入的监测结果浓度超过标准值，文本所在输入框会变成红色，标识结果超标。如图 13-19 所示。

图 13-19　手工监测结果超标提醒

（2）保存手工监测结果

此功能用于保存填报用户填完的手工监测结果，但不提交审核。只需在填报信息后，点击【保存】按钮，之前录入的信息即进行保存。如图 13-20 所示。

图 13-20　手工监测结果保存

（3）提交审核手工监测结果

此功能用于填报用户提交手工监测结果，针对需要提交的手工监测结果，在每条记录右侧或者全选旁的选择框 ▢ 下进行勾选，再点击上方的【立即提交】按钮即可。如图 13-21 所示。

图 13-21　手工监测结果提交

（4）发布

此功能用于企业审核用户，对提交的手工监测结果进行发布处理。针对【提交状态】为【已提交】的手工监测结果，对需要发布的监测结果，在每条记录右侧或者全选旁的选择框 ▢ 下进行勾选，然后点击【发布】按钮对其进行发布。如图 13-22 所示。

图 13-22　手工监测结果发布

（5）修改已发布数据

企业填报用户可以对已发布的手工数据进行修改，点击结果数据记录右侧的【修改】按钮，修改数据信息，即可完成修改。如图 13-23 所示。

图 13-23　修改已发布手工监测结果

13.4.3　监测数据信息公开

企业审核用户对提交的手工监测结果进行发布处理后的次日，全国排污许可证管理信息平台公开企业自行监测手工数据。信息公开内容条目分为废气、废水、无组织、周边环境和厂界噪声，具体内容包括企业名称、监测点名称、监测项目名称、采样/监测时间、浓度等。如图 13-24 所示。

企业名称	监测点名称	项目名称	实测浓度	折算浓度	采样时间	监测项目单位
	废气监测点1(DA008)	氯	4.19	4.08	2022-01-17	mg/Nm3
	废气监测点1(DA008)	氯化氢	9.29	9.04	2022-01-17	mg/Nm3
	废气监测点1(DA008)	氟化氢	0.66	0.64	2022-01-17	mg/Nm3
	废气监测点1(DA008)	汞及其化合物	0	0	2022-01-17	mg/Nm3
	废气监测点1(DA008)	铊、镉、铅、砷及其化合物	0	0	2022-01-17	mg/Nm3

图 13-24　自行监测手工数据结果信息公开

附　录

附录 1

排污单位自行监测技术指南　总则

（HJ 819—2017）

前言

为落实《中华人民共和国环境保护法》《中华人民共和国大气污染防治法》《中华人民共和国水污染防治法》，指导和规范排污单位自行监测工作，制定本标准。

本标准提出了排污单位自行监测的一般要求、监测方案制定、监测质量保证和质量控制、信息记录和报告的基本内容和要求。

本标准为首次发布。

本标准由环境保护部环境监测司、科技标准司提出并组织制订。

本标准主要起草单位：中国环境监测总站。

本标准环境保护部 2017 年 4 月 25 日批准。

本标准自 2017 年 6 月 1 日起实施。

本标准由环境保护部解释。

1 适用范围

本标准提出了排污单位自行监测的一般要求、监测方案制定、监测质量保证和质量控制、信息记录和报告的基本内容和要求。

排污单位可参照本标准在生产运行阶段对其排放的水、气污染物，噪声以及对其周边环境质量影响开展监测。

本标准适用于无行业自行监测技术指南的排污单位；行业自行监测技术指南中未规定的内容按本标准执行。

2 规范性引用文件

本标准引用了下列文件或其中的条款。凡是未注明日期的引用文件，其最新版本适用于本标准。

GB 12348　工业企业厂界环境噪声排放标准

GB/T 16157　固定污染源排气中颗粒物测定与气态污染物采样方法

HJ 2.1　环境影响评价技术导则　总纲

HJ 2.2　环境影响评价技术导则　大气环境

HJ/T 2.3　环境影响评价技术导则　地面水环境

HJ 2.4　环境影响评价技术导则　声环境

HJ/T 55　大气污染物无组织排放监测技术导则

HJ/T 75　固定污染源烟气排放连续监测技术规范（试行）

HJ/T 76　固定污染源烟气排放连续监测系统技术要求及检测方法（试行）

HJ/T 91　地表水和污水监测技术规范

HJ/T 92　水污染物排放总量监测技术规范

HJ/T 164　地下水环境监测技术规范

HJ/T 166　土壤环境监测技术规范

HJ/T 194　环境空气质量手工监测技术规范

HJ/T 353　水污染源在线监测系统安装技术规范（试行）

HJ/T 354　水污染源在线监测系统验收技术规范（试行）

HJ/T 355　水污染源在线监测系统运行与考核技术规范（试行）

HJ/T 356　水污染源在线监测系统数据有效性判别技术规范（试行）

HJ/T 397　固定源废气监测技术规范

HJ 442　近岸海域环境监测规范

HJ 493　水质　样品的保存和管理技术规定

HJ 494　水质　采样技术指导

HJ 495　水质　采样方案设计技术规定

HJ 610　环境影响评价技术导则　地下水环境

HJ 733　泄漏和敞开液面排放的挥发性有机物检测技术导则

《企业事业单位环境信息公开办法》（环境保护部令　第 31 号）

《国家重点监控企业自行监测及信息公开办法（试行）》（环发〔2013〕81 号）

3　术语和定义

下列术语和定义适用于本标准。

3.1　自行监测　self-monitoring

指排污单位为掌握本单位的污染物排放状况及其对周边环境质量的影响等情况，按照相关法律法规和技术规范，组织开展的环境监测活动。

3.2　重点排污单位　key pollutant discharging entity

指由设区的市级及以上地方人民政府环境保护主管部门商有关部门确定的本行政区域内的重点排污单位。

3.3　外排口监测点位　emission site

指用于监测排污单位通过排放口向环境排放废气、废水（包括向公共污水处理系统排放废水）污染物状况的监测点位。

3.4 内部监测点位 internal monitoring site

指用于监测污染治理设施进口、污水处理厂进水等污染物状况的监测点位，或监测工艺过程中影响特定污染物产生排放的特征工艺参数的监测点位。

4 自行监测的一般要求

4.1 制定监测方案

排污单位应查清所有污染源，确定主要污染源及主要监测指标，制定监测方案。监测方案内容包括：单位基本情况、监测点位及示意图、监测指标、执行标准及其限值、监测频次、采样和样品保存方法、监测分析方法和仪器、质量保证与质量控制等。

新建排污单位应当在投入生产或使用并产生实际排污行为之前完成自行监测方案的编制及相关准备工作。

4.2 设置和维护监测设施

排污单位应按照规定设置满足开展监测所需要的监测设施。废水排放口，废气（采样）监测平台、监测断面和监测孔的设置应符合监测规范要求。监测平台应便于开展监测活动，应能保证监测人员的安全。

废水排放量大于 100 t/d 的，应安装自动测流设施并开展流量自动监测。

4.3 开展自行监测

排污单位应按照最新的监测方案开展监测活动，可根据自身条件和能力，利用自有人员、场所和设备自行监测；也可委托其他有资质的检（监）测机构代其开展自行监测。

持有排污许可证的企业自行监测年度报告内容可以在排污许可证年度执行报告中体现。

4.4 做好监测质量保证与质量控制

排污单位应建立自行监测质量管理制度,按照相关技术规范要求做好监测质量保证与质量控制。

4.5 记录和保存监测数据

排污单位应做好与监测相关的数据记录,按照规定进行保存,并依据相关法规向社会公开监测结果。

5 监测方案制定

5.1 监测内容

5.1.1 污染物排放监测

包括废气污染物(以有组织或无组织形式排入环境)、废水污染物(直接排入环境或排入公共污水处理系统)及噪声污染等。

5.1.2 周边环境质量影响监测

污染物排放标准、环境影响评价文件及其批复或其他环境管理有明确要求的,排污单位应按照要求对其周边相应的空气、地表水、地下水、土壤等环境质量开展监测;其他排污单位根据实际情况确定是否开展周边环境质量影响监测。

5.1.3 关键工艺参数监测

在某些情况下,可以通过对与污染物产生和排放密切相关的关键工艺参数进行测试以补充污染物排放监测。

5.1.4 污染治理设施处理效果监测

若污染物排放标准等环境管理文件对污染治理设施有特别要求的,或排污单位认为有必要的,应对污染治理设施处理效果进行监测。

5.2 废气排放监测

5.2.1 有组织排放监测

5.2.1.1 确定主要污染源和主要排放口

符合以下条件的废气污染源为主要污染源：

a）单台出力 14 MW 或 20 t/h 及以上的各种燃料的锅炉和燃气轮机组；

b）重点行业的工业炉窑（水泥窑、炼焦炉、熔炼炉、焚烧炉、熔化炉、铁矿烧结炉、加热炉、热处理炉、石灰窑等）；

c）化工类生产工序的反应设备（化学反应器/塔、蒸馏/蒸发/萃取设备等）；

d）其他与上述所列相当的污染源。

符合以下条件的废气排放口为主要排放口：

a）主要污染源的废气排放口；

b）"排污许可证申请与核发技术规范"确定的主要排放口；

c）对于多个污染源共用一个排放口的，凡涉及主要污染源的排放口均为主要排放口。

5.2.1.2 监测点位

a）外排口监测点位：点位设置应满足 GB/T 16157、HJ 75 等技术规范的要求。净烟气与原烟气混合排放的，应在排气筒或烟气汇合后的混合烟道上设置监测点位；净烟气直接排放的，应在净烟气烟道上设置监测点位，有旁路的旁路烟道也应设置监测点位。

b）内部监测点位设置：当污染物排放标准中有污染物处理效果要求时，应在进入相应污染物处理设施单元的进出口设置监测点位。当环境管理文件有要求，或排污单位认为有必要的，可设置开展相应监测内容的内部监测点位。

5.2.1.3 监测指标

各外排口监测点位的监测指标应至少包括所执行的国家或地方污染物排放（控制）标准、环境影响评价文件及其批复、排污许可证等相关管理规定明确要求的污染物指标。排污单位还应根据生产过程的原辅用料、生产工艺、中间及最终产品，确定是否排放纳入相关有毒有害或优先控制污染物名录中的污染物指标，或其他有毒污染物指标，这些指标也应纳入监测指标。

对于主要排放口监测点位的监测指标，符合以下条件的为主要监测指标：

a）二氧化硫、氮氧化物、颗粒物（或烟尘/粉尘）、挥发性有机物中排放量较大的污染物指标；

b）能在环境或动植物体内积蓄对人类产生长远不良影响的有毒污染物指标（存在有毒有害或优先控制污染物相关名录的，以名录中的污染物指标为准）；

c）排污单位所在区域环境质量超标的污染物指标。

内部监测点位的监测指标根据点位设置的主要目的确定。

5.2.1.4 监测频次

a）确定监测频次的基本原则

排污单位应在满足本标准要求的基础上，遵循以下原则确定各监测点位不同监测指标的监测频次：

1）不应低于国家或地方发布的标准、规范性文件、规划、环境影响评价文件及其批复等明确规定的监测频次；

2）主要排放口的监测频次高于非主要排放口；

3）主要监测指标的监测频次高于其他监测指标；

4）排向敏感地区的应适当增加监测频次；

5）排放状况波动大的，应适当增加监测频次；

6）历史稳定达标状况较差的需增加监测频次，达标状况良好的可以适当降低监测频次；

7）监测成本应与排污企业自身能力相一致，尽量避免重复监测。

b）原则上，外排口监测点位最低监测频次按照表1执行。废气烟气参数和污染物浓度应同步监测。

表 1 废气监测指标的最低监测频次

排污单位级别	主要排放口		其他排放口的监测指标
	主要监测指标	其他监测指标	
重点排污单位	月—季度	半年—年	半年—年
非重点排污单位	半年—年	年	年

注：为最低监测频次的范围，分行业排污单位自行监测技术指南中依据此原则确定各监测指标的最低监测频次。

c）内部监测点位的监测频次根据该监测点位设置目的、结果评价的需要、补充监测结果的需要等进行确定。

5.2.1.5 监测技术

监测技术包括手工监测、自动监测两种，排污单位可根据监测成本、监测指标以及监测频次等内容，合理选择适当的监测技术。

对于相关管理规定要求采用自动监测的指标，应采用自动监测技术；对于监测频次高、自动监测技术成熟的监测指标，应优先选用自动监测技术；其他监测指标，可选用手工监测技术。

5.2.1.6 采样方法

废气手工采样方法的选择参照相关污染物排放标准及 GB/T 16157、HJ/T 397 等执行。废气自动监测参照 HJ/T 75、HJ/T 76 执行。

5.2.1.7 监测分析方法

监测分析方法的选用应充分考虑相关排放标准的规定、排污单位的排放特点、污染物排放浓度的高低、所采用监测分析方法的检出限和干扰等因素。

监测分析方法应优先选用所执行的排放标准中规定的方法。选用其他国家、行业标准方法的，方法的主要特性参数（包括检出下限、精密度、准确度、干扰消除等）需符合标准要求。尚无国家和行业标准分析方法的，或采用国家和行业标准方法不能得到合格测定数据的，可选用其他方法，但必须做方法验证和对比实验，证明该方法主要特性参数的可靠性。

5.2.2 无组织排放监测

5.2.2.1 监测点位

存在废气无组织排放源的，应设置无组织排放监测点位，具体要求按相关污染物排放标准及 HJ/T 55、HJ 733 等执行。

5.2.2.2 监测指标

按本标准 5.2.1.3 执行。

5.2.2.3 监测频次

钢铁、水泥、焦化、石油加工、有色金属冶炼、采矿业等无组织废气排放较重的污染源，无组织废气每季度至少开展一次监测；其他涉及无组织废气排放的污染源每年至少开展一次监测。

5.2.2.4 监测技术

按本标准 5.2.1.5 执行。

5.2.2.5 采样方法

参照相关污染物排放标准及 HJ/T 55、HJ 733 执行。

5.2.2.6 监测分析方法

按本标准 5.2.1.7 执行。

5.3 废水排放监测

5.3.1 监测点位

5.3.1.1 外排口监测点位

在污染物排放标准规定的监控位置设置监测点位。

5.3.1.2 内部监测点位

按本标准 5.2.1.2 b）执行。

5.3.2 监测指标

符合以下条件的为各废水外排口监测点位的主要监测指标：

a）化学需氧量、五日生化需氧量、氨氮、总磷、总氮、悬浮物、石油类中排放量较大的污染物指标；

b）污染物排放标准中规定的监控位置为车间或生产设施废水排放口的污染物指标，以及有毒有害或优先控制污染物相关名录中的污染物指标；

c）排污单位所在流域环境质量超标的污染物指标。

其他要求按本标准 5.2.1.3 执行。

5.3.3 监测频次

5.3.3.1 监测频次确定的基本原则

按本标准 5.2.1.4 a）执行。

5.3.3.2 原则上，外排口监测点位最低监测频次按照表 2 执行。各排放口废水流量和污染物浓度同步监测。

表 2 废水监测指标的最低监测频次

排污单位级别	主要监测指标	其他监测指标
重点排污单位	日—月	季度—半年
非重点排污单位	季度	年

注：为最低监测频次的范围，在行业排污单位自行监测技术指南中依据此原则确定各监测指标的最低监测频次。

5.3.3.3 内部监测点位监测频次

按本标准 5.2.1.4 c）执行。

5.3.4 监测技术

按本标准 5.2.1.5 执行。

5.3.5 采样方法

废水手工采样方法的选择参照相关污染物排放标准及 HJ/T 91、HJ/T 92、HJ 493、HJ 494、HJ 495 等执行，根据监测指标的特点确定采样方法为混合采样方法或瞬时采样的方法，单次监测采样频次按相关污染物排放标准和 HJ/T 91 执行。污水自动监测采样方法参照 HJ/T 353、HJ/T 354、HJ/T 355、HJ/T 356 执行。

5.3.6 监测分析方法

按本标准 5.2.1.7 执行。

5.4 厂界环境噪声监测

5.4.1 监测点位

5.4.1.1 厂界环境噪声的监测点位置具体要求按 GB 12348 执行。

5.4.1.2 噪声布点应遵循以下原则：

a）根据厂内主要噪声源距厂界位置布点；

b）根据厂界周围敏感目标布点；

c）"厂中厂"是否需要监测根据内部和外围排污单位协商确定；

d）面临海洋、大江、大河的厂界原则上不布点；

e）厂界紧邻交通干线不布点；

f）厂界紧邻另一排污单位的，在临近另一排污单位侧是否布点由排污单位协商确定。

5.4.2 监测频次

厂界环境噪声每季度至少开展一次监测，夜间生产的要监测夜间噪声。

5.5 周边环境质量影响监测

5.5.1 监测点位

排污单位厂界周边的土壤、地表水、地下水、大气等环境质量影响监测点位参照排污单位环境影响评价文件及其批复及其他环境管理要求设置。

如环境影响评价文件及其批复及其他文件中均未作出要求，排污单位需要开展周边环境质量影响监测的，环境质量影响监测点位设置的原则和方法参照 HJ 2.1、HJ 2.2、HJ/T 2.3、HJ 2.4、HJ 610 等规定。各类环境影响监测点位设置按照 HJ/T 91、HJ/T 164、HJ 442、HJ/T 194、HJ/T 166 等执行。

5.5.2 监测指标

周边环境质量影响监测点位监测指标参照排污单位环境影响评价文件及其批复等管理文件的要求执行，或根据排放的污染物对环境的影响确定。

5.5.3 监测频次

若环境影响评价文件及其批复等管理文件有明确要求的，排污单位周边环境质量监测频次按照要求执行。

否则，涉水重点排污单位地表水每年丰、平、枯水期至少各监测一次，涉气重点排污单位空气质量每半年至少监测一次，涉重金属、难降解类有机污染物等重点排污单位土壤、地下水每年至少监测一次。发生突发环境事故对周边环境质量造成明显影响的，或周边环境质量相关污染物超标的，应适当增加监测频次。

5.5.4 监测技术

按本标准 5.2.1.5 执行。

5.5.5 采样方法

周边水环境质量监测点采样方法参照 HJ/T 91、HJ/T 164、HJ 442 等执行。

周边大气环境质量监测点采样方法参照 HJ/T 194 等执行。

周边土壤环境质量监测点采样方法参照 HJ/T 166 等执行。

5.5.6 监测分析方法

按本标准 5.2.1.7 执行。

5.6 监测方案的描述

5.6.1 监测点位的描述

所有监测点位均应在监测方案中通过语言描述、图形示意等形式明确体现。描述内容包括监测点位的平面位置及污染物的排放去向等。废水监测点需明确其所在废水排放口、对应的废水处理工艺，废气排放监测点位需明确其在排放烟道的位置分布、对应的污染源及处理设施。

5.6.2 监测指标的描述

所有监测指标采用表格、语言描述等形式明确体现。监测指标应与监测点位相对应，监测指标内容包括每个监测点位应监测的指标名称、排放限值、排放限值的来源（如标准名称、编号）等。

国家或地方污染物排放（控制）标准、环境影响评价文件及其批复、排污许可证中的污染物，如排污单位确认未排放，监测方案中应明确注明。

5.6.3 监测频次的描述

监测频次应与监测点位、监测指标相对应，每个监测点位的每项监测指标的监测频次都应详细注明。

5.6.4 采样方法的描述

对每项监测指标都应注明其选用的采样方法。废水采集混合样品的，应注明混合样采样个数。废气非连续采样的，应注明每次采集的样品个数。废气颗粒物采样，应注明每个监测点位设置的采样孔和采样点个数。

5.6.5 监测分析方法的描述

对每项监测指标都应注明其选用的监测分析方法名称、来源依据、检出限等内容。

5.7 监测方案的变更

当有以下情况发生时，应变更监测方案：

a）执行的排放标准发生变化；

b）排放口位置、监测点位、监测指标、监测频次、监测技术任一项内容发生变化；

c）污染源、生产工艺或处理设施发生变化。

6 监测质量保证与质量控制

排污单位应建立并实施质量保证与控制措施方案，以自证自行监测数据的质量。

6.1 建立质量体系

排污单位应根据本单位自行监测的工作需求，设置监测机构，梳理监测方案制定、样品采集、样品分析、监测结果报出、样品留存、相关记录的保存等监测的各个环节中，为保证监测工作质量应制定的工作流程、管理措施与监督措施，建立自行监测质量体系。

质量体系应包括对以下内容的具体描述：监测机构，人员，出具监测数据所需仪器设备，监测辅助设施和实验室环境，监测方法技术能力验证，监测活动质量控制与质量保证等。

委托其他有资质的检（监）测机构代其开展自行监测的，排污单位不用建立监测质量体系，但应对检（监）测机构的资质进行确认。

6.2　监测机构

监测机构应具有与监测任务相适应的技术人员、仪器设备和实验室环境，明确监测人员和管理人员的职责、权限和相互关系，有适当的措施和程序保证监测结果准确可靠。

6.3　监测人员

应配备数量充足、技术水平满足工作要求的技术人员，规范监测人员录用、培训教育和能力确认/考核等活动，建立人员档案，并对监测人员实施监督和管理，规避人员因素对监测数据正确性和可靠性的影响。

6.4　监测设施和环境

根据仪器使用说明书、监测方法和规范等的要求，配备必要的如除湿机、空调、干湿度温度计等辅助设施，以使监测工作场所条件得到有效控制。

6.5　监测仪器设备和实验试剂

应配备数量充足、技术指标符合相关监测方法要求的各类监测仪器设备、标准物质和实验试剂。

监测仪器性能应符合相应方法标准或技术规范要求，根据仪器性能实施自校准或者检定/校准、运行和维护、定期检查。

标准物质、试剂、耗材的购买和使用情况应建立台账予以记录。

6.6　监测方法技术能力验证

应组织监测人员按照其所承担监测指标的方法步骤开展实验活动，测试方法的检出浓度、校准（工作）曲线的相关性、精密度和准确度等指标，实验结果满足方法相应的规定以后，方可确认该人员实际操作技能满足工作需求，能够承担测试工作。

6.7　监测质量控制

编制监测工作质量控制计划，选择与监测活动类型和工作量相适应的质控方法，包括使用标准物质、采用空白实验、平行样测定、加标回收率测定等，定期进行质控数据分析。

6.8　监测质量保证

按照监测方法和技术规范的要求开展监测活动，若存在相关标准规定不明确但又影响监测数据质量的活动，可编写《作业指导书》予以明确。

编制工作流程等相关技术规定，规定任务下达和实施，分析用仪器设备购买、验收、维护和维修，监测结果的审核签发、监测结果录入发布等工作的责任人和完成时限，确保监测各环节无缝衔接。

设计记录表格，对监测过程的关键信息予以记录并存档。

定期对自行监测工作开展的时效性、自行监测数据的代表性和准确性、管理部门检查结论和公众对自行监测数据的反馈等情况进行评估，识别自行监测存在的问题，及时采取纠正措施。管理部门执法监测与排污单位自行监测数据不一致的，以管理部门执法监测结果为准，作为判断污染物排放是否达标、自动监测设施是否正常运行的依据。

7 信息记录和报告

7.1 信息记录

7.1.1 手工监测的记录

7.1.1.1 采样记录：采样日期、采样时间、采样点位、混合取样的样品数量、采样器名称、采样人姓名等。

7.1.1.2 样品保存和交接：样品保存方式、样品传输交接记录。

7.1.1.3 样品分析记录：分析日期、样品处理方式、分析方法、质控措施、分析结果、分析人姓名等。

7.1.1.4 质控记录：质控结果报告单。

7.1.2 自动监测运维记录

包括自动监测系统运行状况、系统辅助设备运行状况、系统校准、校验工作等；仪器说明书及相关标准规范中规定的其他检查项目；校准、维护保养、维修记录等。

7.1.3 生产和污染治理设施运行状况

记录监测期间企业及各主要生产设施（至少涵盖废气主要污染源相关生产设施）运行状况（包括停机、启动情况）、产品产量、主要原辅料使用量、取水量、主要燃料消耗量、燃料主要成分、污染治理设施主要运行状态参数、污染治理主要药剂消耗情况等。日常生产中上述信息也需整理成台账保存备查。

7.1.4 固体废物（危险废物）产生与处理状况

记录监测期间各类固体废物和危险废物的产生量、综合利用量、处置量、贮存量、倾倒丢弃量，危险废物还应详细记录其具体去向。

7.2 信息报告

排污单位应编写自行监测年度报告，年度报告至少应包含以下内容：

a）监测方案的调整变化情况及变更原因；

b）企业及各主要生产设施（至少涵盖废气主要污染源相关生产设施）全年运行天数，各监测点、各监测指标全年监测次数、超标情况、浓度分布情况；

c）按要求开展的周边环境质量影响状况监测结果；

d）自行监测开展的其他情况说明；

e）排污单位实现达标排放所采取的主要措施。

7.3 应急报告

监测结果出现超标的，排污单位应加密监测，并检查超标原因。短期内无法实现稳定达标排放的，应向环境保护主管部门提交事故分析报告，说明事故发生的原因，采取减轻或防止污染的措施，以及今后的预防及改进措施等；若因发生事故或者其他突发事件，排放的污水可能危及城镇排水与污水处理设施安全运行的，应当立即采取措施消除危害，并及时向城镇排水主管部门和环境保护主管部门等有关部门报告。

7.4 信息公开

排污单位自行监测信息公开内容及方式按照《企业事业单位环境信息公开办法》及《国家重点监控企业自行监测及信息公开办法（试行）》执行。非重点排污单位的信息公开要求由地方环境保护主管部门确定。

8 监测管理

排污单位对其自行监测结果及信息公开内容的真实性、准确性、完整性负责。排污单位应积极配合并接受环境保护行政主管部门的日常监督管理。

附录2

排污单位自行监测技术指南　有色金属工业

（HJ 989—2018）

前　言

为落实《中华人民共和国环境保护法》《中华人民共和国大气污染防治法》《中华人民共和国水污染防治法》《排污许可管理办法（试行）》，指导和规范有色金属工业排污单位自行监测工作，制定本标准。

本标准提出了有色金属工业排污单位自行监测的一般要求、监测方案制定、信息记录及报告的基本内容和要求。

本标准为首次发布。

本标准由生态环境部提出并组织制订。

本标准主要起草单位：中国环境监测总站、北京矿冶科技集团有限公司、江西省环境监测中心站。

本标准生态环境部 2018 年 12 月 4 日批准。

本标准自 2019 年 3 月 1 日起实施。

本标准由生态环境部解释。

1　适用范围

本标准提出了有色金属（铝、铅、锌、铜、镍、钴、镁、钛、锡、锑、汞）工业冶炼排污单位自行监测的一般要求、监测方案制定、信息记录和报告的基本内容及要求。

本标准适用于有色金属（铝、铅、锌、铜、镍、钴、镁、钛、锡、锑、汞）

工业冶炼排污单位，对其在生产运行时排放的水、气污染物，噪声以及对周边环境质量影响开展自行监测。本标准不适用于以上金属再生冶炼排污单位。

自备火力发电机组（厂）、配套动力锅炉的自行监测要求按照《排污单位自行监测技术指南　火力发电及锅炉》（HJ 820）执行。

2　规范性引用文件

本标准内容引用了下列文件或其中的条款。凡是不注明日期的引用文件，其有效版本适用于本标准。

GB 25465	铝工业污染物排放标准
GB 25466	铅、锌工业污染物排放标准
GB 25467	铜、镍、钴工业污染物排放标准
GB 25468	镁、钛工业污染物排放标准
GB 30770	锡、锑、汞工业污染物排放标准
HJ 2.2	环境影响评价技术导则　大气环境
HJ/T 2.3	环境影响评价技术导则　地面水环境
HJ/T 91	地表水和污水监测技术规范
HJ/T 164	地下水环境监测技术规范
HJ/T 166	土壤环境监测技术规范
HJ/T 194	环境空气质量手工监测技术规范
HJ 442	近岸海域环境监测规范
HJ 610	环境影响评价技术导则　地下水环境
HJ 664	环境空气质量监测点位布设技术规范（试行）
HJ 819	排污单位自行监测技术指南　总则
HJ 820	排污单位自行监测技术指南　火力发电及锅炉

《国家危险废物名录》（环境保护部、国家发展和改革委员会、公安部令　第39号）

3 术语和定义

GB 25465、GB 25466、GB 25467、GB 25468、GB 30770 界定的以及下列术语和定义适用于本标准。

3.1 铝冶炼排污单位 aluminum smelting pollutant emission unit
指以铝土矿为原料生产氧化铝或以氧化铝为原料生产电解铝的冶炼企业事业单位和其他生产经营者。

3.2 铅、锌冶炼排污单位 lead and zinc smelting pollutant emission unit
指以铅精矿、锌精矿或铅锌混合精矿为主要原料的铅、锌冶炼企业事业单位和其他生产经营者。

3.3 铜冶炼排污单位 copper smelting enterprise pollutant emission unit
指以原生矿或铜精矿为主要原料的铜冶炼企业事业单位和其他生产经营者。

3.4 镍冶炼排污单位 nickel smelting pollutant emission unit
指以镍精矿为原料的镍冶炼企业事业单位和其他生产经营者。

3.5 钴冶炼排污单位 cobalt smelter pollutant emission unit
指以钴精矿、含钴物料为主要原料的钴冶炼企业事业单位和其他生产经营者。

3.6 镁冶炼排污单位 magnesium smelting pollutant emission unit
指以白云石为原料，采用硅热法冶炼工艺生产金属镁的企业事业单位和其他生产经营者。

3.7 钛冶炼排污单位 titanium smelting pollutant emission unit
指以钛精矿或高钛渣或四氯化钛为原料生产海绵钛的企业事业单位和其他生产经营者，产品包括高钛渣、四氯化钛、海绵钛。

3.8 锡冶炼排污单位 tin smelting pollutant emission unit
指以锡精矿为主要原料的锡冶炼企业事业单位和其他生产经营者。

3.9 锑冶炼排污单位 antimony smelting pollutant emission unit
指以锑精矿为主要原料生产锑金属或以锑金属为原料生产氧化锑的冶炼企业

事业单位和其他生产经营者。

3.10　汞冶炼排污单位　mercury smelting pollutant emission unit

指以含汞矿物为主要原料生产汞金属的冶炼企业事业单位和其他生产经营者。

4　自行监测的一般要求

排污单位应查清本单位的污染源、污染物指标及潜在的环境影响，制定监测方案，设置和维护监测设施，按照监测方案开展自行监测，做好质量保证和质量控制，记录和保存监测数据，依法向社会公开监测结果。

5　监测方案制定

5.1　废水排放监测

5.1.1　监测点位

排污单位均须在废水总排放口、雨水排放口设置监测点位，生活污水单独排入水体的须在生活污水排放口设置监测点位。

涉及监控位置为车间或生产设施废水排放口的，采样点位一律设在车间或车间处理设施排放口或专门处理此类污染物设施的排口。

5.1.2　监测指标与频次

有色金属工业排污单位废水排放监测点位、指标及最低监测频次按照表1执行。

表 1　有色金属工业排污单位废水监测点位、指标及最低监测频次

行业类型	监测点位	监测指标	监测频次
铝冶炼	废水总排放口	流量、pH、化学需氧量、氨氮	自动监测
		总磷	日（自动监测[a]）
		总氮	日[b]
		氟化物	月
		悬浮物、石油类、总氰化物[c]、硫化物[c]、挥发酚[c]	季度

行业类型	监测点位	监测指标	监测频次
铅、锌冶炼	废水总排放口	流量、pH、化学需氧量、氨氮	自动监测
		总磷	日（自动监测[a]）
		总氮	日[b]
		总铅、总砷、总镉、总汞	日
		总锌、总铜、总铬、总镍	月
		悬浮物、氟化物、硫化物	季度
	车间或生产设施废水排放口	总铅、总砷、总镉、总汞	日
		总铬、总镍	月
铜、镍、钴冶炼	废水总排放口	流量、pH、化学需氧量、氨氮	自动监测
		总磷	日（自动监测[a]）
		总氮	日[b]
		总铅、总砷、总镉、总汞	日
		总锌、总铜、总镍、总钴	月
		悬浮物、氟化物、石油类、硫化物	季度
	车间或生产设施废水排放口	总铅、总砷、总镉、总汞	日
		总镍、总钴	月
镁、钛冶炼	废水总排放口	流量、pH、化学需氧量、氨氮	自动监测
		总磷	日（自动监测[a]）
		总氮	日[b]
		总铬、六价铬	日
		总铜	月
		悬浮物、石油类	季度
	车间或生产设施废水排放口	总铬、六价铬	日
锡、锑、汞冶炼	废水总排放口	流量、pH、化学需氧量、氨氮	自动监测
		总磷	日（自动监测[a]）
		总氮	日[b]
		总铅、总砷、总镉、总汞	日
		总锌、总铜、总锡[d]、总锑、六价铬	月
		悬浮物、氟化物、硫化物、石油类	季度
	车间或生产设施废水排放口	总铅、总砷、总镉、总汞	日
		六价铬	月
生活污水排放口		流量、pH、悬浮物、化学需氧量、氨氮、总氮、总磷、五日生化需氧量、动植物油	月
雨水排放口		pH、化学需氧量、悬浮物、石油类	日[e]

注：表中所列监测指标，设区的市级及以上环保主管部门明确要求安装自动监测设备的，需采取自动监测。

[a] 水环境质量中总磷实施总量控制区域，总磷需采取自动监测。

[b] 水环境质量中总氮实施总量控制区域，总氮最低监测频次按日执行，待自动监测技术规范发布后，须采取自动监测。

[c] 设有煤气生产系统的铝冶炼排污单位需监测总氰化物、硫化物、挥发酚。

[d] 锡、锑冶炼排污单位废水监测项目。

[e] 雨水排放口有流动水排放时按日监测。若监测一年无异常情况，可放宽至每季度开展一次监测。

5.2 废气排放监测

5.2.1 有组织废气排放监测点位、指标与频次

有色金属工业排污单位有组织废气排放监测点位、监测指标及最低监测频次按照表 2 执行。对于多个污染源或生产设备共享一个排气筒的，监测点位可布设在共享排气筒上，监测指标应涵盖所对应的污染源或生产设备监测指标，最低监测频次按照表 2 严格执行。

表 2 有色金属工业排污单位有组织废气排放监测点位、指标及最低监测频次

行业类型	监测点位	监测指标	监测频次
氧化铝	原料制备及输送系统排气筒	颗粒物	半年
	熟料中碎系统排气筒	颗粒物	半年
	氧化铝贮运系统排气筒	颗粒物	半年
	熟料烧成窑排气筒	二氧化硫、氮氧化物 [a]、颗粒物	自动监测
	氢氧化铝焙烧炉排气筒	二氧化硫、氮氧化物 [a]、颗粒物	自动监测
	石灰炉（窑）排气筒	氮氧化物 [a]、颗粒物	自动监测
电解铝	原料制备及输送系统排气筒	颗粒物	半年
	电解质破碎系统排气筒	颗粒物	半年
	阳极组装及残极处理系统排气筒	颗粒物	半年
	电解槽排气筒	二氧化硫、颗粒物	自动监测
		氟化物	月
	铸造系统排气筒	颗粒物	半年
铅冶炼	原料制备及输送系统排气筒	颗粒物	季度
	制酸系统（熔炼炉等）排气筒	二氧化硫、氮氧化物 [a]、颗粒物	自动监测
		铅及其化合物、汞及其化合物	月
		硫酸雾	季度
	环境集烟（各炉窑进料口、出渣口、出铅口等）排气筒	二氧化硫、氮氧化物 [a]、颗粒物	自动监测
		铅及其化合物、汞及其化合物	月
	熔铅（电铅）锅排气筒	颗粒物、铅及其化合物	季度
	还原炉、烟化炉排气筒	二氧化硫、氮氧化物 [a]、颗粒物	自动监测
		铅及其化合物、汞及其化合物	月
	浮渣反射炉排气筒	二氧化硫、氮氧化物 [a]、颗粒物、铅及其化合物、汞及其化合物	季度

行业类型	监测点位	监测指标	监测频次
湿法炼锌	原料制备及输送系统排气筒	颗粒物	季度
	制酸系统（沸腾炉等）排气筒	二氧化硫、氮氧化物 [a]、颗粒物	自动监测
		铅及其化合物、汞及其化合物	月
		硫酸雾	季度
	回转窑排气筒	二氧化硫、氮氧化物 [a]、颗粒物	自动监测
		铅及其化合物、汞及其化合物	月
	多膛炉排气筒	二氧化硫、氮氧化物 [a]、颗粒物、铅及其化合物、汞及其化合物	季度
	浸出槽排气筒	硫酸雾	季度
	净化槽排气筒	硫酸雾	季度
	感应电炉排气筒	颗粒物	季度
电炉炼锌	原料制备及输送系统排气筒	颗粒物	季度
	制酸系统（沸腾炉等）排气筒	二氧化硫、氮氧化物 [a]、颗粒物	自动监测
		铅及其化合物、汞及其化合物	月
		硫酸雾	季度
	环境集烟（各炉窑进料口、出渣口、出锌口等）排气筒	二氧化硫、氮氧化物 [a]、颗粒物	自动监测
		铅及其化合物、汞及其化合物	月
	烟化炉（回转窑）排气筒	二氧化硫、氮氧化物 [a]、颗粒物	自动监测
		铅及其化合物、汞及其化合物	月
	锌精馏系统排气筒	二氧化硫、氮氧化物 [a]、颗粒物、铅及其化合物、汞及其化合物	季度
竖罐炼锌	原料制备及输送系统排气筒	颗粒物	季度
	制酸系统（沸腾炉等）排气筒	二氧化硫、氮氧化物 [a]、颗粒物	自动监测
		铅及其化合物、汞及其化合物	月
		硫酸雾	季度
	焦结蒸馏系统排气筒	二氧化硫、氮氧化物 [a]、颗粒物	自动监测
		铅及其化合物、汞及其化合物	月
	旋涡熔炼炉排气筒	二氧化硫、氮氧化物 [a]、颗粒物	自动监测
		铅及其化合物、汞及其化合物	月
	锌精馏系统排气筒	二氧化硫、氮氧化物 [a]、颗粒物、铅及其化合物、汞及其化合物	季度

行业类型	监测点位	监测指标	监测频次
密闭鼓风冶炼（ISP）	原料制备及输送系统排气筒	颗粒物	季度
	烧结机头排气筒	二氧化硫、氮氧化物[a]、颗粒物	自动监测
		铅及其化合物、汞及其化合物	季度
	制酸系统（烧结机等）排气筒	二氧化硫、氮氧化物[a]、颗粒物	自动监测
		铅及其化合物、汞及其化合物	月
		硫酸雾	季度
	烧结料破碎系统排气筒	颗粒物	季度
	熔炼备料系统排气筒	颗粒物	季度
	环境集烟（各炉窑进料口、出渣口、出铅口等）排气筒	二氧化硫、氮氧化物[a]、颗粒物	自动监测
		铅及其化合物、汞及其化合物	月
	熔铅（电铅）锅排气筒	颗粒物、铅及其化合物	季度
	锌精馏排气筒	二氧化硫、氮氧化物[a]、颗粒物、铅及其化合物、汞及其化合物	季度
	烟化炉排气筒	二氧化硫、氮氧化物[a]、颗粒物	自动监测
		铅及其化合物、汞及其化合物	月
	反射炉排气筒	二氧化硫、氮氧化物[a]、颗粒物、铅及其化合物、汞及其化合物	季度
铜冶炼	原料制备及输送系统排气筒	颗粒物	季度
	制酸系统（熔炼炉、吹炼炉等）排气筒	二氧化硫、氮氧化物[a]、颗粒物	自动监测
		铅及其化合物、砷及其化合物、汞及其化合物	月
		硫酸雾、氟化物	季度
	环境集烟（各炉窑进料口、出渣口、出铜口等）排气筒	二氧化硫、氮氧化物[a]、颗粒物	自动监测
		铅及其化合物、砷及其化合物、汞及其化合物	月
		硫酸雾、氟化物	季度
	阳极炉（精炼炉）排气筒	二氧化硫、氮氧化物[a]、颗粒物	自动监测
		铅及其化合物、砷及其化合物、汞及其化合物	月
		硫酸雾、氟化物	季度
	电解槽、电解液净化系统排气筒	硫酸雾	季度
	电积槽及其他槽排气筒	硫酸雾	季度
	真空蒸发器、脱铜电积槽排气筒	硫酸雾	季度

行业类型	监测点位	监测指标	监测频次
镍冶炼	原料制备及输送系统排气筒	颗粒物	季度
	制酸系统（熔炼炉、吹炼炉等）排气筒	二氧化硫、氮氧化物 [a]、颗粒物	自动监测
		铅及其化合物、砷及其化合物、镍及其化合物、汞及其化合物	月
		硫酸雾、氟化物	季度
	环境集烟（各炉窑进料口、出渣口、出镍口等）排气筒	二氧化硫、氮氧化物 [a]、颗粒物	自动监测
		铅及其化合物、砷及其化合物、镍及其化合物、汞及其化合物	月
		硫酸雾、氟化物	季度
	贫化炉排气筒 [b]	二氧化硫、氮氧化物 [a]、颗粒物	自动监测
		铅及其化合物、砷及其化合物、镍及其化合物、汞及其化合物	月
		硫酸雾、氟化物	季度
	电解槽、电解液净化系统排气筒	硫酸雾、氯气	半年
	浸出槽、电积槽排气筒	硫酸雾	半年
钴冶炼	原料制备及输送系统排气筒	颗粒物	季度
	熔炼炉、焙烧炉等排气筒	二氧化硫、氮氧化物 [a]、颗粒物	自动监测
		铅及其化合物、砷及其化合物、镍及其化合物、汞及其化合物	月
		硫酸雾、氟化物	季度
	浸出槽排气筒	硫酸雾	季度
	除铁槽排气筒	硫酸雾、氯气、氨气 [c]	半年
	萃取槽排气筒	硫酸雾、氨气 [c]	半年
	电积槽排气筒	氯气 [d]	季度
		硫酸雾 [e]	半年
镁冶炼	原料制备及输送系统排气筒	颗粒物	半年
	煤磨排气筒	颗粒物	半年
	硅铁破碎机排气筒	颗粒物	半年
	球磨机排气筒	颗粒物	半年
	压球机排气筒	颗粒物	半年
	煅烧窑炉排气筒	二氧化硫、氮氧化物 [a]、颗粒物	自动监测
	还原炉排气筒	二氧化硫、氮氧化物 [a]、颗粒物	自动监测
	精炼炉排气筒	二氧化硫、氮氧化物 [a]、颗粒物	自动监测
	精炼坩埚、铸锭机排气筒	二氧化硫、氮氧化物 [a]、颗粒物	半年

行业类型	监测点位	监测指标	监测频次
钛冶炼	原料制备及输送系统排气筒	颗粒物	季度
	钛渣破碎系统排气筒	颗粒物	季度
	钛渣熔炼电炉排气筒	二氧化硫、氮氧化物[a]、颗粒物	自动监测
	四氯化钛制备尾气处理（氯化炉、精馏塔等）排气筒	颗粒物、氯气、氯化氢	季度
	电解槽等排气筒	颗粒物、氯气、氯化氢	季度
	精炼炉等排气筒	二氧化硫、氮氧化物[a]、颗粒物	季度
锡冶炼	原料制备及输送系统排气筒	颗粒物	半年
	粉煤制备排气筒	颗粒物	半年
	炼前处理排气筒	二氧化硫、氮氧化物、颗粒物	自动监测
		锡及其化合物、铅及其化合物、砷及其化合物、镉及其化合物、汞及其化合物、锑及其化合物	月
		氟化物	季度
	还原熔炼系统排气筒	二氧化硫、氮氧化物、颗粒物	自动监测
		锡及其化合物、铅及其化合物、砷及其化合物、镉及其化合物、汞及其化合物、锑及其化合物	月
		氟化物	季度
	挥发熔炼系统排气筒	二氧化硫、氮氧化物、颗粒物	自动监测
		锡及其化合物、铅及其化合物、砷及其化合物、镉及其化合物、汞及其化合物、锑及其化合物	月
		氟化物	季度
	环境集烟（各炉窑进料口、出渣口、出锡口等）排气筒	二氧化硫、氮氧化物、颗粒物	自动监测
		锡及其化合物、铅及其化合物、砷及其化合物、镉及其化合物、汞及其化合物、锑及其化合物	月
		氟化物	季度
	精炼系统排气筒	二氧化硫、氮氧化物、颗粒物、锡及其化合物、铅及其化合物、砷及其化合物、镉及其化合物、汞及其化合物、锑及其化合物、氟化物	季度

行业类型	监测点位	监测指标	监测频次
锑冶炼（以锑精矿为原料）	原料制备及输送系统排气筒	颗粒物	半年
	挥发熔炼系统（包括前床）排气筒	二氧化硫、氮氧化物、颗粒物	自动监测
		锡及其化合物、汞及其化合物、镉及其化合物、铅及其化合物、砷及其化合物、锑及其化合物	月
	挥发焙烧系统排气筒	二氧化硫、氮氧化物、颗粒物	自动监测
		锡及其化合物、汞及其化合物、镉及其化合物、铅及其化合物、砷及其化合物、锑及其化合物	月
	还原熔炼系统排气筒	二氧化硫、氮氧化物、颗粒物	自动监测
		锡及其化合物、汞及其化合物、镉及其化合物、铅及其化合物、砷及其化合物、锑及其化合物	月
	环境集烟（各炉窑进料口、出渣口、出锑口等）排气筒	二氧化硫、氮氧化物、颗粒物、锡及其化合物、汞及其化合物、镉及其化合物、铅及其化合物、砷及其化合物、锑及其化合物	季度
锑冶炼（以铅锑精矿为原料）	原料制备及输送系统排气筒	颗粒物	半年
	沸腾焙烧系统排气筒	二氧化硫、氮氧化物、颗粒物	自动监测
		锡及其化合物、汞及其化合物、镉及其化合物、铅及其化合物、砷及其化合物、锑及其化合物	月
	烧结系统排气筒	二氧化硫、氮氧化物、颗粒物	自动监测
		锡及其化合物、汞及其化合物、镉及其化合物、铅及其化合物、砷及其化合物、锑及其化合物	月
	还原熔炼系统排气筒	二氧化硫、氮氧化物、颗粒物	自动监测
		锡及其化合物、汞及其化合物、镉及其化合物、铅及其化合物、砷及其化合物、锑及其化合物	月
	精炼系统排气筒	二氧化硫、氮氧化物、颗粒物	自动监测
		锡及其化合物、汞及其化合物、镉及其化合物、铅及其化合物、砷及其化合物、锑及其化合物	月
	吹炼系统排气筒	二氧化硫、氮氧化物、颗粒物	自动监测
		锡及其化合物、汞及其化合物、镉及其化合物、铅及其化合物、砷及其化合物、锑及其化合物	月
	环境集烟（各炉窑进料口、出渣口、出锑口等）排气筒	二氧化硫、氮氧化物、颗粒物	自动监测
		锡及其化合物、汞及其化合物、镉及其化合物、铅及其化合物、砷及其化合物、锑及其化合物	月

行业类型	监测点位	监测指标	监测频次
锑冶炼（以锑金精矿为原料）	原料制备及输送系统排气筒	颗粒物	半年
	挥发熔炼系统（包括前床）排气筒	二氧化硫、氮氧化物、颗粒物	自动监测
		锡及其化合物、汞及其化合物、镉及其化合物、铅及其化合物、砷及其化合物、锑及其化合物	月
	灰吹系统排气筒	二氧化硫、氮氧化物、颗粒物	自动监测
		锡及其化合物、汞及其化合物、镉及其化合物、铅及其化合物、砷及其化合物、锑及其化合物	月
	还原熔炼系统排气筒	二氧化硫、氮氧化物、颗粒物	自动监测
		锡及其化合物、汞及其化合物、镉及其化合物、铅及其化合物、砷及其化合物、锑及其化合物	月
	环境集烟（各炉窑进料口、出渣口、出锑口等）排气筒	二氧化硫、氮氧化物、颗粒物、锡及其化合物、汞及其化合物、镉及其化合物、铅及其化合物、砷及其化合物、锑及其化合物	季度
	炼金系统排气筒	二氧化硫、氮氧化物、颗粒物、锡及其化合物、汞及其化合物、镉及其化合物、铅及其化合物、砷及其化合物、锑及其化合物	半年
锑冶炼（以精锑为原料）	锑白炉排气筒	二氧化硫、氮氧化物、颗粒物、锑及其化合物	半年
汞冶炼	蒸馏炉排气筒	二氧化硫、氮氧化物、颗粒物	自动监测
		锑及其化合物、汞及其化合物、铅及其化合物	月
	马弗炉排气筒	二氧化硫、氮氧化物、颗粒物	自动监测
		锑及其化合物、汞及其化合物、铅及其化合物	月

注 1：废气监测需按照相应监测分析方法、技术规范同步监测烟气参数。

注 2：表中所列监测指标，设区的市级及以上环保主管部门明确要求安装自动监测设备的，需采取自动监测。

注：[a] 适用于执行特别排放限值区域。其他地区选测，按季度执行。

　　[b] 部分排污单位贫化炉烟气送制酸系统。

　　[c] 适用于氨皂化工艺。

　　[d] 适用于氯化钴电积工艺。

　　[e] 适用于硫酸钴电积工艺。

5.2.2 无组织废气排放监测点位、指标与频次

有色金属工业排污单位无组织废气排放监测点位、监测指标及最低监测频次按表 3 执行。

表 3 有色金属工业排污单位无组织废气排放监测点位、指标及最低监测频次

行业类型	监测点位	监测指标	监测频次
氧化铝	厂界	二氧化硫、颗粒物	季度
电解铝	厂界	二氧化硫、颗粒物、氟化物	季度
铅、锌冶炼	厂界	二氧化硫、颗粒物、硫酸雾、铅及其化合物、汞及其化合物	季度
铜冶炼	厂界	二氧化硫、颗粒物、硫酸雾、氯气、氯化氢、氟化物、砷及其化合物、铅及其化合物、汞及其化合物	季度
镍、钴冶炼	厂界	二氧化硫、颗粒物、硫酸雾、氯气、氯化氢、氟化物、砷及其化合物、镍及其化合物、铅及其化合物、汞及其化合物	季度
镁冶炼	厂界	二氧化硫、颗粒物	季度
钛冶炼	厂界	二氧化硫、颗粒物、氯气、氯化氢	季度
锡冶炼	厂界	硫酸雾、氟化物、锡及其化合物、锑及其化合物、汞及其化合物、镉及其化合物、铅及其化合物、砷及其化合物	季度
锑冶炼	厂界	硫酸雾、锡及其化合物、锑及其化合物、汞及其化合物、镉及其化合物、铅及其化合物、砷及其化合物	季度
汞冶炼	厂界	硫酸雾、汞及其化合物、铅及其化合物	季度

5.3　厂界环境噪声监测

厂界环境噪声监测点位设置应遵循 HJ 819 中的原则，主要考虑噪声源在厂区内的分布情况和周边环境敏感点的位置。厂界环境噪声每季度至少开展一次昼间噪声监测，夜间生产的排污单位须监测夜间噪声。周边有敏感点的，应提高监测频次。

5.4　周边环境质量监测

5.4.1　环境影响评价文件及其批复〔仅限 2015 年 1 月 1 日（含）后取得的环境

影响评价批复]、相关环境管理政策有明确要求的，按要求执行。

5.4.2 无明确要求的，若排污单位认为有必要的，可对周边水、土壤、环境空气质量开展监测。可参照 HJ 2.2、HJ 664、HJ/T 194、HJ 610、HJ/T 164、HJ/T 166 等标准中有关规定设置周边环境空气、地下水、土壤影响监测点位，对于废水直接排入地表水或海水的排污单位，可参照 HJ/T 2.3、HJ/T 91、HJ 442 等标准中相关规定设置周边地表水、海水环境影响监测点位。

表4 有色金属工业排污单位周边环境质量影响监测指标及最低监测频次

目标环境	监测指标	监测频次
环境空气 [a]	二氧化硫、二氧化氮、PM_{10}、$PM_{2.5}$、铅、其他特征污染物等	半年
地表水	pH、化学需氧量、氨氮、总磷、总氮、氟化物、总铜、总锌、总砷、总汞、总镉、六价铬、总铅、总镍、总钴、总锑等	季度
地下水	pH、高锰酸盐指数、氯化物、氟化物、氰化物、总铅、总砷、总汞、总镉、六价铬、总镍、总钴等	年
海水	pH、悬浮物、化学需氧量、石油类、硫化物、氟化物、铜、锌、铅、砷、镉、汞、六价铬、总铬、镍等	半年
土壤	pH、总镉、总汞、总砷、总铅、总铬、总铜、总镍、总锌等	年

注：排污单位应根据原辅料使用等实际生产情况，确定具体的监测指标。
[a] 每次连测3天。

5.5 其他要求

5.5.1 除表1～表3中的污染物指标外，5.5.1.1 和 5.5.1.2 中的污染物指标也应纳入监测指标范围，并参照表1～表3和 HJ 819 确定监测频次。

5.5.1.1 排污许可证、所执行的污染物排放（控制）标准、环境影响评价文件及其批复 [仅限 2015 年 1 月 1 日（含）后取得的环境影响评价批复]、相关环境管理规定明确要求的污染物指标。

5.5.1.2 排污单位根据生产过程的原辅用料、生产工艺、中间及最终产品类型、监测结果确定实际排放的，在有毒有害或优先控制污染物相关名录中的污染物指标，或其他有毒污染物指标。

5.5.2 各指标的监测频次在满足本标准的基础上,可根据 HJ 819 中监测频次的确定原则提高监测频次。

5.5.3 采样方法、监测分析方法、监测质量保证与质量控制等按照 HJ 819 相关要求执行。

5.5.4 监测方案的描述、变更按照 HJ 819 规定执行。

6 信息记录和报告

6.1 信息记录

6.1.1 监测信息记录

手工监测记录和自动监测运维记录按照 HJ 819 规定执行。

6.1.2 生产和污染治理设施运行状况记录

排污单位应详细记录其生产及污染治理设施的运行状况,日常生产中应参照以下内容记录相关信息,并整理成台账保存备查。

6.1.2.1 生产运行状况记录

按生产班次记录正常工况各主要生产单元每项生产设施的运行状态、生产负荷、主要产品产量、原辅料及燃料使用情况(包括种类、名称、用量、有毒有害元素成分及占比)等信息。

6.1.2.2 污水处理设施运行状况记录

按日记录污水处理量、回用水量、回用率、回用去向、污水排放量、排放去向、污泥产生量(记录含水率)、污水处理使用的药剂名称及用量、用电量等;记录污水处理设施运行、故障及维护情况等。

6.1.2.3 废气处理设施运行状况记录

按日记录废气处理使用的吸附剂、过滤材料等耗材的名称和用量;记录废气处理设施运行参数、故障及维护情况等。

6.1.3　工业固体废物记录

记录一般工业固体废物和危险废物的产生量、综合利用量、处置量、贮存量，危险废物还应记录其具体去向。原料或辅助工序中产生的其他危险废物的情况也应记录。危险废物按照《国家危险废物名录》或国家规定的危险废物鉴别标准和鉴别方法认定。

6.2　信息报告、应急报告、信息公开

按照 HJ 819 规定执行。

7　其他

排污单位应如实记录手工监测期间的工况（包括生产负荷、污染治理设施运行情况等），确保监测数据具有代表性。

本标准规定的内容外，按 HJ 819 执行。

附录3

自行监测质量控制相关模板和样表

附录 3-1   检测工作程序（样式）

1   目的

对检测任务的下达、检测方案的制定、采样器皿和试剂的准备，样品采集和现场检测，实验室内样品分析，以及测试原始积累的填写等各个环节实施有效的质量控制，保证检测结果的代表性、准确性。

2   适用范围

适用于本单位实施的检测工作。

3   职责

3.1   ×××负责下达检测任务。

3.2   ×××负责根据检测目的、排放标准、相关技术规范和管理要求制定检测方案（某些企业的检测方案是环保部门发放许可证时已经完成技术审查的，在一定时间段内执行即可，不必在每一次检测任务均制定检测方案）。

3.3   ×××负责实施需现场检测的项目，×××采集样品并记录采集样品的时间、地点、状态等参数，并做好样品的标识，×××负责样品流转过程中的质量控制，负责将样品移交给样品接收人员。

3.4   ×××负责接收送检样品，在接收送检样品时，对样品的完整性和对应检测要求的适宜性进行验收，并将样品分发到相应分析任务承担人员（如果没有集中接样后，在由接样人员分发样品到分析人员的制度设计，这一步骤可以省略）。

3.5　×××负责本人承担项目样品的接收、保管和分析。

4　工作程序

4.1　方案制定

×××负责根据检测目的、排放标准、相关技术规范和环境管理要求，制定检测方案，明确检测内容、频次，各任务执行人使用的检测方法、采用的检测仪器以及采取的质控措施。经×××审核、×××批准后实施该检测方案。

4.2　现场检测和样品采集

×××采样人员根据检测方案要求，按国家有关的标准、规范到现场进行现场检测和样品采集，记录现场检测结果相关的信息，以及生产工况。样品采集后，按规定建立样品的唯一标识，填写采样过程质保单和采样记录。必要时，受检部门有关人员应在采样原始记录上签字认可。

4.3　样品的流转

采样人员送检样品时，由接样人员认真检查样品表观、编号、采样量等信息是否与采样记录相符合，确认样品量是否能满足检测项目要求，采样人员和接样人员双方签字认可（如果没有集中接样后，在由接样人员分发样品到分析人员的制度设计，这一步骤可以省略）。

分析人员在接收样品时，应认真查看和验收样品表观、编号、采样量等信息是否与采样记录相符合，并核实样品交接记录，分析人员确认无误后在样品交接单签字。

4.4　样品的管理

样品应妥善存放在专用且适宜的样品保存场所，分析人员应明确标识样品所处的实验状态，用"待测""在测"和"测毕"标签加以区别。

分析人员在分析前如发现样品异常或对样品有任何疑问时，应立即查找原因，待符合分析要求后，再进行分析。

对要求在特定环境下保存的样品，分析人员应严格控制环境条件，按要求进行保存，保证样品在存放过程中不变质、不损坏。若发现样品在保存过程中出现异常情况，应及时向质量负责人汇报，查明原因及时采取措施。

4.5 样品的分析

分析人员按检测任务分工安排，严格按照方案中规定的方法标准/规范分析样品，及时填写分析原始记录、测试环境监控记录、仪器使用记录等相关记录并签字。

4.6 样品的处置

除特殊情况需留存的样品外，检测后的余样应送污水处理站进行处理。

5 相关程序文件

《异常情况处理程序》

6 相关记录表格

《废（污）水采样原始记录表》

《废气检测原始记录表》

《内部样品交接单》

《样品留存记录表》

《pH 分析原始记录表》

《颗粒物监测原始记录》

《烟气黑度测试记录表》

《现场监测质控审核记录》

《废水流量监测记录（流速仪法)》

附录 3-2　××××（单位名称）废（污）水采样原始记录表

（检）字【　　　】第　　　号　　　　　　　　　　　共　　　页，第　　　页

采样时间	排污口编号	样品编号	水温/℃	pH	流量		监测项目	废（污）水表观描述	废（污）水主要来源	排放规律（以流速变化判断）
					(m³/h)	(m³/d)				
时　分										
时　分										
时　分										1. 连续稳定
时　分										2. 连续不稳定
时　分										3. 间断稳定
时　分										4. 间断不稳定
时　分										
时　分										
时　分										

治理设施运行情况	治理设施类型及名称						新鲜用水量/（t/d）	
	处理量/（t/d）	设计	建设日期		COD 设计去除率/%		回用水量/（t/d）	
		实际	处理规律		氨氮设计去除率/%		生产负荷	
	主要原料			主要产品				

备注	表观描述应包括颜色、气味、悬浮物含量情况等信息。回用水量不含设施循环水部分。

检测人员：　　　　　　校对：　　　　　审核：　　　　　检测日期：　　年　　月　　日

附录 3-3 ××××（单位名称）内部样品交接单

（检）字【 　　 】第 　　 号 　　　　　　　　　　　　　　　 第 　 页，共 　 页

送样人		采样时间		接样人		接样时间	
样品名称及编号	样品类型	样品表观	样品数量	监测项目		质保措施	分析人员签字
备注		平行样品分析项目及编号：					
		加标样品分析项目及编号：					

填写人员： 　　　　 校对： 　　　　 审核： 　　　　 日期： 年 　 月 　 日

附录 3-4 重量法分析原始记录表

×环（监）【   】第   号   第   页，共   页

分析项目		仪器名称型号		方法名称		送样日期		环境条件	室温/℃	
		仪器编号		方法依据		分析日期			湿度/%	
烘干/灼烧温度/℃				烘干/灼烧时间/h			恒重温度/℃		恒重时间/h	
样品名称及编号	器皿编号	取样量（ ）	初重/g			终重/g			样重/g	计算结果（ ）	报出结果（ ）	备注
			W_1	W_2	$W_均$	W_1	W_2	$W_均$	ΔW			

分析：   校对：   审核：   报告日期：   年   月   日

附录 3-5　原子吸收分光光度法原始记录表

×环（检）字【　　　】第　　　　号　　　　　　　　　　第　　页，共　　页

测定项目		方法名称		送样日期		环境条件	温度/℃	
仪器名称、型号		方法依据		分析日期			湿度/%	
仪器编号		波长/nm		狭缝/nm	灯电流/mA		火焰条件	
标准曲线	浓度系列/（mg/L）							
	吸光度（A_i）							
	$A_i-A_{0均值}$	$A_{0均值}=$						
	回归方程	$r=$	$a=$		$b=$		$y=bx+a$	
样品前处理								
样品名称及编号	稀释方法	取样体积/mL	查曲线值/（mg/L）	计算结果/（mg/L）	报出结果/（mg/L）	备注		

分析：　　　　　校对：　　　　　审核：　　　　　报告日期：　　年　　月　　日

附录 3-6　容量法原始记录表

（检）字【　　　】第　　　号　　　　　　　　　第　　页，共　　页

分析项目			接样时间		分析时间	
分析方法				方法依据		
标液名称		标液浓度			滴定管规格及编号	

样品前处理情况

样品名称及编号	稀释方法	取样量/mL	消耗标准溶液体积/mL	计算结果/（mg/L）	报出结果/（mg/L）	备注

分析：　　　　　　校对：　　　　　　审核：　　　　　　报告日期：　　年　　月　　日

附录 3-7 pH 分析原始记录表

（检）字【 　　 】第 　　　　 号 　　　　　　　　　　　　　　　 第 　 页，共 　 页

采样日期			分析日期	
分析方法			仪器名称型号	
方法依据			仪器编号	
标准缓冲溶液温度/℃	标准缓冲溶液定位值 I	标准缓冲溶液定位值 II		标准缓冲溶液定位值III
样品名称及编号	水温/℃		pH	备注

分析： 　　　　 校对： 　　　　 审核： 　　　　 报告日期： 　 年 　 月 　 日

附录 3-8 标准溶液配制及标定记录表

环（检）字【　　　　】第　　　　号　　　　　　　　第　　页，共　　页

<table>
<tr><td rowspan="7">基准
试剂
恒重</td><td colspan="2">基准试剂</td><td colspan="2">恒重日期</td><td>年</td><td>月</td><td>日</td></tr>
<tr><td colspan="2">烘箱名称型号</td><td colspan="2">烘箱编号</td><td colspan="3"></td></tr>
<tr><td colspan="2">天平名称型号</td><td colspan="2">天平编号</td><td colspan="3"></td></tr>
<tr><td colspan="2">干燥次数</td><td>第一次</td><td>第二次</td><td colspan="2">第三次</td><td>第四次</td></tr>
<tr><td colspan="2">干燥温度/℃</td><td></td><td></td><td colspan="2"></td><td></td></tr>
<tr><td colspan="2">干燥时间/h</td><td></td><td></td><td colspan="2"></td><td></td></tr>
<tr><td colspan="2">总量/g</td><td></td><td></td><td colspan="2"></td><td></td></tr>
<tr><td rowspan="7">基准
溶液
配制</td><td colspan="2">基准试剂</td><td colspan="2">配制日期</td><td>年</td><td>月</td><td>日</td></tr>
<tr><td colspan="2">样品编号</td><td>$1^{\#}$</td><td>$2^{\#}$</td><td colspan="2">$3^{\#}$</td><td>$4^{\#}$</td></tr>
<tr><td colspan="2">$W_{始}$/g</td><td></td><td></td><td colspan="2"></td><td></td></tr>
<tr><td colspan="2">$W_{末}$/g</td><td></td><td></td><td colspan="2"></td><td></td></tr>
<tr><td colspan="2">$W_{净}$/g</td><td></td><td></td><td colspan="2"></td><td></td></tr>
<tr><td colspan="2">定容体积 $V_{定}$/mL</td><td></td><td></td><td colspan="2"></td><td></td></tr>
<tr><td colspan="2">配制浓度 $C_{基}$/（mol/L）</td><td></td><td></td><td colspan="2"></td><td></td></tr>
<tr><td rowspan="7">标准
溶液
标定</td><td colspan="2">待标溶液</td><td colspan="2">滴定管规格及
编号</td><td colspan="2">标定日期</td><td></td></tr>
<tr><td colspan="2">标定编号</td><td>空白1</td><td>空白2</td><td>$1^{\#}$</td><td>$2^{\#}$</td><td>$3^{\#}$</td><td>$4^{\#}$</td></tr>
<tr><td colspan="2">基准溶液体积 $V_{基}$/mL</td><td></td><td></td><td></td><td></td><td></td><td></td></tr>
<tr><td colspan="2">标准溶液消耗体积 $V_{标}$/mL</td><td></td><td></td><td></td><td></td><td></td><td></td></tr>
<tr><td colspan="2">计算浓度 $C_{标}$/（mol/L）</td><td></td><td></td><td></td><td></td><td></td><td></td></tr>
<tr><td colspan="2">平均浓度 $C_{标}$/（mol/L）</td><td colspan="6"></td></tr>
<tr><td colspan="2">相对偏差/%</td><td colspan="6"></td></tr>
<tr><td colspan="4">基准溶液浓度计算：
　　$C_{基}$（mol/L）$= 1\,000 \times W_{净}/M/V_{定}$
注：M——基准试剂摩尔质量</td><td colspan="4">标准溶液浓度计算：
　　$C_{标}$（mol/L）$= C_{基} \times V_{基}/V_{标}$
或　　$C_{标}$（mol/L）$= 1\,000 \times W_{净}/M/V_{定}$</td></tr>
<tr><td colspan="2">备注</td><td colspan="6"></td></tr>
</table>

分析：　　　　　校对：　　　　审核：　　　　　　报告日期：　　年　　月　　日

附录 3-9　作业指导书样例

（氮氧化物化学发光测试仪作业指导书）

1　概述

1.1　适用范围

本作业指导书适用于化学发光法测试仪测定固定源排气中氮氧化物。

1.2　方法依据

本方法依据《固定污染源排气中颗粒物测定与气态污染物采样方法》（GB/T 16157—1996）、《固定源废气监测技术规范》（HJ/T 397—2007）以及 USEPA Method 7E。

1.3　方法原理及操作概要

试样气体中的一氧化氮（NO）与臭氧（O_3）反应，变成二氧化氮（NO_2）。NO_2 变为激发态（NO_2^*）后在进入基态时会放射光，这一现象就是化学发光。

$$NO + O_3 \rightarrow NO_2^* + O_2$$

$$NO_2^* \rightarrow NO_2 + hv$$

这一反应非常快且只有 NO 参与，几乎不受其他共存气体的影响。NO 为低浓度时，发光光量与浓度成正比。

2　测试仪器

便携式氮氧化物化学发光法测试仪。

3　测试步骤

3.1　接通电源开关，让测试仪预热。

3.2　设置当次测试的日期及时间。

3.3 预热结束后，将量程设置为实际使用的量程，并进行校正。

从菜单中选择"校正"。进入校正画面后，自动切换成 NO 管路（不通过 NO_x 转换器的管路）。

3.3.1 量程气体浓度设置

1）按下 ![icon] 后，设置量程气体浓度。

2）根据所使用的量程气体，变更浓度设置。

3）设置量程气体钢瓶的浓度，按下"Enter"。

4）按下"back"键，决定变更内容后，返回到校正画面。

3.3.2 零点校正（校正时请先执行零点校正。）

1）选择校正管路。进行零点校正的组分在校正类别中选择"zero"。

2）流入 N_2 气体后，等待稳定。

3）指示值稳定后按下 ![icon] 。

4）按下"是"进行校正。完成零点校正。

3.3.3 量程校正

1）为了进行 NO 的量程校正，NO 以外选择"—"，只有 NO 选择"span"。

2）校正类别中选择"span"的组分会显示窗口，用于确认校正量程和量程气体浓度。确认内容后，按下"OK"返回校正画面。

3）流入 CO 气体后，等待稳定。

4）指示值稳定后按下 ![icon] 。

5）按下"是"进行校正。

3.4 完成所有的校正后，按下返回到菜单画面、测量画面。

3.5 从测量画面按下每个组分的量程按钮，按组分设置测量浓度的量程。每个组分的测量值/换算值/滑动平均值/累计值量程及校正量程是通用的。变更任何一个值的量程，其他值的量程也会跟着变更。模拟输出的满刻度值也会同时变更。

3.5.1 选择想要变更的组分的量程。

3.5.2 选择想要变更的量程，按下"OK"决定。

3.6　测试过程数据记录保存

3.6.1　将有足够剩余空间且未 LOCK 的 SD 卡插入分析仪正面的 SD 卡插槽中。

3.6.2　从菜单 2/5 中选择"数据记录"。

3.6.3　选择"记录间隔"。

3.6.4　按下前进、后退键选择记录间隔，再按下"OK"决定。

3.6.5　选择保存文件夹。

3.6.6　选择保存文件夹后，按下 。

3.6.7　确认开始记录时，按下"是"开始。

　　如果开始记录，记录状态就会从记录停止中变为记录中，同时 MEM LED 会亮黄灯。

3.6.8　停止记录时，请再次按下。确认停止记录时，按下"是"停止记录。

3.6.9　记录状态会再次从记录中变为记录停止中，同时 MEM LED 会熄灭。

4　测试结束

4.1　通过采样探头等吸入大气至读数降回到零点附近。

4.2　从菜单中选择测量结束。

4.3　按下"是"结束处理。

4.4　完成测量结束处理，显示关闭电源的信息后，请关闭电源开关。

附录 4

自行监测相关标准规范

附录 4-1　污染物排放标准

序号	标准名称及标准号
1	《铝工业污染物排放标准》（GB 25465—2010）
2	《铅、锌工业污染物排放标准》（GB 25466—2010）
3	《铜、镍、钴工业污染物排放标准》（GB 25467—2010）
4	《镁、钛工业污染物排放标准》（GB 25468—2010）
5	《锡、锑、汞工业污染物排放标准》（GB 30770—2014）
6	《污水综合排放标准》（GB 8978—1996）
7	《工业企业厂界环境噪声排放标准》（GB 12348—2008）
8	《地表水环境质量标准》（GB 3838—2002）
9	《海水水质标准》（GB 3097—1997）
10	《地下水质量标准》（GB/T 14848—2017）
11	《声环境质量标准》（GB 3096—2008）
12	《环境空气质量标准》（GB 3095—2012）
13	《土壤环境质量　农用地土壤污染风险管控标准（试行）》（GB 15618—2018）
14	《土壤环境质量　建设用地土壤污染风险管控标准（试行）》（GB 36600—2018）

标准统计截至 2022 年 3 月。

附录 4-2　相关监测技术规范标准

分类	标准号	标准名称
废气监测技术规范类	GB/T 16157—1996	《固定污染源排气中颗粒物测定与气态污染物采样方法》
	HJ/T 55—2000	《大气污染物无组织排放监测技术导则》
	HJ 75—2017	《固定污染源烟气（SO_2、NO_x、颗粒物）排放连续监测技术规范》
	HJ 76—2017	《固定污染源烟气（SO_2、NO_x、颗粒物）排放连续监测系统技术要求及检测方法》
	HJ/T 397—2007	《固定源废气监测技术规范》
	HJ 733—2014	《泄漏和敞开液面排放的挥发性有机物检测技术导则》
	HJ 905—2017	《恶臭污染环境监测技术规范》
废水监测技术规范类	HJ 91.1—2019	《污水监测技术规范》
	HJ/T 92—2002	《水污染物排放总量监测技术规范》
	HJ 353—2019	《水污染源在线监测系统（COD_{Cr}、$NH_3\text{-}N$ 等）安装技术规范》
	HJ 354—2019	《水污染源在线监测系统（COD_{Cr}、$NH_3\text{-}N$ 等）验收技术规范》
	HJ 355—2019	《水污染源在线监测系统（COD_{Cr}、$NH_3\text{-}N$ 等）运行技术规范》
	HJ 356—2019	《水污染源在线监测系统（COD_{Cr}、$NH_3\text{-}N$ 等）数据有效性判别技术规范》
	HJ 493—2009	《水质　样品的保存和管理技术规定》
	HJ 494—2009	《水质　采样技术指导》
	HJ 495—2009	《水质　采样方案设计技术规定》
	HJ 377—2019	《化学需氧量（COD_{Cr}）水质在线自动监测仪技术要求及检测方法》
	HJ 609—2019	《六价铬水质自动在线监测仪技术要求及检测方法》
	HJ 101—2019	《氨氮水质在线自动监测仪技术要求及检测方法》
	HJ/T 102—2003	《总氮水质自动分析仪技术要求》
	HJ/T 103—2003	《总磷水质自动分析仪技术要求》
	HJ 212—2017	《污染源在线自动监控（监测）系统数据传输标准》
	HJ 477—2009	《污染源在线自动监控（监测）数据采集传输技术要求》
	HJ 15—2019	《超声波明渠污水流量计技术要求及检测方法》

分类	标准号	标准名称
噪声监测技术规范类	HJ 706—2014	《环境噪声监测技术规范噪声测量值修正》
	HJ 707—2014	《环境噪声监测技术规范　结构传播固定设备噪声》
其他技术规范类	HJ/T 166—2004	《土壤环境监测技术规范》
	HJ 91.2—2022	《地表水环境质量监测技术规范》
	HJ 164—2020	《地下水环境监测技术规范》
	HJ 194—2017	《环境空气质量手工监测技术规范》
	HJ 442.8—2020	《近岸海域环境监测技术规范　第八部分　直排海污染源及对近岸海域水环境影响监测》
	HJ 664—2013	《环境空气质量监测点位布设技术规范（试行）》
	HJ 2.1—2016	《环境影响评价技术导则　总纲》
	HJ 2.2—2018	《环境影响评价技术导则　大气环境》
	HJ 2.3—2018	《环境影响评价技术导则　地表水环境》
	HJ 610—2016	《环境影响评价技术导则　地下水环境》
	HJ 819—2017	《排污单位自行监测技术指南　总则》
	HJ 820—2017	《排污单位自行监测技术指南　火力发电及锅炉》
	HJ 863.1—2017	《排污许可证申请与核发技术规范　有色金属工业—铅锌冶炼》
	HJ 863.2—2017	《排污许可证申请与核发技术规范　有色金属工业—铝冶炼》
	HJ 863.3—2017	《排污许可证申请与核发技术规范　有色金属工业—铜冶炼》
	HJ 931—2017	《排污许可证申请与核发技术规范　有色金属工业—汞冶炼》
	HJ 933—2017	《排污许可证申请与核发技术规范　有色金属工业—镁冶炼》
	HJ 934—2017	《排污许可证申请与核发技术规范　有色金属工业—镍冶炼》
	HJ 935—2017	《排污许可证申请与核发技术规范　有色金属工业—钛冶炼》
	HJ 936—2017	《排污许可证申请与核发技术规范　有色金属工业—锡冶炼》
	HJ 937—2017	《排污许可证申请与核发技术规范　有色金属工业—钴冶炼》
	HJ 938—2017	《排污许可证申请与核发技术规范　有色金属工业—锑冶炼》
	HJ 989—2018	《排污单位自行监测技术指南　有色金属工业》
	HJ/T 373—2007	《固定污染源监测质量保证与质量控制技术规范（试行）》

标准统计截至 2022 年 3 月。

附录 4-3　废水污染物相关监测方法标准

序号	监测项目	分析方法
1	pH	《水质　pH 值的测定　电极法》（HJ 1147—2020）
2	pH	《水和废水监测分析方法》（第四版）国家环保总局（2002）3.1.6.2
3	悬浮物	《水质　悬浮物的测定　重量法》（GB 11901—1989）
4	硫化物	《水质　硫化物的测定　亚甲基蓝分光光度法》（HJ 1226—2021）
5	硫化物	《水质　硫化物的测定　碘量法》（HJ/T 60—2000）
6	硫化物	《水质　硫化物的测定　直接显色分光光度法》（GB/T 17133—1997）
7	硫化物	《水质　硫化物的测定　流动注射-亚甲基蓝分光光度法》（HJ 824—2017）
8	硫化物	《水质　硫化物的测定　气相分子吸收光谱法》（HJ/T 200—2005）
9	总氰化物	《水质　氰化物的测定　容量法和分光光度法》（HJ 484—2009）
10	总氰化物	《水质　氰化物的测定　流动注射-分光光度法》（HJ 823—2017）
11	总氰化物	《水质　氰化物等的测定　真空检测管-电子比色法》（HJ 659—2013）
12	化学需氧量	《水质　化学需氧量的测定　重铬酸盐法》（HJ 828—2017）
13	化学需氧量	《水质　化学需氧量的测定　快速消解分光光度法》（HJ/T 399—2007）
14	化学需氧量	《高氯废水　化学需氧量的测定氯气校正法》（HJ/T 70—2001）
15	五日生化需氧量（BOD$_5$）	《水质　五日生化需氧量（BOD$_5$）的测定　稀释与接种法》（HJ 505—2009）
16	氨氮	《水质　氨氮的测定　蒸馏-中和滴定法》（HJ 537—2009）
17	氨氮	《水质　氨氮的测定　纳氏试剂分光光度法》（HJ 535—2009）
18	氨氮	《水质　氨氮的测定　水杨酸分光光度法》（HJ 536—2009）
19	氨氮	《水质　氨氮的测定　连续流动-水杨酸分光光度法》（HJ 665—2013）
20	氨氮	《水质　氨氮的测定　流动注射-水杨酸分光光度法》（HJ 666—2013）
21	氨氮	《水质　氨氮的测定　气相分子吸收光谱法》（HJ/T 195—2005）
22	总氮	《水质　总氮的测定　碱性过硫酸钾消解紫外分光光度法》（HJ 636—2012）
23	总氮	《水质　总氮的测定　连续流动-盐酸萘乙二胺分光光度法》（HJ 667—2013）
24	总氮	《水质　总氮的测定　流动注射-盐酸萘乙二胺分光光度法》（HJ 668—2013）
25	总氮	《水质　总氮的测定　气相分子吸收光谱法》（HJ/T 199—2005）
26	总磷	《水质　总磷的测定　钼酸铵分光光度法》（GB 11893—1989）

序号	监测项目	分析方法
27	总磷	《水质　磷酸盐和总磷的测定　连续流动-钼酸铵分光光度法》（HJ 670—2013）
28	总磷	《水质　总磷的测定　流动注射-钼酸铵分光光度法》（HJ 671—2013）
29	总汞	《水质　总汞的测定　冷原子吸收分光光度法》（HJ 597—2011）
30	总汞	《水质　总汞的测定　高锰酸钾-过硫酸钾消解法双硫腙分光光度法》（GB 7469—1987）
31	总汞	《水质　汞、砷、硒、铋和锑的测定　原子荧光法》（HJ 694—2014）
32	总砷	《水质　总砷的测定　二乙基二硫代氨基甲酸银分光光度法》（GB 7485—1987）
33	总砷	《水质　65 种元素的测定　电感耦合等离子体质谱法》（HJ 700—2014）
34	总砷	《水质　汞、砷、硒、铋和锑的测定　原子荧光法》（HJ 694—2014）
35	总砷	《水质　32 种元素的测定　电感耦合等离子体发射光谱法》（HJ 776—2015）
36	总镍	《水质　镍的测定　火焰原子吸收分光光度法》（GB 11912—1989）
37	总镍	《水质　65 种元素的测定　电感耦合等离子体质谱》（HJ 700—2014）
38	总镍	《水质　镍的测定　丁二酮肟分光光度法》（GB 11910—1989）
39	总镍	《水质　32 种元素的测定　电感耦合等离子体发射光谱法》（HJ 776—2015）
40	六价铬	《水质　六价铬的测定　二苯碳酰二肼分光光度法》（GB/T 7467—1987）
41	总铜	《水质　铜、锌、铅、镉的测定　原子吸收分光光度》（GB 7475—1987）
42	总铜	《水质　65 种元素的测定　电感耦合等离子体质谱》（HJ 700—2014）
43	总铜	《水质　32 种元素的测定　电感耦合等离子体质谱法》（HJ 776—2015）
44	总铜	《水质　铜的测定　2,9-二甲基-1,10-菲啰啉分光光度法》（HJ 486—2009）
45	总铜	《水质　铜的测定　二乙基二硫代氨基甲酸钠分光光度法》（HJ 485—2009）
46	总锌	《水质　铜、锌、铅、镉的测定　原子吸收分光光度法》（GB 7475—1987）
47	总锌	《水质　锌的测定　双硫腙分光光度法》（GB 7472—1987）
48	总锌	《水质　65 种元素的测定　电感耦合等离子体质谱》（HJ 700—2014）
49	总锌	《水质　32 种元素的测定　电感耦合等离子体质谱法》（HJ 776—2015）
50	总铅	《水质　铜、锌、铅、镉的测定　原子吸收分光光度法》（GB 7475—1987）
51	总铅	《水质　铅的测定　双硫腙分光光度法》（GB 7470—1987）
52	总铅	《水质　65 种元素的测定　电感耦合等离子体质谱》（HJ 700—2014）
53	总铅	《水质　32 种元素的测定　电感耦合等离子体质谱法》（HJ 776—2015）

序号	监测项目	分析方法
54	总镉	《水质 铜、锌、铅、镉的测定 原子吸收分光光度法》（GB 7475—1987）
55	总镉	《水质 镉的测定 双硫腙分光光度法》（GB 7471—1987）
56	总镉	《水质 65 种元素的测定 电感耦合等离子体质谱》（HJ 700—2014）
57	总镉	《水质 32 种元素的测定 电感耦合等离子体质谱法》（HJ 776—2015）
58	挥发酚	《水质 挥发酚的测定 4-氨基安替比林分光光度法》（HJ 503—2009）
59	挥发酚	《水质 挥发酚的测定 流动注射-4-氨基安替比林分光光度法》（HJ 825—2017）
60	挥发酚	《水质 挥发酚的测定 溴化容量法》（HJ 502—2009）
61	动植物油类	《水质 石油类和动植物油类的测定 红外分光光度法》（HJ 637—2018）
62	石油类	《水质 石油类和动植物油类的测定 红外分光光度法》（HJ 637—2018）
63	总钴	《水质 钴的测定 火焰原子吸收分光光度法》（HJ 957—2018）
64	总钴	《水质 钴的测定 石墨炉原子吸收分光光度法》（HJ 958—2018）
65	总钴	《水质 65 种元素的测定 电感耦合等离子体质谱》（HJ 700—2014）
66	总钴	《水质 32 种元素的测定 电感耦合等离子体质谱法》（HJ 776—2015）
67	总锡	《水质 65 种元素的测定 电感耦合等离子体质谱》（HJ 700—2014）
68	总锡	《水质 32 种元素的测定 电感耦合等离子体质谱法》（HJ 776—2015）
69	总锑	《水质 汞、砷、硒铋和锑的测定 原子荧光法》（HJ 694—2014）
70	总锑	《水质 65 种元素的测定 电感耦合等离子体质谱》（HJ 700—2014）
71	总锑	《水质 32 种元素的测定 电感耦合等离子体质谱法》（HJ 776—2015）
72	总锑	《水质 锑的测定 火焰原子吸收分光光度法》（HJ 1046—2019）
73	总锑	《水质 锑的测定 石墨炉原子吸收分光光度法》（HJ 1047—2019）
74	氟化物	《水质 氟化物的测定 离子选择电极法》（GB/T 7484—1987）
75	总铬	《水质 铬的测定 火焰原子吸收分光光度法》（HJ 757—2015）
76	总铬	《水质 65 种元素的测定 电感耦合等离子体质谱》（HJ 700—2014）
77	总铬	《水质 32 种元素的测定 电感耦合等离子体质谱法》（HJ 776—2015）

标准统计截至 2022 年 3 月。

附录 4-4 废气污染物相关监测方法标准

序号	监测项目	分析方法名称及编号
1	二氧化硫	《固定污染源排气中二氧化硫的测定 碘量法》（HJ/T 56—2000）
2	二氧化硫	《固定污染源废气 二氧化硫的测定 定电位电解法》（HJ 57—2017）
3	二氧化硫	《固定污染源废气 二氧化硫的测定 非分散红外吸收法》（HJ 629—2011）
4	二氧化硫	《固定污染源废气 二氧化硫的测定 便携式紫外吸收法》（HJ 1131—2020）
5	二氧化硫	《环境空气 二氧化硫的测定 甲醛吸收-副玫瑰苯胺分光光度法》（HJ 482—2009）
6	二氧化硫	《环境空气 二氧化硫的测定 四氯汞盐吸收-副玫瑰苯胺分光光度法》（HJ 483—2009）
7	二氧化硫	《环境空气 二氧化硫的自动测定 紫外荧光法》（HJ 1044—2019）
7	二氧化硫	《固定污染源废气 气态污染物（SO_2、NO、NO_2、CO、CO_2）的测定 便携式傅立叶变换红外光谱法》（HJ 1240—2021）
8	氮氧化物	《固定污染源废气 氮氧化物的测定 非分散红外吸收法》（HJ 692—2014）
9	氮氧化物	《固定污染源废气 氮氧化物的测定 定电位电解法》（HJ 693—2014）
10	氮氧化物	《固定污染源排气中氮氧化物的测定 盐酸萘乙二胺分光光度法》（HJ/T 43—1999）
11	氮氧化物	《固定污染源排气中氮氧化物的测定 紫外分光光度法》（HJ/T 42—1999）
12	氮氧化物	《固定污染源废气 氮氧化物的测定 便携式紫外吸收法》（HJ 1132—2020）
13	氮氧化物	《固定污染源废气 气态污染物（SO_2、NO、NO_2、CO、CO_2）的测定 便携式傅立叶变换红外光谱法》（HJ 1240—2021）
14	氮氧化物	《固定污染源排气 氮氧化物的测定 酸碱滴定法》（HJ 675—2013）
15	氮氧化物	《环境空气 氮氧化物（一氧化氮和二氧化氮）的测定 盐酸萘乙二胺分光光度法》（HJ 479—2009）
16	氮氧化物	《环境空气 氮氧化物的自动测定 化学发光法》（HJ 1043—2019）
17	颗粒物	《固定污染源排气中颗粒物测定与气态污染物采样方法》（GB/T 16157—1996）
18	颗粒物	《固定污染源废气 低浓度颗粒物的测定 重量法》（HJ 836—2017）
19	颗粒物	《锅炉烟尘测试方法》（GB 5468—1991）
20	颗粒物	《环境空气 总悬浮颗粒物的测定 重量法》（HJ 1263—2022）
21	氯化氢	《固定污染源排气中氯化氢的测定 硫氰酸汞分光光度法》（HJ/T 27—1999）
22	氯化氢	《环境空气和废气 氯化氢的测定 离子色谱法》（HJ 549—2016）
23	氯化氢	《固定污染源废气 氯化氢的测定 硝酸银容量法》（HJ 548—2016）
24	硫酸雾	《硫酸浓缩尾气硫酸雾的测定 铬酸钡比色法》（GB 4920—1985）
25	硫酸雾	《电镀污染物排放标准》（GB 21900—2008）附录C 铬酸钡分光光度法

序号	监测项目	分析方法名称及编号
26	硫酸雾	《电镀污染物排放标准》（GB 21900—2008）附录 D 离子色谱法
27	硫酸雾	《固定污染源废气 硫酸雾的测定 离子色谱法》（HJ 544—2016）
28	氟化物	《环境空气 氟化物的测定 滤膜采样氟离子选择电极法》（HJ 480—2009）
29	氟化物	《环境空气 氟化物的测定 石灰滤纸采样氟离子选择电极法》（HJ 481—2009）
30	氟化物	《大气固定污染源 氟化物的测定 离子选择电极法》（HJ/T 67—2001）
31	氯气	《固定污染源废气 氯气的测定 碘量法》（HJ 547—2017）
32	氯气	《固定污染源排气中氯气的测定 甲基橙分光光度法》（HJ/T 30—1999）
33	铅及其化合物	《空气和废气 颗粒物中铅等金属元素的测定 电感耦合等离子体质谱法》（HJ 657—2013）
34	铅及其化合物	《空气和废气 颗粒物中金属元素的测定 电感耦合等离子体发射光谱法》（HJ 777—2015）
35	铅及其化合物	《环境空气 铅的测定 火焰原子吸收分光光度法》（GB/T 15264—1994）
36	铅及其化合物	《固定污染源废气 铅的测定 火焰原子吸收分光光度法》（HJ 685—2014）
37	铅及其化合物	《固定污染源废气 铅的测定 火焰原子吸收分光光度法（暂行）》（HJ 538—2009）
38	铅及其化合物	《环境空气 铅的测定 石墨炉原子吸收分光光度法》（HJ 539—2015）
39	汞及其化合物	《环境空气 气态汞的测定 金膜富集/冷原子吸收分光光度法》（HJ 910—2017）
40	汞及其化合物	《固定污染源废气 气态汞的测定 活性炭吸附/热裂解原子吸收分光光度法》（HJ 917—2017）
41	汞及其化合物	《固定污染源废气 汞的测定 冷原子吸收分光光度法（暂行）》（HJ 543—2009）
42	汞及其化合物	《环境空气 汞的测定 巯基棉富集-冷原子荧光分光光度法（暂行）》（HJ 542—2009）
43	镉及其化合物	《空气和废气 颗粒物中铅等金属元素的测定 电感耦合等离子体质谱法》（HJ 657—2013）
44	镉及其化合物	《大气固定污染源 镉的测定 对-偶氮苯重氮氨基偶氮苯磺酸分光光度法》（HJ/T 64.3—2001）
45	镉及其化合物	《空气和废气 颗粒物中金属元素的测定 电感耦合等离子体发射光谱法》（HJ 777—2015）
46	镉及其化合物	《大气固定污染源 镉的测定 火焰原子吸收分光光度法》（HJ/T 64.1—2001）
47	镉及其化合物	《大气固定污染源镉的测定 石墨炉原子吸收分光光度法》（HJ/T 64.2—2001）
48	镍及其化合物	《大气固定污染源 镍的测定 丁二酮肟-正丁醇萃取分光光度法》（HJ/T 63.3—2001）
49	镍及其化合物	《大气固定污染源 镍的测定 火焰原子吸收分光光度法》（HJ/T 63.1—2001）
50	镍及其化合物	《大气固定污染源 镍的测定 石墨炉原子吸收分光光度法》（HJ/T 63.2—2001）

序号	监测项目	分析方法名称及编号
51	镍及其化合物	《空气和废气　颗粒物中铅等金属元素的测定　电感耦合等离子体质谱法》（HJ 657—2013）
52	镍及其化合物	《空气和废气　颗粒物中金属元素的测定　电感耦合等离子体发射光谱法》（HJ 777—2015）
53	砷及其化合物	《空气和废气　颗粒物中铅等金属元素的测定　电感耦合等离子体质谱法》（HJ 657—2013）
54	砷及其化合物	《空气和废气　颗粒物中金属元素的测定　电感耦合等离子体发射光谱法》（HJ 777—2015）
55	砷及其化合物	《固定污染源废气　砷的测定　二乙基二硫代氨基甲酸银分光光度法》（HJ 540—2016）
56	砷及其化合物	《黄磷生产废气气态砷的测定　二乙基二硫代氨基甲酸银分光光度法（暂行）》（HJ 541—2009）
57	铬及其化合物	《空气和废气　颗粒物中铅等金属元素的测定　电感耦合等离子体质谱法》（HJ 657—2013）
58	铬及其化合物	《空气和废气　颗粒物中金属元素的测定　电感耦合等离子体发射光谱法》（HJ 777—2015）
59	锡及其化合物	《空气和废气　颗粒物中铅等金属元素的测定　电感耦合等离子体质谱法》（HJ 657—2013）
60	锡及其化合物	《空气和废气　颗粒物中金属元素的测定　电感耦合等离子体发射光谱法》（HJ 777—2015）
61	锡及其化合物	《大气固定污染源　锡的测定　石墨炉原子吸收分光光度法》（HJ/T 65—2001）
62	锑及其化合物	《空气和废气　颗粒物中铅等金属元素的测定　电感耦合等离子体质谱法》（HJ 657—2013）
63	锑及其化合物	《空气和废气　颗粒物中金属元素的测定　电感耦合等离子体发射光谱法》（HJ 777—2015）
64	氨	《环境空气　氨的测定　次氯酸钠-水杨酸分光光度法》（HJ 534—2009）
65	氨	《环境空气和废气　氨的测定　纳氏试剂分光光度法》（HJ 533—2009）
66	氨	《空气质量　氨的测定　离子选择电极法》（GB/T 14669—1993）
67	氯化氢	《固定污染源排气中氯化氢的测定　硫氰酸汞分光光度法》（HJ/T 27—1999）
68	氯化氢	《固定污染源废气　氯化氢的测定　硝酸银容量法》（HJ/T 27—1999）
69	氯化氢	《环境空气和废气　氯化氢的测定　离子色谱法》（HJ/T 27—1999）

标准统计截至 2022 年 3 月。

附录 4-5 危险废物相关监测方法标准

序号	分析方法名称及编号
1	《固体废物鉴别标准 通则》（GB 34330—2017）
2	《危险废物鉴别技术规范》（HJ/T 298—2019）
3	《危险废物鉴别标准 通则》（GB 5085.7—2019）
4	《危险废物鉴别标准 毒性物质含量鉴别》（GB 5085.6—2007）
5	《危险废物鉴别标准 反应性鉴别》（GB 5085.5—2007）
6	《危险废物鉴别标准 易燃性鉴别》（GB 5085.4—2007）
7	《危险废物鉴别标准 浸出毒性鉴别》（GB 5085.3—2007）
8	《危险废物鉴别标准 急性毒性初筛》（GB 5085.2—2007）
9	《危险废物鉴别标准 腐蚀性鉴别》（GB 5085.1—2007）

标准统计截至 2022 年 3 月。

附录 4-6 固体废物相关监测方法标准

序号	分析方法名称及编号
1	《固体废物 铅和镉的测定 石墨炉原子吸收分光光度法》（HJ 787—2016）
2	《固体废物 铅、锌和镉的测定 火焰原子吸收分光光度法》（HJ 786—2016）
3	《固体废物 22 种金属元素的测定 电感耦合等离子体发射光谱法》（HJ 781—2016）
4	《固体废物 金属元素的测定 电感耦合等离子体质谱法》（HJ 766—2015）
5	《固体废物 铍、镍、铜和钼的测定 石墨炉原子吸收分光光度法》（HJ 752—2015）
6	《固体废物 镍和铜的测定 火焰原子吸收分光光度法》（HJ 751—2015）
7	《固体废物 总铬的测定 石墨炉原子吸收分光光度法》（HJ 750—2015）
8	《固体废物 总铬的测定 火焰原子吸收分光光度法》（HJ 749—2015）
9	《固体废物 总磷的测定 偏钼酸铵分光光度法》（HJ 712—2014）
10	《固体废物 酚类化合物的测定 气相色谱法》（HJ 711—2014）
11	《固体废物 汞、砷、硒、铋、锑的测定 微波消解/原子荧光法》（HJ 702—2014）
12	《固体废物 六价铬的测定 碱消解/火焰原子吸收分光光度法》（HJ 687—2014）
13	《固体废物 浸出毒性浸出方法 醋酸缓冲溶液法》（HJ/T 300—2007）

序号	分析方法名称及编号
14	《固体废物 浸出毒性浸出方法 硫酸硝酸法》（HJ/T 299—2007）
15	《固体废物 浸出毒性浸出方法 翻转法》（GB 5086.1—1997）
16	《固体废物 总铬的测定 硫酸亚铁铵滴定法》（GB/T 15555.8—1995）
17	《固体废物 六价铬的测定 硫酸亚铁铵滴定法》（GB/T 15555.7—1995）
18	《固体废物 总铬的测定 直接吸入火焰原子吸收分光光度法》（GB/T 15555.6—1995）
19	《固体废物 六价铬的测定 二苯碳酰二肼分光光度法》（GB/T 15555.4—1995）
20	《固体废物 砷的测定 二乙基二硫代氨基甲酸银分光光度法》（GB/T 15555.3—1995）
21	《固体废物 铜、锌、铅、镉的测定 原子吸收分光光度法》（GB/T 15555.2—1995）
22	《固体废物 总汞的测定 冷原子吸收分光光度法》（GB/T 15555.1—1995）
23	《固体废物 镍的测定 丁二酮肟分光光度法》（GB/T 15555.10—1995）
24	《固体废物 氟化物的测定 离子选择性电极法》（GB/T 15555.11—1995）
25	《固体废物 腐蚀性测定 玻璃电极法》（GB/T 15555.12—1995）
26	《固体废物 镍的测定 直接吸入火焰原子吸收分光光度法》（GB/T 15555.9—1995）
27	《固体废物 总铬的测定 二苯碳酰二肼分光光度法》（GB/T 15555.5—1995）

标准统计截至 2022 年 3 月。

附录5

自行监测方案参考模板

××××有限公司
自行监测方案

企业名称：　××××有限公司

编制时间：　××××年××月

一、企业概况

(一) 基本情况

主要介绍排污单位的地理位置、生产规模、产品生产情况、人员等基本信息。如：××××铜业有限公司位于××市××区××镇，始建于××××年××月。为了企业长远发展，××××年××月整体搬迁至××市经济开发区，建设 50 万 t 搬迁升级改造工程。工程建有两套独立的生产系统，单套年产能 25 万 t，每套系统配备侧吹熔炼炉 1 台，顶吹炉 1 台，阳极炉 2 台，每台炉子各自对应 1 套收尘系统。建有 2 套烟气制酸系统，分别处理 2 套侧吹熔炼炉烟气、2 套顶吹吹炼炉烟气及熔炼区域的环境集烟烟气。主要产品为阴极铜，副产品浓硫酸，产量分别为 50 万 t/a 和 211 万 t/a。

(二) 排污及治理情况

主要介绍排污单位生产的工业流程，并分析产排污节点及污染治理的情况。例如，××公司采用火法冶炼、电解精炼的生产工艺，火法冶炼车间包括 1 套 (2 台) 双侧吹、1 台连续吹炼炉、1 台转炉吹炼炉，电解精炼车间内设置 2 台阳极机组、3 台阴极剥片机组和 2 台残极机组。

(1) 废气来源包括配料系统、制酸尾气、阳极炉烟气、阳极炉环境集烟烟气、工业锅炉废气、电解车间酸雾、净液车间酸雾。配料系统设置 1 套除尘系统，废气经布袋除尘器处理后排放；制酸尾气通过湿法脱硫后排放；阳极炉烟气及环境集烟经除尘、脱硫后排放；电解车间酸雾和净液车间酸雾分别经酸雾净化塔处理后排放。

(2) 废水来源包括制酸过程中净化工序产生的污酸，污酸处理后液、制酸系统排出的电除雾器冲洗水、脱硫废水等酸性废水，循环水系统排污水、锅炉排水等一般性生产废水，各类废水分类收集、分质处理。含重金属废水 (污酸、酸性废水）采用"石膏+二段中和铁盐-石灰法"处理工艺，处理规模为 1 680 m^3/d，处理后回用于生产；一般性生产废水经厂区污水处理站处理后排入园区污水集中处理设施；循环水系统排污水外排至园区市政污水排水管网；生活污水经化粪池处理后排至园区市政污水排水管网；初期雨水经 12 000 m^3 初期雨水收集池后送废水处理站处理后回用。

（3）噪声主要由破碎机、引风机、送风机和循环冷却的冷却塔高噪声设备产生。我公司尽量选择性能优良的设备、加强设备维修、合理布局、弹性减振等措施降低噪声影响。

（4）工业固体废物主要为烟气处理集（除）尘装置收集的粉尘、烟气净化产生的酸泥（铅滤饼）、烟气脱硫产生的脱硫石膏、冶炼水淬渣、制酸系统铅渣、污酸处理产生的砷渣、污水处理产生的污泥、制酸工序废触媒。烟气处理集（除）尘装置收集的粉尘、烟气净化产生的酸泥（铅滤饼）、污酸处理过程产生的砷渣分类暂存在厂内危险废物暂存库，委托有资质的××公司进行处理，按照危险废物管理程序进行申报、记录、处理。水淬渣、脱硫石膏、废触媒等分类暂存于厂内一般固废暂存库，水淬渣、脱硫石膏可用作建筑材料，废触媒交由厂家处理。

二、企业自行监测开展情况说明

主要对排污单位废水、废气、噪声等开展的监测项目、采取的监测方式等进行总体概况。如公司自行监测手段采用手动监测和自动监测相结合的方式。监测分析采取自主监测和委托第三方检测机构相结合的方式。

通过梳理公司相关项目的环评及批复、排污许可证及废气、废水、噪声执行的相关标准，对照单位生产及产排污情况，确定自行监测应开展的监测点位、监测指标、采用的监测分析方法及监测过程中应采取的质量控制和保证措施。

废气涉及的主要排气筒有：配料系统排气筒、制酸尾气排气筒、阳极炉烟气排气筒、阳极炉环境集烟排气筒、电解车间酸雾洗涤塔、净液车间酸雾洗涤塔。

有组织废气主要污染物有颗粒物、二氧化硫、氮氧化物、铅、汞、砷、镍、硫酸雾，无组织废气主要来源于原辅料堆场粉尘飘散，熔炼车间进出料口、出渣口烟尘逸散，电解车间电解液挥发。废气监测委托××环境监测有限公司开展。

企业废水含重金属生产废水及一般性生产废水，均由厂区污水处理站处理达标后排入回用水池，部分回用于生产，回用不尽的排入园区污水处理厂。全厂的循环水排污水（清净下水）排至工业园市政污水排水管网，厂区生活污水经生活污水处理设施处理达标后排入外环境。初期雨水经初期雨水收集池收集后排入厂区废水处理站处理。全厂设置1个生产废水排放口、1个生活污水排放口、2个雨水排放口。外排废水委托××环境监测有限公司开展。

通过对现场生产设备进行梳理，根据设备在厂区的布置情况，在厂区的东、西、南、北4个边界布置噪声监测点位，每季度1次，昼夜各一次。

三、自行监测方案

本部分是排污单位自行监测方案的核心部分，是自行监测内容的具体化、细化。按照废气、废水、噪声等不同污染类型以不同监测点位分别列出各监测指标的监测频次、监测方法、执行标准等监测要求。

（一）有组织废气监测方案

（1）有组织废气监测点位、监测项目及监测频次见表1。

表1 有组织废气监测内容一览表

类型	序号	点位编号	监测点位	监测指标	监测频次	监测方式	自主/委托
有组织废气	1	DA007	1#混料工段尾气排口	颗粒物	1次/季度	手工	委托
	2	DA008	2#混料工段尾气排口	颗粒物	1次/季度	手工	委托
	3	DA009	1#转运尾气排口	颗粒物	1次/季度	手工	委托
	4	DA010	2#转运尾气排口	颗粒物	1次/季度	手工	委托
	5	DA012	卸料工段尾气排口	颗粒物	1次/季度	手工	委托

类型	序号	点位编号	监测点位	监测指标	监测频次	监测方式	自主/委托
有组织废气	12	DA013	制酸尾气排口	颗粒物	在线监测	连续	委托
	7			二氧化硫	在线监测	连续	委托
	8			氮氧化物	在线监测	连续	委托
	9			铅及其化合物	1 次/月	手工	委托
	10			砷及其化合物	1 次/月	手工	委托
	11			汞及其化合物	1 次/月	手工	委托
	12			硫酸雾	1 次/季度	手工	委托
	13			氟化物	1 次/季度	手工	委托
	14	DA014	阳极炉脱硫尾气排口	颗粒物	在线监测	连续	委托
	15			二氧化硫	在线监测	连续	委托
	16			氮氧化物	在线监测	连续	委托
	17			铅及其化合物	1 次/月	手工	委托
	18			砷及其化合物	1 次/月	手工	委托
	19			汞及其化合物	1 次/月	手工	委托
	20			硫酸雾	1 次/季度	手工	委托
	21			氟化物	1 次/季度	手工	委托
	22	DA015	电解工段 1# 尾气排口	硫酸雾	1 次/季度	手工	委托
	23	DA016	净液工段南端尾气排口	硫酸雾	1 次/季度	手工	委托
	24	DA017	脱铜工段尾气排口	硫酸雾	1 次/季度	手工	委托

注：排口测量时同步监测烟气参数。

（2）有组织废气排放监测方法及依据见表 2。

表 2　有组织废气排放监测方法及依据一览表

序号	监测项目	监测方法及依据	分析仪器
1	颗粒物	《固定污染源排气中颗粒物测定与气态污染物采样方法》（GB/T 16157—1996）	智能烟尘平行采样仪、电子分析天平
2	铅及其化合物	《固定污染源废气　铅的测定　火焰原子吸收分光光度法（暂行）》（HJ 538—2009）	原子吸收分光光度计
3	砷及其化合物	《空气和废气　砷的测定　二乙基二硫代氨基甲酸银分光光度法（暂行）》（HJ 540—2009）	可见分光光度计
4	汞及其化合物	《固定污染源废气　汞的测定　冷原子吸收分光光度法（暂行）》（HJ 543—2009）	原子吸收分光光度计
5	硫酸雾	《固定污染源废气　硫酸雾测定　离子色谱法》（HJ 544—2016）	离子色谱仪
6	氟化物	《大气固定污染源　氟化物的测定　离子选择电极法》（HJ/T 67—2001）	氟离子选择电极
7	流量	《固定污染源排气中颗粒物测定与气态污染物采样方法》（GB/T 16157—1996）	烟尘仪、皮托管法自动流量测试仪

（3）废气有组织排放监测结果执行标准见表3。

表3　有组织废气排放监测结果执行标准　　　　　单位：mg/m³

序号	排放口编号	监测点位	监测指标	执行标准限值	执行标准
1	DA007	1#混料工段尾气排口	颗粒物	80	《铜、镍、钴工业污染物排放标准》（GB 25467—2010）
2	DA008	2#混料工段尾气排口	颗粒物	80	
3	DA009	1#转运尾气排口	颗粒物	80	
4	DA010	2#转运尾气排口	颗粒物	80	
5	DA012	卸料工段尾气排口	颗粒物	80	
12	DA013	制酸尾气排口	颗粒物	80	
7			二氧化硫	400	
8			氮氧化物	—	
9			铅及其化合物	0.7	
10			砷及其化合物	0.4	
11			汞及其化合物	0.012	
12			硫酸雾	40	
13			氟化物	3.0	
14	DA014	阳极炉脱硫尾气排口	颗粒物	40	
15			二氧化硫	400	
16			氮氧化物	—	
17			铅及其化合物	0.7	
18			砷及其化合物	0.4	
19			汞及其化合物	0.012	
20			硫酸雾	40	
21			氟化物	3.0	
22	DA015	电解工段 1#尾气排口	硫酸雾	40	
23	DA016	净液工段南端尾气排口	硫酸雾	40	
24	DA017	脱铜工段尾气排口	硫酸雾	40	

（二）无组织废气排放监测方案

（1）无组织废气监测项目及监测频次见表4。

表 4　无组织废气污染源监测内容一览表

类型	监测点位	监测项目	监测频次	监测方式	自主/委托
无组织废气排放	厂界	二氧化硫	1 次/季度	手工	委托
		颗粒物		手工	委托
		硫酸雾		手工	委托
		氯气		手工	委托
		氯化氢		手工	委托
		氟化物		手工	委托
		砷及其化合物		手工	委托
		铅及其化合物		手工	委托
		汞及其化合物		手工	委托

（2）无组织废气排放监测方法及依据见表 5。

表 5　无组织废气排放监测方法及依据一览表

序号	监测项目	监测方法及依据	分析仪器
1	二氧化硫	《环境空气　二氧化硫的测定　甲醛吸收-副玫瑰苯胺分光光度法》（HJ 482—2009）	分光光度计
2	颗粒物	《环境空气　总悬浮颗粒物的测定　重量法》（GB/T 15432—1995）	采样器、天平
3	硫酸雾	《固定污染源废气　硫酸雾的测定　离子色谱法（暂行）》（HJ 544—2009）	离子色谱仪
4	氯气	《固定污染物排气中氯气的测定　甲基橙分光光度法》（HJ/T 30—1999）	分光光度计
5	氯化氢	《环境空气和废气　氯化氢的测定　离子色谱法》（HJ 549—2016）	离子色谱仪
6	氟化物	《环境空气　氟化物的测定　滤膜采样/氟离子选择电极法》（HJ 955—2018）	氟离子选择电极
7	砷及其化合物	《环境空气和废气　颗粒物中砷、硒、铋、锑的测定　原子荧光法》（HJ 1133—2020）	原子荧光光谱仪
8	铅及其化合物	《环境空气　铅的测定　石墨炉原子吸收分光光度法》（HJ 539—2015）	石墨炉原子吸收分光光度计
9	汞及其化合物	《环境空气　气态汞的测定　金膜富集/冷原子吸收分光光度法》（HJ 910—2017）	冷原子吸收分光光度计

（3）无组织废气排放监测结果执行标准见表 6。

表 6　无组织废气排放监测结果执行标准　　　　单位：mg/m³

序号	监测项目	标准限值	执行标准名称
1	二氧化硫	0.5	
2	颗粒物	1.0	
3	硫酸雾	0.3	
4	氯气	0.02	
5	氯化氢	0.15	《铜、镍、钴工业污染物排放标准》
6	氟化物	0.02	（GB 25467—2010）
7	砷及其化合物	0.01	
8	镍及其化合物	0.04	
9	铅及其化合物	0.006	
10	汞及其化合物	0.001 2	

（三）废水监测方案

（1）废水监测项目及监测频次见表 7。

表 7　废水污染源监测内容一览表

序号	监测点位	监测项目	监测频次	监测方式	自主/委托
1	废水总排放口（DW001）	流量、pH、化学需氧量、氨氮	连续	自动	委托
2		总氮（以 N 计）、总磷（以 P 计）	连续	自动	委托
3		总铅、总砷、总镉、总汞	1 次/日	手工	自主
4		总锌、总铜、总镍、总钴	1 次/月	手工	自主
5		悬浮物、氟化物、石油类、硫化物	1 次/季度	手工	自主
6	车间废水排放口（DW003）	总铅、总砷、总镉、总汞	1 次/日	手工	自主
7		总镍、总钴	1 次/月	手工	自主
8	雨水排放口（DW004）	pH、化学需氧量、石油类、悬浮物	1 次/日（排放期间）	手工	自主

（2）废水污染物监测方法及依据情况见表8。

表8　废水污染物监测方法及依据一览表

序号	监测项目	监测方法及依据	分析仪器
1	pH	《水质　pH值的测定　电极法》（HJ 1147—2020）	pH计
2	悬浮物	《水质　悬浮物的测定　重量法》（GB 11901—1989）	电子天平
3	化学需氧量（COD_{Cr}）	《水质　化学需氧量的测定　快速消解分光光度法》（HJ/T 399—2007）	分光光度计
4	氨氮（NH_3-N）	《水质　氨氮的测定　纳氏试剂分光光度法》（HJ 535—2009）	分光光度计
5	总氮（以N计）	《水质　总氮的测定　碱性过硫酸钾消解紫外分光光度法》（HJ 636—2012）	分光光度计
6	总磷（以P计）	《水质　总磷的测定　钼酸铵分光光度法》（GB 11893—1989）	分光光度计
7	五日生化需氧量（BOD_5）	《水质　五日生化需氧量（BOD_5）的测定　稀释与接种法》（HJ 505—2009）	溶解氧仪
8	硫化物	《水质　硫化物的测定　亚甲基蓝分光光度法》（GB/T 16489—1996）	分光光度计
9	氟化物	《水质　氟化物的测定　离子选择电极法》（GB/T 7484—87）	离子选择电极
10	石油类	《水质　石油类和动植物油类的测定　红外分光光度法》（HJ 637—2018）	分光光度计
11	总铅	《水质　铜、锌、铅、镉的测定　原子吸收分光光度法》（GB 7475—87）	原子吸收分光光度计
12	总砷	《水质　汞、砷、硒、铋和锑的测定　原子荧光法》（HJ 694—2014）	原子荧光光谱仪
13	总镉	《水质　铜、锌、铅、镉的测定　原子吸收分光光度法》（GB 7475—87）	原子吸收分光光度计
14	总汞	《水质　汞的测定　冷原子荧光法（试行）》（HJ/T 341—2007）	原子荧光光谱仪
15	总锌	《水质　铜、锌、铅、镉的测定　原子吸收分光光度法》（GB/T 7475—87）	原子吸收分光光度计
16	总铜	《水质　铜、锌、铅、镉的测定　原子吸收分光光度法》（GB 7475—87）	原子吸收分光光度计
17	总镍	《水质　镍的测定　火焰原子吸收分光光度法》（GB 11912—89）	原子吸收分光光度计
18	总钴	《水质　钴的测定　火焰原子吸收分光光度法》（HJ 957—2018）	原子吸收分光光度计

（3）废水污染物监测结果评价标准见表9。

表9 废水污染物排放执行标准   单位：mg/L

序号	排放口编号	监测点位	污染物种类	标准限值	执行标准
1	DW001	废水总排放口	pH（量纲一）	6～9	《铜、镍、钴工业污染物排放标准》（GB 25467—2010）
2			化学需氧量	200	
3			氨氮	20	
4			总磷	2.0	
5			总氮	40	
6			总铅	0.5	
7			总砷	0.5	
8			总镉	0.1	
9			总汞	0.05	
10			总锌	4.0	
11			总铜	1.0	
12			总镍	0.5	
13			总钴	1.0	
14	DW002	车间废水排放口	总铅	0.5	
15			总砷	0.5	
16			总镉	0.1	
17			总汞	0.05	
18			总镍	0.5	
19			总钴	1.0	
20	DW003	雨水排放口	pH	6～9	参照《污水综合排放标准》（GB 8978—1996）表4 一级
21			化学需氧量	100	
22			悬浮物	70	
23			石油类	10	

（四）厂界环境噪声监测方案

（1）厂界环境噪声监测内容见表10。

表10 厂界环境噪声监测内容表（Leq）   单位：dB（A）

监测点位	监测频次	执行标准	标准限值
北侧厂界（Z1）	1次/季	《工业企业厂界环境噪声排放标准》（GB 12348—2008）3类	昼间：65 dB（A），夜间：55 dB（A）
南侧厂界（Z2）	1次/季		
东侧厂界（Z3）	1次/季		
西侧厂界（Z4）	1次/季		

（2）厂界环境噪声监测方法见表 11。

表 11　厂界环境噪声监测方法

监测项目	监测方法	分析仪器	备注
厂界环境噪声（Leq）	《工业企业厂界环境噪声排放标准》（GB 12348—2008）	AWA6270+噪声统计分析仪	昼间：6：00—22：00；夜间：22：00—6：00，昼夜各测一次

四、测点位示意图

附厂区平面布置图，并在图上标注废气有组织、无组织、废水、噪声监测点位。

图 1　XXX 公司 XXX 生产区废水、废气、噪声监测点位示意图

表 12　废水、废气、噪声监测点位对应表

序号	点位编号	监测点位
1	DA007	1#混料排气筒
2	DA008	2#混料排气筒
3	DA009	2#转运排气筒
4	DA010	2#转运排气筒
5	DA012	卸料排气筒
6	DA013	制酸尾气排气筒
7	DA014	阳极炉废气排气筒
8	DA015	电解废气排气筒
9	DA016	静液废气排气筒
10	DA017	脱铜废气排气筒
11	DW001	废水总排放口
12	DW002	雨水总排放口
13	Z1	北侧厂界
14	Z2	南侧厂界
15	Z3	东侧厂界（物料粉碎机）
16	Z4	西侧厂界

△代表噪声监测点位；☆代表废水监测点位；◎代表废气监测点位

五、质量控制措施

主要从内部、外部对监测人员、实验室能力、监测技术规范、仪器设备、记录等质控管理提出适合本单位的质控管理措施。例如：

××××公司自配有环境监测中心，中心实验室依据 CNAS-CL01：2006《检测和校准实验室能力认可准则》及化学检测领域应用说明建立质量管理体系，与所从事的环境监测活动类型、范围和工作量相适应，规范环境监测人、机、物、料、环、法的管理，满足认可体系共计 25 类质量和技术要素，实现了监测数据的"五性"目标。

监测中心制定《质量手册》《质量保证工作制度》《质量监督（员）管理制度》

《监测结果质量控制程序》《监测数据控制与管理程序》《监测报告管理程序》，并依据管理制度每年制订"年度实验室质量控制计划"，得到有效实施。

质控分内部和外部两种形式，外部是每年组织参加由 CNAS 及 CNAS 承认的能力验证提供者（如原环保部标准物质研究所）组织的能力验证、测量审核，并根据结果分析和有效性评价，得出仪器设备的性能状况和人员水平的结论。

内部质控使用有证标样、加标回收、平行双样和空白值测试等方式，定期对结果进行统计分析，形成质量分析报告。

1. 人员持证上岗

××××环境监测中心现有监测岗位人员共计××名，其中管理人员××名、技术人员××名、监测人员××名、其他辅助人员××名。中心建立执行《人员培训管理程序》，对内部监测人员上岗资质执行上岗前技术能力确认和上岗后技术能力持续评价。实行上岗证（中心发公司认可的上岗证）和国家环境保护监察员技能等级证（发证单位是人力资源和社会保障部）双证管理模式。

运维单位负责污染源在线监控系统运行和维护的人员均取得了"污染源在线监测设备运行维护"资格证书，分为废水和废气项目，并按照相关法规要求，定期安排运维人员进行运维知识和技能培训。每年与运维单位签订污染源在线监控系统运维委托协议，明确运行维护工作内容、职责及考核细则。

2. 实验室能力认定

××××公司监测分自行监测和委托第三方检测机构检测两种模式。

中心实验室按照国家实验室认可准则开展监测，对资质认定许可范围内的监测项目进行监测。

委外监测的××××公司也是通过国家计量认定的实验室，取得 CMA 检测资质证书，编号为××××××××××××。所委托监测项目，该公司均具备监测能力，如有方法出现变更等监测能力发生变化时，该公司应及时向我单位提供最新监测能力表。

3．监测技术规范性

××××环境监测中心建立执行《监测方法及方法确认程序》。自行监测遵守国家环境监测技术规范和方法，每年开展标准查新工作和编制"标准方法现行有效性核查报告"。监测项目依据的标准均为现行有效的国家标准和行业标准，不使用非标准。

4．仪器要求

监测中心建立执行《仪器设备管理程序》《量值溯源程序》《期间核查程序》等制度用于仪器、环境监控设备的配置、使用、维护、标识、档案管理等。

中心配备了满足监测工作所需的重要仪器设备：紫外/可见分光光度计2台、离子色谱仪2台、原子吸收光谱仪（火焰、石墨炉）各1台、原子荧光光谱仪1台、红外油分仪1台、pH计2台，以及其他若干实验室辅助设备等，性能状况良好，都能够满足现有监测任务的要求。

所有主要仪器均单建设备档案并信息完整，均能按照量值溯源要求制订仪器设备计量检定/校准计划并实施，并在有效期内使用。中心对主要监测设备开展检定/校准结果技术确认工作，并定期实施关键参数性能期间核查，以确保仪器的技术性能处于稳定状态。

委外监测的××××公司有烟尘采样仪、定电位电解法烟气分析仪、非分散红外烟气分析仪、常规空气采样器等监测设备，所有仪器设备也均应经过计量检定。

5．记录要求

监测中心建立执行《记录控制程序》《检测物品管理程序》《监测数据控制与管理程序》《监测报告管理程序》。对监测记录进行全过程控制，确保所有记录客观、及时、真实、准确、清晰、完整、可溯源，为监测活动提供客观证据。

中心记录分管理和技术两大类，其中主要技术类包括原始记录、采样单、样品接收单、分析记录、仪器检定/校准、期间核查、数据审核、质量统计分析、监测报告等。

对原始记录的填写、修改方式、保存、用笔规定、记录人员（采样、检测分析、复核、审核）标识做出明确规定。

自动监测设备应保存仪器校验记录。校验记录根据××××市生态环境局在线监测科要求，按照规范进行，记录内容需完整准确，各类原始记录内容应完整，不得随意涂改，并由相关人员签字。

手动监测记录必须提供原始采样记录，采样记录的内容须准确完整，至少2人共同采样和签字，规范修改；采样必须按照《固定源废气监测技术规范》（HJ/T 397—2007）和《固定污染源监测质量保证与质量控制技术规范》（HJ/T 373—2007）中的要求进行；样品交接记录内容需完整、规范。

6. 环境管理体系

公司建立了完善的环境管理体系，2007年1月，通过了ISO 14001环境管理体系认证，每年由BSI对环境管理体系进行监督审核。

公司制定了《环保设施运行管理办法》《环境监测管理办法》等一系列环保管理制度，明确了各部门环保管理职责和管理要求。多年来，公司按照体系化要求开展环保管理及环境监测工作，日常工作贯彻"体系工作日常化，日常工作体系化"的原则。

公司设立环境监测中心，全面负责污染治理设施、污染物排放监测，实验室通过CNAS认可。年初，公司制订、下发的环境监测计划，其中包括对废水、废气等污染源的监测要求，监测中心按照计划确定监测点位和监测时间，并组织环境监测采样、分析，对监测结果进行审核，为环保管理提供依据。

监测中心以CNAS-CL 01-2006《检测和校准实验室能力认可准则》为依据，建立和运行实验室质量管理体系，建立了质量手册和程序文件等体系文件，规范环境监测人、机、物、料、环、法等一系列质量和技术要素的日常管理，强化了环境监测的质量管理。

根据CNAS质量管理体系要求，围绕人员、设施和环境条件、检测和校准方法及方法的确认、设备、测量溯源性、抽样、检测和校准物品的处置、检测和校准结果质量的保证、结果报告等技术要素编制了程序文件；制定了监测流程、质量保证管理制度，规范了环境监测从采样、分析到报告的流程，编制了质量控制计划及控制指标，通过平行测定、加标回收、标准物质验证、仪器期间核查等手段使用质控图对质量数据进行把关，确保监测过程可控、监测结果及时、准确。采样和样品保存方法按照每个项目相应标准方法进行。

自动监控系统在运行过程中，对日常巡检、维护保养以及设备的校准和校验都做出了明确的规定，对于系统运行中出现的故障，做到了现场及时检查、处理，并按要求快速修复设备，确保了系统持续正常运行。

六、信息记录和报告

（一）信息记录

1. 监测和运维记录

手工监测和自动监测的记录均按照《排污单位自行监测技术指南　发酵类有色金属工业》要求执行。

（1）现场采样时，记录采样点位、采样日期、监测指标、采样方法、采样人姓名、保存方式等采样信息，并记录废水水温、流量、色嗅等感官指标。

（2）实验室分析时，记录分析日期、样品点位、监测指标、样品处理方式、分析方法、测定结果、质控措施、分析人员等。

（3）自动设备运行台账应记录自动监控设备名称、运维单位、巡检、校验日期、校验结果、标准样品浓度、有效期、运维人员等信息。

2. 生产和污染治理设施运行状况记录

（1）生产设施运行状况：记录各生产单元主要生产设施的启停机时间、累计生产时间、生产负荷、主要产品产量、原辅料及燃料使用情况、溶剂使用量等数据；按各产品生产批次记录溶剂名称、回收量、补充量，以及溶剂回收设备能源、耗材使用量。

（2）污染治理设施运行状况：记录污水处理量、回水用量、回用率、污水排放量、污泥产生量（记录含水率）、污水处理使用的药剂名称及用量、鼓风机电量、污水处理设施运行、故障及维护情况等；记录废气处理使用的吸附剂、过滤材料等耗材的名称及用量、废气处理设施运行参数、故障及维护情况。

3．固体废物信息记录

按照一般工业固体废物和危险废物的分类情况分别进行记录。记录一般工业固体废物的产生量、综合利用量、处置量和贮存量；记录危险废物的产生量、综合利用量、处置量、贮存量及其具体去向。

所有记录均保存完整，以备检查。台账保存期限三年以上。

（二）信息报告

每年年底编写自行监测年度报告。年度报告包含以下内容：

1．监测方案的调整变化情况及变更原因。

2 企业及各主要生产设施（至少涵盖废气主要污染源相关生产设施）全年运行天数，各监测点、各监测指标全年监测次数、超标情况、浓度分布情况。

3．周边环境质量影响状况监测结果。

4．自行监测开展的其他情况说明。

5．实现达标排放所采取的主要措施。

（三）应急报告

1．当监测结果出现超标，我公司对超标的项目增加监测频次，并检查超标原因。

2．若短期内无法实现稳定达标排放的，公司应向生态环境局提交事故分析报告，说明事故发生的原因，采取减轻或防止污染的措施，以及今后的预防及改进措施。

七、自行监测信息公布

(一) 公布方式

手工监测数据通过"全国污染源监测信息管理与共享平台"、××××等平台公开，自动监测数据通过××××等平台进行公开。

(二) 公布内容

1. 基础信息，包括单位名称、组织机构代码、法定代表人、生产地址、联系方式，以及生产经营和管理服务的主要内容、产品及规模。

2. 排污信息，包括主要污染物及特征污染物的名称、排放方式、排放口数量和分布情况、排放浓度和总量、超标情况，以及执行的污染物排放标准、核定的排放总量。

3. 防治污染设施的建设和运行情况。

4. 自行监测年度报告。

5. 自行监测方案。

6. 未开展自行监测的原因。

(三) 公布时限

1. 手动监测数据于监测完成后 5 个工作日内公布，自动监测数据实时公布。

2. 每年 1 月底前公布上年度自行监测年度报告。

3. 企业基础信息随监测数据一并公布。

参考文献

[1]   EPA Office of Wastewater Management-Water Permitting. Water permitting 101[EB/OL].
      [2015-06-10]. http：//www. epa. gov/npdes/pubs/101pape. pdf.

[2]   Office of Enforcement and Compliance Assurance.NPDES compliance inspection
      manual[R].Washington D.C.：U.S. Environmental Protection Agency，2004.

[3]   U.S. EPA.Interim guidance for performance-based reductions of NPDES permit monitoring
      frequencies[EB/OL].[2015-07-05]. http：//www.epa.gov/npdes/pubs/perf-red.pdf.

[4]   U.S. EPA.U.S. EPA NPDES permit writers' manual[S].Washington D.C.：U.S. EPA，2010.

[5]   UK.EPA.Monitoring discharges to water and sewer: M18 guidance note[EB/OL]. [2017-06-05].
      https：//www.gov.uk/government/publications/m18-monitoring-of-discharges-to-water-and-sewer.

[6]   常杪，冯雁，郭培坤，等. 环境大数据概念、特征及在环境管理中的应用[J]. 中国环境管
      理，2015，7（6）：26-30.

[7]   冯晓飞，卢瑛莹，陈佳. 政府的污染源环境监督制度设计[J]. 环境与可持续发展，2017，
      42（4）：33-35.

[8]   环境保护部. 关于印发《国家监控企业污染源自动监测数据有效性审核办法》和《国家重
      点监控企业污染源自动监测设备监督考核规程》的通知[EB/OL].[2018-02-12]. http://www.
      zhb.gov.cn/gkml/hbb/bwj/200910/t20091022_174629.htm.

[9]   环境保护部大气污染防治欧洲考察团，刘炳江，吴险峰，王淑兰，等. 借鉴欧洲经验加快
      我国大气污染防治工作步伐——环境保护部大气污染防治欧洲考察报告之一[J]. 环境与

可持续发展，2013（5）：5-7.

[10] 姜文锦，秦昌波，王倩，等. 精细化管理为什么要总量质量联动？——环境质量管理的国际经验借鉴[J]. 环境经济，2015（3）：16-17.

[11] 罗毅. 环境监测能力建设与仪器支撑[J]. 中国环境监测，2012，28（2）：1-4.

[12] 罗毅. 推进企业自行监测加强监测信息公开[J]. 环境保护，2013，41（17）：13-15.

[13] 钱文涛. 中国大气固定源排污许可证制度设计研究[D]. 北京：中国人民大学，2014.

[14] 曲格平. 中国环境保护四十年回顾及思考（回顾篇）[J]. 环境保护，2013，41（10）：10-17.

[15] 宋国君，赵英煦. 美国空气固定源排污许可证中关于监测的规定及启示[J]. 中国环境监测，2015，31（6）：15-21.

[16] 孙强，王越，于爱敏，等. 国控企业开展环境自行监测存在的问题与建议[J]. 环境与发展，2016，28（5）：68-71.

[17] 谭斌，王丛霞. 多元共治的环境治理体系探析[J]. 宁夏社会科学，2017（6）：101-103.

[18] 唐桂刚，景立新，万婷婷，等. 堰槽式明渠废水流量监测数据有效性判别技术研究[J]. 中国环境监测，2013，29（6）：175-178.

[19] 王军霞，陈敏敏，穆合塔尔·古丽娜孜，等. 美国废水污染源自行监测制度及对我国的借鉴[J]. 环境监测管理与技术，2016，28（2）：1-5.

[20] 王军霞，陈敏敏，唐桂刚，等. 我国污染源监测制度改革探讨[J]. 环境保护，2014，42（21）：24-27.

[21] 王军霞，陈敏敏，唐桂刚，等. 污染源监测与监管如何衔接？——国际排污许可证制度及污染源监测管理八大经验[J]. 环境经济，2015（Z7）：24.

[22] 王军霞，唐桂刚，景立新，等. 水污染源五级监测管理体制机制研究[J]. 生态经济，2014，30（1）：162-164，167.

[23] 王军霞，唐桂刚. 解决自行监测"测""查""用"三大核心问题[J]. 环境经济，2017（8）：32-33.

[24] 薛澜，张慧勇. 第四次工业革命对环境治理体系建设的影响与挑战[J]. 中国人口·资源与环境，2017，27（9）：1-5.

[25] 张紧跟，庄文嘉. 从行政性治理到多元共治：当代中国环境治理的转型思考[J]. 中共宁波市委党校学报，2008，30（6）：93-99.

[26] 张静，王华. 火电厂自行监测现状及建议[J]. 环境监控与预警，2017，9（4）：59-61.

[27] 张伟，袁张燊，赵东宇. 石家庄市企业自行监测能力现状调查及对策建议[J]. 价值工程，2017，36（28）：36-37.

[28] 张秀荣. 企业的环境责任研究[D]. 北京：中国地质大学，2006：21-26.

[29] 赵吉睿，刘佳泓，张莹，等. 污染源 COD 水质自动监测仪干扰因素研究[J]. 环境科学与技术，2016，39（S1）：299-301，314.

[30] 左航，杨勇，贺鹏，等. 颗粒物对污染源 COD 水质在线监测仪比对监测的影响[J]. 中国环境监测，2014，30（5）：141-144.

[31] 王军霞，唐桂刚，赵春丽. 企业污染物排放自行监测方案设计研究——以造纸行业为例[J]. 环境保护，2016，44（23）：45-48.

[32] 张静，王华. 火电厂自行监测关键问题研究[J]. 环境监测管理与技术，2017，29（3）：5-7.

[33] 王娟，余勇，张洋，等. 精细化工固定源废气采样时机的选择探讨[J]. 环境监测管理与技术，2017，29（6）：58-60.

[34] 尹卫萍. 浅谈加强环境现场监测规范化建设[J]. 环境监测管理与技术，2013，25（2）：1-3.

[35] 成钢. 重点工业行业建设项目环境监理技术指南[M]. 北京：化学工业出版社，2016：442-443.

[36] 杨驰宇，滕洪辉，于凯，等. 浅论企业自行监测方案中执行排放标准的审核[J]. 环境监测管理与技术，2017，29（4）：5-8.

[37] 王亘，耿静，冯本利，等. 天津市恶臭投诉现状与对策建议[J]. 环境科学与管理，2008，33（9）：49-52.

[38] 邬坚平，钱华. 上海市恶臭污染投诉的调查分析[J]. 上海市环境科学，2003（增刊）：85-189.

[39] 王军霞，刘通浩，敬红，等. 支撑排污许可制度的固定源监测技术体系完善研究[J]. 中国环境监测，2021，37（2）：76-82.

[40] 杨啸，王军霞. 排污许可制度实施情况监督评估体系研究[J]. 环境保护科学，2021，47（1）：

10-14.

[41] 中华人民共和国标准. 排污许可证申请与核发技术规范　有色金属工业——铅锌冶炼（HJ 863.1—2017）[S]. 北京：环境保护部，2017.

[42] 中华人民共和国标准. 排污许可证申请与核发技术规范　有色金属工业——铝冶炼（HJ 863.2—2017）[S]. 北京：环境保护部，2017.

[43] 中华人民共和国标准. 排污许可证申请与核发技术规范　有色金属工业——铜冶炼（HJ 863.3—2017）[S]. 北京：环境保护部，2017.

[44] 中华人民共和国标准. 排污许可证申请与核发技术规范　有色金属工业——汞冶炼（HJ 931—2017）[S]. 北京：环境保护部，2017.

[45] 中华人民共和国标准. 排污许可证申请与核发技术规范　有色金属工业——镁冶炼（HJ 933—2017）[S]. 北京：环境保护部，2017.

[46] 中华人民共和国标准. 排污许可证申请与核发技术规范　有色金属工业——镍冶炼（HJ 934—2017）[S]. 北京：环境保护部，2017.

[47] 中华人民共和国标准. 排污许可证申请与核发技术规范　有色金属工业——钛冶炼（HJ 935—2017）[S]. 北京：环境保护部，2017.

[48] 中华人民共和国标准. 排污许可证申请与核发技术规范　有色金属工业——锡冶炼（HJ 936—2017）[S]. 北京：环境保护部，2017.

[49] 中华人民共和国标准. 排污许可证申请与核发技术规范　有色金属工业——钴冶炼（HJ 937—2017）[S]. 北京：环境保护部，2017.

[50] 中华人民共和国标准. 排污许可证申请与核发技术规范　有色金属工业——锑冶炼（HJ 938—2017）[S]. 北京：环境保护部，2017.

[51] 中华人民共和国标准. 排污单位自行监测技术指南　有色金属工业（HJ 989—2018)[S]. 北京：生态环境部，2018.

[52] 中华人民共和国标准. 铜冶炼污染防治可行技术指南[S]. 北京：环境保护部，2015.

[53] 中华人民共和国标准. 钴冶炼污染防治可行技术指南[S]. 北京：环境保护部，2015.

[54] 中华人民共和国标准. 镍冶炼污染防治可行技术指南[S]. 北京：环境保护部，2015.

[55] 中华人民共和国标准. 铅冶炼废气治理工程技术规范（HJ 2049—2015）[S]. 北京：环境保护部，2015.

[56] 中华人民共和国标准. 铅冶炼废水治理工程技术规范（HJ 2057—2018）[S]. 北京：生态环境部，2018.

[57] 中华人民共和国标准. 铜冶炼废水治理工程技术规范（HJ 2059—2018）[S]. 北京：生态环境部，2018.

[58] 中华人民共和国标准. 铜冶炼废气治理工程技术规范（HJ 2060—2018）[S]. 北京：生态环境部，2018.

[59] 生态环境部. 中国生态环境统计年报 2016 [M]. 北京：中国环境出版集团，2021.

[60] 生态环境部. 中国生态环境统计年报 2017 [M]. 北京：中国环境出版集团，2021.

[61] 生态环境部. 中国生态环境统计年报 2018 [M]. 北京：中国环境出版集团，2021.

[62] 生态环境部. 中国生态环境统计年报 2019 [M]. 北京：中国环境出版集团，2021.